中华人民共和国科学技术部

2019 中国科学技术发展报告
2019 CHINA SCIENCE AND TECHNOLOGY DEVELOPMENT REPORT

科学技术文献出版社
SCIENTIFIC AND TECHNICAL DOCUMENTATION PRESS

编委会

编写组

组　长　许　倞　胡志坚

副组长　张　旭　薛　强　梁颖达　孙福全　刘冬梅　张　丽　邵学清
　　　　李　津

成　员　吴家喜　常歆识　陈敬全　秦浩源　王　革　彭春燕　李　哲
　　　　蔡笑天　杨　晶　高　懿　张明喜　张俊芳　陈　志　刘　如
　　　　王罗汉　何光喜　张文霞　薛　姝　杨欣萌　王书华　许　晔
　　　　龙开元　韦东远　李修全　巨文忠　王伟楠　玄兆辉　韩佳伟
　　　　张九庆　常玉峰　程如烟　徐　峰　王　玲　高　芳　丁坤善
　　　　何　晗　陈　涛　赵　理　史　昱　汤娇雯　李　哲　刘志春
　　　　李瑞国　刘　健　张　冬　崔龙飞　高东岳　孙雪萍　宋金湘
　　　　吴　晓　陈　雄　郑筱光　陈　伟　展　勇　周海林　雷瑾亮
　　　　税　敏　田德录　赫运涛　焦艳玲　吴姝琴　周　波　张志刚
　　　　谢焕瑛

序　言

2019年是新中国成立70周年。70年来，我国科技事业走过了辉煌的历程。从"向科学进军"到"科学技术是第一生产力"，从实施科教兴国战略到建设创新型国家，从实施创新驱动发展战略到开启建设科技强国新征程，党中央在我国科技事业发展的每一个关键节点都作出重大战略部署，牢牢把准我国科技创新发展的正确方向，中国特色自主创新道路在实践中越走越宽广，推动我国科技事业实现了历史性、整体性、格局性重大变化。

党的十八大以来，以习近平同志为核心的党中央高度重视科技创新，对我国科技创新事业进行了战略性、全局性谋划。党的十九届五中全会进一步强调，要坚持创新在我国现代化建设全局中的核心地位，把科技自立自强作为国家发展的战略支撑，科技创新在党和国家发展全局中的地位和作用更加凸显，为"十四五"时期以及更长一个时期推动创新驱动发展、加快科技创新步伐提供了行动指南。

在以习近平同志为核心的党中央坚强领导下，全国科技界增强"四个意识"、坚定"四个自信"、做到"两个维护"，深入落实党的十九大和十九届二中、三中、四中、五中全会精神，把学习贯彻习近平总书记关于科技工作的重要批示指示作为首要任务，深入实施创新驱动发展战略，加快关键核心技术攻关，强化基础研究，完善科技创新治理体系，加强科研伦理和作风学风建设，优化人才发展机制，扩大科技开放合作。科技创新在支撑高质量发展、改善民生福祉、保障国家安全等方面发挥了重要作用。

2019年，科技创新取得新进展，重点领域涌现出一大批创新成果。首次观测到三维量子霍尔效应，嫦娥四号成功登陆月球背面，长征五号遥三运载火箭成功发射，时速600 km高速磁悬浮试验样车下线，建成国际首个万吨级铸造 3D 打印成形工厂，5G 商用全面展开。科技创新主要指标稳步提升，全社会研发支出达 2.17 万亿元，占 GDP 比重为 2.19%，科技进步贡献率达到 59.5%，世界知识产权组织（WIPO）评估显示，中国创新指数居世界第 14 位。整体上，我国科技创新实现量质齐升，创新型国家建设取得决定性成就。

新冠肺炎疫情发生后，习近平总书记亲自指挥、亲自部署，强调战胜疫病离不开科技支撑。科技部动员全国科技力量开展抗疫攻坚，快速组建科研攻关组和专家组、成立工作专班，聚焦临床救治和药物、疫苗研发、检测技术和产品、病毒病原学和流行病学、动物模型构建 5 大方向加快研发攻关。第一时间分离出病毒毒株，向全球共享病毒全基因组序列。并行推进灭活疫苗等 5 条技术路线研发。加强抗疫国际合作，建设共享交流平台，与各国分享最新研究成果，为全球疫情防控提供中国方案。这次抗疫充分证明，党的领导、社会主义制度优势是取得抗疫重大战略成果的根本保障，科技人员关键时候靠得住、能战斗。

2020 年是全面建成小康社会和"十三五"规划收官之年，也是谋划"十四五"的关键之年。当前，全球新一轮科技革命和产业变革加速演进，科技创新面临的外部环境复杂严峻，经济社会发展对科技创新的需求从未像今天这样迫切，科技创新从未像今天这样深刻影响着国家的前途命运。进入新发展阶段，贯彻新发展理念、构建新发展格局，比任何时候都更加需要科技创新解决方案，都更加需要充分发挥创新第一动力作用。科技工作必须坚持以习近平新时代中国特色社会主义思想为指导，把习近平总书记关于科技创新的重要论述作为根本遵循，坚持和加强党对科技工作的全面领导，立足"五位一体"总体布局和"四个全面"战略布局，坚定实施创新驱动发展战略，充分发挥科技创新在构建以国内大循环为主体、国内国际双循环相互促进的新发展格局中的关键作用，依靠创新驱动的内涵式增长支撑经济社会高质量发展，为确保进入创新型国家行列和全面建成小康社会作出积极贡献，为跻身创新型国家前列和建设科技强国做好谋篇布局。

科学技术部党组书记、部长　王志刚

二〇二一年一月

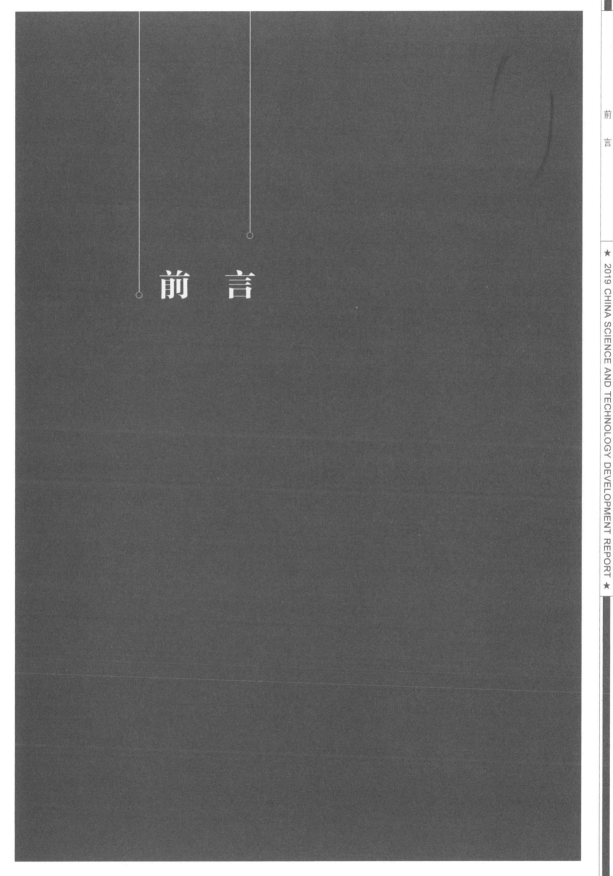

前　言

《中国科学技术发展报告》是由中华人民共和国科学技术部编写的年度政府出版物。报告主要描述中国科学技术发展战略、政策、体制改革的进展和国家科技计划的主要安排与实施情况，介绍中国在主要领域的科技发展情况，宣传中国科技战线贯彻落实科学发展观、实施科教兴国战略和可持续发展战略、建设创新型国家所取得的成就，让社会公众更多地了解和理解中国科技发展的全局。

《中国科学技术发展报告 2019》是中国科学技术发展系列报告的第 13 卷。本书以"深入实施创新驱动发展战略、开启建设世界科技强国新征程"为主题，主要反映 2019 年中国的重大科技战略、科技政策、科技活动、科技成就和科技进展（不含香港、澳门和台湾地区的相关情况）。

《中国科学技术发展报告 2019》基本延续了上年度报告的框架结构，并对部分章节进行了细化、调整，如"概述"增加了"中国科技发展 70 年"内容；"第十一章　区域创新发展与地方科技工作"增加了"地方科技工作"内容；"第十二章　科技对外开放与合作"增加了"多边科技合作"内容，并将"中国与发达国家的双边合作""中国与发展中国家的合作"调整为中国与亚洲、非洲、欧洲、北美洲、拉丁美洲、大洋洲国家的科技合作。

在本书的编写过程中，我们得到了各级政府、国务院各部委、行业协会、学术团体、科研机构、高等学校、企业等相关单位和专家的大力协助与支持，在此一并表示衷心的感谢。

编写组

二〇二〇年十月

目　录

概　述

第一章　科技体制改革与国家创新体系建设

第二章　科技计划

第三章　科技投入与科技金融

第四章　科技人才队伍建设与引进国外智力

第五章 科技创新基础能力建设

第六章   国家科技重大专项

第七章   基础研究

第八章　前沿技术与高新技术

第十章　农业农村科技创新

第十一章　区域创新发展与地方科技工作

第十二章　科技对外开放与合作

第十三章　科普与创新文化建设

附　表

概　述

第一节
中国科技发展 70 年

2019 年是新中国成立 70 周年。从"向科学进军"到"科学技术是第一生产力",从实施科教兴国战略到建设创新型国家,从实施创新驱动发展战略到开启建设世界科技强国的新征程,中国科技事业积极探索实践了一条从人才强、科技强,到产业强、经济强、国家强的创新发展新路径,科技创新成为新中国站起来、富起来、强起来的重要支撑。

一、向科学进军

新中国诞生之初,国家百废待兴,科技事业基础十分薄弱。1956 年,党中央发出"向科学进军"的伟大号召,全国掀起学科学、用科学的高潮。"百花齐放,百家争鸣"方针的提出和《1956—1967 年科学技术发展远景规划》《1963—1972 年科学技术发展规划纲要》的制定,推动了我国科技事业的发展,培养了科技人才队伍,我国科技迈开了独立前进的步伐,确立了国家科技管理体系。1956 年 3 月,国务院成立了科学规划委员会。1956 年 6 月,国务院批准国家技术委员会成立。1958 年 11 月,国家技术委员会和科学规划委员会合并为国家科学技术委员会。各省(区、市)也相继成立了地方的科学技术委员会,作为地方政府管理本地区科学技术工作的综合职能部门。初步形成了由中国科学院、高校、产业部门、地方科研单位和国防部门五方面组成的科学技术体系。1949 年,以中国科学院成立为代表,各地区各部门相继开始布局建立了一批科学研究机构。至"文化大革命"前夕,全国科研机构已经从新中国成立伊始的 30 多个增加到 1700 多个,专门从事科学研究的人员从不足 500 人增加到 12 万人,科学技术的各主要领域大体上都有了相应的研究机构和研究人员,初步形成了一支具有较高素质的科学技术研究工作队伍。

这一时期,在集中力量办大事的举国体制下,迅速涌现出一批追赶世界先进水平的重大科技成果,不断开创、填补和发展各个领域的科技事业。1958 年,我国第一台电子管计算机试制成功,随后,半导体三极管、二极管相继研制成功;1959 年,李四光等提出陆相生油理论,打破了西方学者的"中国贫油"说;1960 年,王淦昌等发现反西格玛负超子;1964 年,第一颗原子弹装置爆炸成功,第一枚自行设计制造的运载火箭发射成功;1965 年,在世界上首次人工合成牛胰岛素;

1967 年，第一颗氢弹空爆成功；1970 年，"东方红一号"人造地球卫星发射成功；20 世纪 70 年代初期，陈景润证明了哥德巴赫猜想中的"1+2"等。

二、科技事业发展壮大

"文化大革命"期间，中国科技事业受到了极大冲击，发展几乎陷入停滞。在 1978 年召开的全国科技大会上，邓小平同志提出了"科学技术是第一生产力"的重要论断，一系列科技规划、计划相继实施，科技体制改革大幕开启，科技实力伴随经济发展同步壮大，为中国综合国力的提升提供了重要支撑。

国家制定了《1978—1985 年全国科学技术发展规划纲要》，确定了 8 个发展领域和 108 个重点研究项目，为新时期国民经济和科学技术的基本方针政策奠定了理论基础。编制完成的《1986—2000 年全国科学技术发展规划纲要》首次强调了科技发展要与经济建设相结合的战略方针，促进了技术成果在生产建设中的应用。国家科技计划体系基本形成。为有效配置科技资源，国家相继出台了一系列有针对性的科技计划，如国家高技术研究发展（863）计划，国家重点基础研究发展（973）计划，集中解决重大问题的科技攻关（支撑）计划，推动高技术产业化的火炬计划，面向农村的星火计划，国家自然科学基金及科技型中小企业技术创新基金等。科技体制改革稳步推进。1985 年，党中央发布了《中共中央关于科学技术体制改革的决定》，相继推出了科技拨款制度改革、科研机构改革、高等教育改革等重大制度改革举措；制定了科教兴国、可持续发展及自主创新等重大国家发展战略；探索形成了科学基金制、科研课题制及技术合同制等先进科研管理机制。创建了科技园区，开辟了技术市场，优化了科研资源布局，有效促进了科技成果的产生、推广和应用，加速了科学技术与经济建设的结合。

这一时期，中国科技力量结构和布局持续优化，科技对经济社会发展的贡献也大幅提升。高技术制造业、新兴产业、建筑业和服务业等领域科技能力持续增强，重大产品、重大技术装备和重大科学设备的自主开发能力及系统成套水平明显提高，有力支撑了三峡工程、青藏铁路、西气东输、南水北调、奥运会、世博会等重大工程建设。科技在解决"三农"问题、提供专业服务、促进社会发展和对外交往方面发挥了先导作用，在应对和处置传染病疫情、地质灾害、环境污染、国防安全等重大问题方面发挥了重要的支撑保障作用。

三、迈向科技强国新征程

党的十八大以来，在以习近平同志为核心的党中央坚强领导下，创新作为引领发展的第一动力，被摆在国家发展全局的核心位置。中国科技发展再次提速，实现了从过去的追踪跟跑逐步向并跑领跑的历史性转变，踏上了从科技大国迈向世界科技强国的新征程。党的十八大明确强调要坚持走中国特色自主创新道路、实施创新驱动发展战略。2016年，全国科技创新大会召开，党中央、国务院正式发布了《国家创新驱动发展战略纲要》，明确提出了"三步走"战略目标。通过深入实施创新驱动发展战略，以构建中国特色国家创新体系为目标，全面深化科技体制改革，优化科技创新治理，一批具有突破性的重大改革举措相继出台，科技治理重点领域和关键环节的主要制度已基本建立，我国的自主创新能力得到全面提升。

科技投入大幅增加。研发人员总量稳居世界首位，2019年，按折合全时工作量计算的全国研发人员总量是1991年的7.2倍。我国研发人员总量已连续6年稳居世界第1位。我国研发经费投入持续快速增长，2019年是1991年的138.8倍，1991—2019年年均增长19.3%。按汇率折算，我国已成为仅次于美国的世界第二大研发经费投入国家。政府扶持力度不断加大。2019年是1991年的66.7倍，1991—2019年年均增长16.2%。

科技产出量质齐升。2019年，国外三大检索工具科学引文索引（SCI）、工程索引（EI）和科技会议录索引（CPCI）收录我国科研论文数量分别居世界第2、第1和第2位。根据基本科学指标数据库（ESI）论文被引用情况，2019年我国科学论文被引用次数居世界第2位。专利发明量大幅提升。2019年，我国专利申请数和授权数分别是1991年的92.4倍和116.8倍。截至2018年年底，我国发明专利申请量已连续8年稳居世界首位；2019年通过《专利合作条约》（PCT）提交的国际专利申请量居世界第1位。

重大科技成果不断涌现，科技实力大幅提升。原始创新不断取得新突破。2019年基础研究经费是1995年的74倍，1995—2019年年均增长19.6%。我国在量子科学、铁基超导、暗物质粒子探测卫星、CIPS干细胞等基础研究领域取得重大突破。屠呦呦研究员获得诺贝尔生理学或医学奖，王贻芳研究员获得基础物理学突破奖，潘建伟团队的多自由度量子隐形传态研究位列2015年度国际物理学十大突破榜首。神舟飞船与天宫空间实验室在太空交会；北斗导航卫星实现全球组网；蛟龙号载人潜水器、海斗号无人潜水器创造最大深潜纪录；赶超国际先进水平的第4代隐形战斗机和大型水面舰艇相继服役。国产大飞机、高速铁路、三代核电、新能源汽车等领域取得了一批世界瞩目的重大成果。基于移动互联、物联网的新产品、新业态、新模式蓬勃发展，成为我国改造提升传统产业、培育经济发展新动能的有力支撑。大数据、云计算应用不断深化，以5G为代表的新一代信息技术走向实用，催生出一大批大数据企业、独角兽企业、瞪羚企业。

70 年来，中国科技事业印证了科技兴则民族兴、科技强则国家强这一真理。党的十九大将科技创新提升到前所未有的重要位置，对新时代如何加快建设创新型国家指明了突破方向。我们必须以习近平新时代中国特色社会主义思想为指导，坚定落实创新驱动发展战略，为建成创新型国家和世界科技强国而不懈奋斗。

第二节
贯彻落实党的十九届四中全会决策部署

2019 年 10 月 28—31 日，中国共产党第十九届中央委员会第四次全体会议（简称十九届四中全会）是在庆祝新中国成立 70 周年的重要节点，向全面建成小康社会、实现第一个百年奋斗目标迈进的关键之年召开的一次重要会议。全会审议通过的《中共中央关于坚持和完善中国特色社会主义制度、推进国家治理体系和治理能力现代化若干重大问题的决定》（简称《决定》），充分肯定了我们党治理国家取得的历史性成就，全面总结了我国国家制度和国家治理体系的显著优势，明确了加强和完善国家治理必须坚持的基本原则及总体目标、工作要求，为坚定制度自信、实现伟大梦想提供了根本遵循、指明了正确方向。党的十九届四中全会通过的《决定》对完善科技创新的体制机制做出重大部署，为新时代的科技改革发展指明了前进方向。

科技界认真学习领会党的十九届四中全会精神，以思想自觉、政治自觉引领行动自觉，以习近平新时代中国特色社会主义思想为指导，把坚持和完善社会主义制度、推进国家治理体系和治理能力现代化作为当前和今后一个时期科技工作的重大政治任务。科技部、中科院、工程院等召开党组会议，传达学习习近平总书记在党的十九届四中全会上的重要讲话精神，深入学习《中共中央关于坚持和完善中国特色社会主义制度 推进国家治理体系和治理能力现代化若干重大问题的决定》，组织部署全科技系统学习贯彻党的十九届四中全会精神。

贯彻党的十九届四中全会和中央经济工作会议精神，明确新时期科技工作的总体思路。以习近平新时代中国特色社会主义思想为指导，全面贯彻党的十九大和十九届二中、三中、四中全会精神，认真落实中央经济工作会议精神，深入学习领会习近平总书记关于科技创新的重要论述和指示批示精神，增强"四个意识"，坚定"四个自信"，坚决做到"两个维护"，从统筹推进"五位一体"总体布局和协调推进"四个全面"战略布局的高度出发，坚持新发展理念，坚定不移实施创新驱动发展战略，紧扣创新型国家建设的任务，以提升科技创新支撑引领作用为目标，以体系建设和能力建设为主线，以制度建设为保障，保持战略定力和韧性，以更强的使命感和紧迫感，着力推进关键核心技术攻关，着力加强原始创新，着力强化国家战略科技力量，着力支撑提升产业基础能力和产业链现代化水平，着力弘扬科学精神和工匠精神，健全符合科研规律的科技管理体制和政策体系，完善科技创新体制机制，全面提升科技创新治理能力，为打赢三大攻坚战、实现全面建成小康社会、推动高质量发展、保障国家安全提供强有力科技支撑。

加强学用结合，切实把学习成效转化为科技改革发展的具体实践。深刻理解以习近平同志为核心的党中央把完善科技创新体制机制作为推进国家治理体系和治理能力现代化重要内容的重大意义。要着力推动科技界作风学风转变取得新成效，坚持标本兼治、系统治理，激励与约束并重，改进科技评价体系，健全科技伦理治理体制，完善科技人才发现、培养、激励机制，弘扬科学精神和工匠精神，营造良好科研创新生态。要加快推动面向未来的科技创新战略谋划和系统布局，加快编制《2021—2035年国家中长期科技发展规划》，强化国家战略科技力量布局，健全国家实验室体系，构建社会主义市场经济条件下关键核心技术攻关的新型举国体制，健全符合科研规律的管理体制和政策体系。要促进各类创新主体的高效互动和创新要素的优化配置，加大基础研究投入，健全鼓励支持基础研究、原始创新的体制机制，建立以企业为主体、市场为导向、产学研深度融合的技术创新体系，支持大中小企业融通创新，以创新促进科技成果转化机制，以科技创新提升产业基础能力和产业链水平。

第三节
科技创新支撑经济社会实现高质量发展

2019年，在党中央坚强领导下，中国科技工作深入实施创新驱动发展战略，加强技术创新攻关，强化基础研究，完善科技创新治理体系，加强科研伦理和学风建设，优化人才发展机制，扩大开放合作，科技创新取得新突破，创新型国家建设取得新进展。

一、科技创新战略谋划

《2021—2035年国家中长期科技发展规划纲要》研究编制工作有序推进。党中央做出制定2021—2035年国家中长期科技发展规划的重大决策，习近平总书记做出明确指示，成立28个部门参与的规划领导小组。开展历次中长期科技发展规划总结评估，委托教育部、中科院、工程院等单位及世界银行开展研究，3000多名专家参与37个专题的战略研究，科技发展重大思路、任务和举措建议加快形成。开展第6次国家技术预测，为科技方向选择和规划任务部署提供支撑。

二、科技创新能力提升

关键核心技术攻关取得新进展。针对核心技术重点领域，加强研发攻关。探索关键核心技术攻关新型举国体制。国家重点研发计划"十三五"实施的60余个重点专项基本完成部署。进一步加强高性能计算、光电子与微电子器件等方向的部署，启动研发6G技术。重点领域技术和装备取得新突破，嫦娥四号成功登陆月球背面，长征五号遥三运载火箭成功发射，时速600 km高速磁悬浮试验样车下线，建成国际首个万吨级铸造3D打印成型工厂，工业级高性能光纤激光器取得突破，新一代极地破冰船"雪龙2号"正式交付使用。

科技创新2030—重大项目加快部署。新一代人工智能重大项目启动实施，支持基础理论、核心算法、新型感知与智能芯片等方向的33个项目。完成布局15个国家新一代人工智能开放创新平台。

进一步强化基础研究和应用基础研究，研究编制量子通信与量子计算机、脑科学与类脑研究重大项目实施方案。研究形成新时期加强基础研究的思路，编制加强"从0到1"基础研究工作方案。发布加强数学科学研究工作方案，建设基础数学中心和应用数学中心。首次观测到三维量子霍尔效应、非常规新型手性费米子；实现原子级石墨烯可控折叠；研发出世界首款异构融合类脑计算芯片；灵长类动物早期胚胎发育机制、青蒿素抗药性等研究取得新突破；"墨子号"获得克利夫兰奖。

自然科学基金管理改革全面推进。自然科学基金试点实施明确"资助导向、完善评审机制、优化学科布局"三大改革举措。设立原创探索计划，加强对基础研究人才全谱系支持，提高青年科学基金资助规模。试点杰出青年科学基金项目经费使用"包干制"。联合基金改革以来，共吸引地方、部门、企业经费67.3亿元。

创新基地和平台建设积极推进。加快推进国家实验室组建和国家重点实验室体系重组工作。国家科技资源共享服务平台进一步优化调整，组建20个国家科学数据中心、30个国家生物种质与实验材料资源库，国家野外科学观测研究站优化调整为98个。4000余家单位10.1万台（套）

50 万元及以上大型科研仪器纳入国家网络管理平台开放共享。

三、科技创新引领高质量发展

重大专项成果集中涌现。研制出基于 ARM 架构的最高性能鲲鹏 920 处理器；14 μm 集成电路制造工艺实现量产，7 μm 刻蚀机成功销售应用；5G 商用全面展开，形成完整产业链；油气水平井优快钻井、体积压裂等关键技术，助力我国发现储量 10 亿吨级庆城非常规大油田；抗虫耐除草剂大豆获得阿根廷商业种植许可；重组人血清白蛋白注射液获得美国临床试验许可；新药创制累计 147 个品种获得新药证书，其中 1 类新药 47 个，研制出可利霉素、本维莫德等品种；抗癌新药泽布尼成为第一个在美国获批上市的创新药物。推动专项成果在江西、四川、广东、海南综合性转化示范。

科技培育新动能取得新成效。截至 2019 年年底，高新技术企业超过 22.5 万家，同比增长约 24%；科技型中小企业超过 15 万家，同比增长约 15%。国家新能源汽车技术创新中心推出全球首个纯电动乘用车开源整车验证平台，国家高速列车技术创新中心引入蒂森克虏伯等国际机构，启动建设国家合成生物技术创新中心。推动建设 55 个国家文化和科技融合示范基地、4 个媒体融合与传播领域国家重点实验室。截至 2019 年年底，科技部共备案众创空间 1888 家，国家级科技企业孵化器 1177 家，国家大学科技园 115 家，构成全链条创新创业孵化体系，形成了 453 家国家技术转移机构为骨干的技术服务网络。成果转化引导基金已设立 21 支子基金，转化基金出资 75.5 亿元，引导地方和社会资本 237.5 亿元。在 10 个省（区、市）开展金融科技应用试点，积极配合证监会、上交所推动设立科创板和试点注册制工作科技支撑乡村振兴成效明显。深入实施"三区"人才支持计划科技人员专项计划，扎实做好定点扶贫工作，成功举办第 26 届中国杨凌农业高新科技成果博览会。召开科技特派员制度推行 20 周年总结会议，习近平总书记做出重要指示，强调创新是乡村全面振兴的重要支撑，科技特派员已成为党的"三农"政策的宣传队、农业科技的传播者、科技创新创业的领头羊、乡村脱贫致富的带头人。已有数十万名科技特派员活跃在农业农村一线，领办创办 1.15 万家企业或合作社，平均年转化 26 万项先进适用技术，直接服务于 6500 万名农民。编制完成《关于加强农业科技社会化服务体系的若干意见》。批准建设山西晋中、江苏南京国家农业高新技术产业示范区，探索农业创新驱动新路径。

科技支撑民生改善取得新进展。以癌症等重大疾病为重点，推进疾病防治科技攻关。新增 18 家国家临床医学研究中心，对 21 家已建中心进行绩效评估和后补助稳定支持，发布关于促进中医药传承创新发展的意见。碳离子治疗系统等重大医疗器械产品获得注册证书。发布实施《人类遗传资源管理条例》。发布《关于构建市场导向的绿色技术创新体系指导意见》，深入推进京津冀、长三角、珠三角、汾渭平原、成渝城市群等重点区域大气污染联防联控，为打赢蓝天保卫战提供支撑。布局建设湖南郴州、云南临沧、河北承德 3 家国家可持续发展议程创新示范区。制定《关于加强科技创新支撑平安中国建设的意见》。

四、科技人才队伍建设和科学技术普及

科技人才发展机制进一步完善。国家重大人才计划深入实施。国家重点研发计划设立青年科学家项目，加大 35 岁以下青年人才支持力度。推进科技人才评价改革，建立以创新能力、质量贡献为导向的人才评价体系。完善科技人才激励与约束制度，改革自然科学研究人员职称制度，破除"四唯"倾向，探索引入国际同行评价。精简人才帽子，明确同一层次人才不得重复申报。启动科技创新领军人才境外培训，专项国际高端人才引进力度加大。深入实施外国专家项目，推动外国人才引进与关键核心技术攻关、重大需求紧密契合，已支持人才引进项目 3000 余项，引进专家 2.5 万人次。推动建立工作许可、人才签证、永久居留转换衔接机制，研究制定《中国政府友谊奖管理办法》，完善外国人才表彰奖励机制。

科普工作取得新进展。全国科技活动周科普活动超过 2.1 万项，累计 3.1 亿人次参加。组织科普援藏、科普扶贫、科技列车行等活动。支持卫生、粮食、生态环境、气象、地震等部门开展行业科普活动。命名一批国家特色科普基地。鼓励科研人员创作科普作品，要求承担国家科技计划的科研人员和团队制作科普产品，增加科普资源供给。探索多渠道投入科普工作，积极对接科技企业探索新型科普工作模式。

五、区域创新进展

京津冀、长三角、粤港澳等战略区域在国家创新发展中的引领作用日益凸显。北京科技创新中心"三城一区"建设稳步推进，人工智能、脑科学、量子信息等领域的新型研发机构在承担重大任务、创新体制机制方面取得突破。上海科技创新中心建设人工智能、生物医药、集成电路产业创新高地，探索建立顶尖科学家聚集平台。粤港澳大湾区强化协同创新，共建研发机构，设立联合基金，推动财政资金跨境使用，推动创新型省、市、县建设，开展监测评价。支持建设 7 个人工智能创新发展试验区。

区域创新协同联动机制进一步完善。发布部省会商工作规则，与云南、重庆、四川、新疆、西藏、内蒙古等地举行会商，发布加快海南科技创新开放发展实施方案。召开第六次全国科技援疆暨四

方合作推进会议，完善科技援疆机制。加强科技援藏、援青、入滇工作统筹谋划，强化科技创新对老少边穷地区经济社会发展的支撑。发布中央引导地方科技发展资金管理办法，年度预算达 20 亿元，同比增长 56%。地方积极探索创新发展新路径，天津建立高成长科技型企业梯度培养机制，浙江建设产业创新服务综合体，贵州探索专职科技特派员机制。

国家自创区和高新区引领作用增强。支持自创区和高新区在中西部布局，新增鄱阳湖国家自创区，自创区达 21 个，推广中关村试点政策，加强省级高新区升级培育。2019 年，169 家高新区生产总值约 12 万亿元；园区内企业营业收入约 37 万亿元，工业总产值约 24 万亿元，净利润约 2.5 万亿元。科创板公开发行股票的 68 家企业中 66 家为高新技术企业，52 家为国家高新区内的企业。制定新时代促进国家高新区高质量发展的指导文件，强化高新区培育发展高新技术产业的核心载体功能。

六、科技体制改革

重点领域改革政策加快出台落地。深化科技体制改革实施方案 143 项任务，已落实 132 项。各部门密切协作，推动财政、金融、产业、教育等政策与科技政策协同取得积极进展。成立国家科技咨询委员会。《科学技术进步法》修改工作加快推进。修订《国家科学技术奖励条例》，强化公开、公正、公平的评奖机制，开展扩大高校和科研院所科研自主权改革。开展科研事业单位绩效评价和项目形成机制"绿色通道"试点。深化"放管服"改革，推进科研人员减负 7 项行动，通过科技部网站等信息渠道加强政策宣传。出台支持新型研发机构、科技型中小企业发展的措施。

科技伦理治理和作风学风建设稳步推进。成立国家科技伦理委员会，推动覆盖全面、导向明确、规范有序、统筹协调的科技伦理治理体系建设。发布新一代人工智能治理原则，印发实施《关于进一步弘扬科学家精神加强作风和学风建设的意见》。按照监督"长牙齿"的工作要求，制定科技活动违规行为处理规定。制定《科研诚信案件调查处理规则（试行）》，统一科研诚信案件的调查程序和处理尺度。建立联合调研机制，对舆情反映的论文造假事件开展核查。

七、创新能力开放合作

发布加强科技创新能力开放合作相关文件，以全球视野谋划和推动科技创新，完善制度框架和统筹协调机制，以开放促进发展、以合作实现共赢，全面融入全球创新网络。

政府间双多边科技创新合作全方位深化。加强对美科技合作，推动高校、智库等开展多层次合作。举办与欧盟、俄罗斯、巴西、中东欧国家等的创新合作对话，重启中日韩科技部长会议机制，举办中意创新合作周，与乌拉圭、巴拿马、古巴、厄瓜多尔等国召开政府间科技合作混合委员会会议。启动中英健康与老龄化旗舰挑战计划，实施中法杰出青年科研人员交流计划及中澳、中新科学家交流计划，推动设立10亿美元中俄联合科技创新基金。开拓与多米尼加等新建交国家的科技关系。通过多边合作为促进世界经济增长和完善全球治理贡献科技创新方案。积极参与并构建全球创新治理新格局，接任对地观测组织轮值主席、国际热核聚变实验堆计划理事会轮值主席，作为创始成员国签署平方公里阵列射电望远镜天文台公约。

"一带一路"科技合作取得新进展。发布"创新之路"合作倡议，支持583人次科学家来华交流，培训近1500名技术人员，组织实施79项人才引进项目。建设14家"一带一路"联合实验室。继续推动建设与东盟、南亚、阿拉伯国家、中亚和中东欧等共建的5个国家级技术转移平台。筹备中非创新合作中心，启动构建"一带一路"技术转移协作网络，国际大科学计划和大科学工程稳步推进，编制牵头组织国际大科学计划和大科学工程战略规划，启动项目培育，围绕气候变化、健康、能源、农业等领域加强部署。积极参与国际热核聚变实验堆计划、国际大洋发现计划等大科学计划和大科学工程，签署《平方公里阵列射电望远镜天文台公约》，正式接任地球观测组织轮值主席。

港澳台地区科技合作迈出新步伐，签署《内地与澳门加强科技创新合作备忘录》。国家重点研发计划9个基础前沿类专项全部对港澳开放，4个由香港高校牵头申报的项目获批立项，国家自然科学基金优秀青年科学基金项目向港澳开放，资助项目25个。深化两岸科技合作机制，继续举办海峡两岸科技论坛、两岸产业技术前瞻论坛，推进两岸青年交流交往。

第四节
开启建设世界科技强国新征程

2020年是全面建成小康社会、实现第一个百年奋斗目标之年，是实现迈进创新型国家行列目标的决胜之年，是上一个中长期科技规划收官和下一个中长期规划制定之年，是国家科技重大专项收官之年，在我国科技发展历程中具有重要里程碑意义和承前启后作用。科技工作坚持以习近平新时代中国特色社会主义思想为指导，全面贯彻党的十九大和十九届二中、三中、四中全会精神，认真落实中央经济工作会议精神，提升科技创新治理能力，确保顺利进入创新型国家行列，在新起点上开启跻身创新型国家前列和建设世界科技强国的新征程。

一是加强系统谋划，开启跻身于创新型国家前列的新征程。站在创新型国家建设的新起点上，深入贯彻落实"抓战略、抓规划、抓政策、抓服务"的要求，做好收官期任务攻坚，积极开展科技改革发展的前瞻谋划。

二是强化原始创新和关键核心技术攻关，提升科技硬实力。围绕国家战略目标和重大需求，全面加强基础研究和关键核心技术攻关，强化创新基础平台，抢占重点领域科技制高点，支撑国家核心竞争力提升。

三是优化科技供给，支撑引领高质量发展。围绕供给侧结构性改革要求，加强科技创新和成果转化，提升科技供给质量，补齐农业农村科技创新短板，提高产业基础能力和产业链现代化水平，让广大人民群众共享创新成果。

四是狠抓改革和制度建设，提升科技创新治理能力。以制度建设为主线，按照"坚持和巩固""发展和完善"的要求，统筹抓落实和补短板，以更加成熟定型的科技创新体制机制推动科技创新治理能力显著增强。

五是完善人才制度，充分激发科研人员积极性。充分发挥人才第一资源作用，以激发科研人员创新创造活力为出发点和落脚点，构建人才发现、培养、激励的政策链，形成具有国际竞争力的人才制度优势，聚天下英才而用之。

六是加强作风学风建设，营造风清气正的科研生态。大力弘扬科学精神，加强科研诚信和监管体系建设，深入改革完善科技评价机制，不断优化科研创新生态，激励科研人员多出高质量成果。

七是推动实现高水平开放创新，主动融入全球创新网络。突出创新共赢理念，强化国际规则的把握和应用，积极推进多主体、多层次对外科技创新合作，与国际科技界携手应对人类共同挑战，为推动构建人类命运共同体贡献更大的中国力量。

2019 中国科学技术发展报告
2019 CHINA SCIENCE AND TECHNOLOGY DEVELOPMENT REPORT

第一章
科技体制改革
与国家创新体系建设

2019 年，科技体制改革与国家创新体系建设取得重要进展，呈现纵深推进的良好态势。政府管理职能不断从研发管理向创新服务转变，科技体制改革的战略决策和总体部署加快落实，激励企业创新的政策力度空前，激发人员积极性的改革实现新突破，形成了激励、减负、评价、奖励等多元化制度体系，高校和科研院所管理自主权进一步扩大，创新创业服务保持强劲发展态势，科技体制改革重点领域和关键环节改革取得历史性突破。

第一节
科技体制改革

一、政府职能从研发管理向创新服务转变

2019 年，科技部深入落实"抓战略、抓规划、抓政策、抓服务"要求，持续深化科技领域"放管服"改革，不断推进研发管理向创新服务转变。

国家创新体系建设战略研究取得新进展。中央关于科技体制改革的战略决策和总体部署加快落实，科技部根据国内外形势发展，结合国家战略需求，针对体制机制短板，组织开展科技体制改革和国家创新体系建设专题战略研究，加强整体系统设计和布局，提升国家创新体系整体效能。

"放管服"改革进一步深化。开展减轻科研人员负担专项行动，通过减表、解决报销繁、精简牌子、清理"四唯"、检查瘦身、信息共享和众筹科改等具体行动，对科研人员反映集中的表格多、报销繁、牌子乱、检查多、数据孤岛等突出问题进行集中清理整治。加大简政放权力度，开展"简化预算编制"和"提高间接费比例"、科研经费"包干制"等试点工作，推动关于赋予科研人员职务科技成果所有权和长期使用权试点工作，提升科研人员获得感。

创新创业服务水平得到优化。2019 年 5 月，科技部政务服务平台上线试运行，面向各类科技人员、科研单位、企业和社会公众开展服务，并顺利实现与国家政务服务平台的对接运行。围绕

中国人类遗传资源采集、保藏、国际合作科学研究和材料出境审批、高等级病原微生物实验室建设审查、外国人来华工作许可6项行政许可事项不断优化审批流程和服务，在自贸区开展实验动物许可事项"证照分离"改革。加强创新服务体系建设，完善相关政策支持各类孵化器、加速器、专业化众创空间发展，为科技型中小企业提供聚焦细分领域的专业化服务。联合地方科技管理部门持续做好创新政策解读和宣传培训服务，促进政策落实落地。

二、高校和科研院所深化改革

2019年，经中央全面深化改革委员会第七次会议审议通过，科技部、教育部、发展改革委、财政部、人力资源社会保障部、中科院等部门印发了《关于扩大高校和科研院所科研相关自主权的若干意见》（简称《若干意见》）。《若干意见》中明确了当前扩大高校和科研院所科研相关自主权的指导思想、基本原则、重点任务和保障措施，从完善机构运行管理、优化科研管理、改革相关人事管理方式、完善绩效工资分配方式4个方面提出了12项改革任务。经统计，截至2019年，已有16.3%的中央级社会公益类科研院所制定并实施章程。其中，中国气象局所属的中国气象科学院及其他8个研究所均已制定并实施章程。

三、新型研发机构加速发展

2019年，科技部印发了《关于促进新型研发机构发展的指导意见》（简称《指导意见》），加快引导地方培育和支持新型研发机构发展。各地方积极落实《指导意见》，出台了支持新型研发机构发展的一系列政策措施，从科研立项、人才引进、平台建设、绩效奖励等多方面对机构建设进行支持。近年来，北京市整合科研资源，推动建立了量子信息研究院、脑科学研究院、智源人工智能研究院、协同创新研究院等新型研发机构，吸引了大批海外高端科技人才回国开展研发创新；华中科技大学在东莞市设立广东华中科技大学工业技术研究院，采用"事业单位企业化运作"模式组建，探索形成了"有政府大力支持、有市场化盈利能力、'有创新创业与创富相结合'的激励机制"的体制机制。

四、科技奖励制度改革取得重要突破

科技奖励制度改革认真落实《关于深化科技奖励制度改革的方案》要求，不断完善评审方法和机制，建立健全公开公平公正的评奖制度，中国特色科技奖励体系日臻完善。一是积极推进国家科技奖励改革先行先试，在实践中不断完善相关工作机制。具体包括大幅精简奖励数量，完善提名评审制度，国家自然科学奖、国家技术发明奖、国家科学技术进步奖候选人向外国人开放，强化奖励政策导向，提高奖金标准，强化奖励荣誉性。二是修订完善相关法规规章，《国家科学技术奖励条例》修订草案于2019年12月18日提交国务院常务会议审议并原则通过，实施细则的配套修订工作也同步进行。三是引导省部级科学技术奖高质量发展。据2019年统计，在设奖的31个省（区、市）、新疆生产建设兵团及5个计划单列市中，26个地方已根据国家科技奖励改革方向正式出台了改革方案，10个地方正式修订出台了奖励办法，34个有地市政府设奖的省（区、市）全部取消了辖区内近370项地、市、州级政府科技奖。四是鼓励社会力量设立的科学技术奖健康发展。科技部于2017年7月7日印发的《科技部关于进一步鼓励和规范社会力量设立科学技术奖的指导意见》（国科发奖〔2017〕196号）（简称《指导意见》）中提出探索建立信息公开、行业自律、政府指导、第三方评价、社会监督、合作竞争的社会科技奖励发展新模式。《指导意见》自发布以来，社会科技奖励的运行越来越规范，评审透明度不断增强，社会影响力逐年增大。

第二节
企业技术创新

一、企业创新能力

自《"十三五"国家技术创新工程规划》发布后，我国企业创新能力显著增强，在智能终端、无人机、电子商务、云计算、互联网金融、人工智能等领域崛起了一批具有全球影响力的创新型企业。技术创新的国际化水平不断提升。市场导向的技术创新资源配置格局已初步形成。2019年，全国技术合同交易额突破2万亿元大关，高新技术企业超过22.5万家。《科技型中小企业评价办法》出台，科技部建立科技型中小企业培育库，2019年入库的15.2万家科技型中小企业研发费用总额达3602.4亿元。近年来，华为、腾讯等一批企业成为具有世界影响力的创新型领军企业；小米、滴滴、大疆、字节跳动和旷视科技等一批初创科技企业迅速崛起成为行业内新的领军企业。

欧盟发布的《2019产业研发投入记分牌》显示，在全球研发投入2500强企业中，中国大陆有456家企业上榜，在国别中名列第二。2019年中国大陆企业的研发投入比2018年增加了41.9%，远高于全球2500强企业的平均增长水平（8.9%）。2019年，一些企业重大科技成果和突破不断涌现，在部分国家战略急需的关键核心领域取得新的进展，推进现代交通技术与装备研发和产业化，加快 5G、大数据等新一代信息技术研发应用，时速 600 km 高速磁悬浮列车样车下线，移动终端 SoC 芯片年出货量占全球市场的 28%，集成电路封装产业关键装备覆盖率和国产化率达到 80%，中高端数控机床功能部件市场占有率提高 4 倍。

近年来，我国高新技术企业以自主研发为核心的综合创新能力大幅提升，涌现出了一批类似华为的高新技术龙头企业。高新技术企业群体已成为解决我国经济结构矛盾、提振内需、占领下一轮经济增长制高点及培育战略性产业的重要力量，其在支撑现代化经济体系建设中的重要作用日益显现。2019 年，全国 21.85 万家高新技术企业科技活动经费内部支出为 2.46 万亿元，较上年增长 24.9%；高新技术企业平均每万人拥有的发明专利数量为 325.0 件，是全国就业人员人均水平的 11 倍；高新技术企业实现营业总收入 45.1 万亿元，上缴税费 1.8 万亿元，同比增长分别为 15.9%、−0.1%；高新技术企业出口总额为 4.9 万亿元，同比增长 9.0%；以工程技术服务业、文化创意和设计服务业为代表的科技服务业类高新技术企业数量逐年增多，电子信息、生物医药等战略性新兴产业得到了有效扶持，推动了战略性新兴产业发展，加快了经济结构转型升级。

二、创新资源集聚与国际合作

我国从多维度发力促进政府间双多边科技合作，为我国产学研各类主体与海外同行开展合作提供了稳定和畅通的渠道。一是支持符合条件的企业承担国家科研任务。2016—2019 年约有 26% 的国家重点研发计划项目由企业牵头承担；民口 10 个重大专项已立项项目（课题）中，60% 以上的任务有企业参与实施，其中企业牵头承担的项目（课题）比例约为 23%，集成电路装备和新药创制专项民营企业牵头承担比例达 45%。二是拓展企业技术创新融资渠道。国家科技成果转化引导基金已设立 30 支子基金，总规模达 422.37 亿元，其中转化基金认缴出资 106.42 亿元、引导地方政府和社会资本出资 315.95 亿元。国家设立科创板并试点注册制改革，主要服务符合国家战略、突破关键核心技术、市场认可度高的科创企业。创业板上市公司、新三板挂牌公司中高新技术企业也占有相当大的比例。截至 2019 年 6 月，银行业金融机构科技型企业贷款余额约为 3.95 万亿元、12.37 万户。三是搭建企业项目展示与资本对接平台。2016—2019 年，中央财政共支持 2103 家创新创业大赛获奖和优秀企业，总金额 6.6 亿元。三届创新挑战赛累计征集解决方案近 6000 个，促成 1652 项技术需求对接。"十三五"以来，科技部先后备案 3 批 1824 家国家级星创天地，截至 2018 年共聚集在孵企业和在孵团队 1 万多个，其中科技型企业 782 家，创业人员 6.4 万人。2019 年"创客中国"中小企业创新创业大赛参赛项目达 15 800 多个。四是鼓励企业开展技术创新国际合作。深度融入全球创新网络，创新开放合作空间不断拓展。科技合作"走出去"步伐加快。《企业境外投资管理办法》发布，为企业开展境外高新技术和先进制造业投资合作提供便利。截至 2018 年，28 家中央企业拥有境外研发机构 223 个、海外科研人员 5900 多名。国际创新资源"引进来"初具成效。支持企业和科研院所打造国家级引才引智示范基地，2018 年科技部评选命名了 40 家国家引才引智示范基地，包括中国商飞、国家核电等一批重点企业入选。

三、技术创新体系

"十三五"以来，科技部会同国家技术创新工程部际协调小组各成员单位，围绕建立健全以企业为主体、市场为导向、产学研深度融合的技术创新体系，深入推进实施国家技术创新工程，着力增强企业创新主体地位，技术创新在深化供给侧结构性改革、支撑高质量发展中发挥了更加重要的作用。

一是支持企业建设国家级创新平台。截至 2019 年年底，依托企业组建 174 个国家重点实验室和 189 个国家工程技术研究中心，支持在新能源汽车、高速列车、合成生物 3 个领域建设国家技术创新中心，加大关键技术攻关，强化对重要领域的技术供给与创新服务。在人工智能领域，科技部批准建设了 15 个国家新一代人工智能开放创新平台，覆盖了自动驾驶、城市大脑、医疗影像等领域引用场景，百度、科大讯飞、商汤等人工智能企业在带动中小微企业发展等方面产生了积极作用。此外，截至 2019 年年底，发展改革委推动建设了 7 个国家产业创新中心，完成了 26 批国家企业技术中心认定。工业和信息化部批复建设 13 个制造业创新中心，认定国家技术创新示范企业 608 家。

二是加快推进产学研深度融合。科技部试点产业技术创新战略联盟达到 146 个，集中了 5000 多家企业、高校和科研机构，在制定技术标准、编制产业技术路线图、加快技术转移和成果转化等方面发挥了重要作用。中国科学院技术创新与产业化联盟成立，由企业根据市场和技术发展的需求提出研发项目，联盟组织各研究机构共同完成。国资委支持 80 家中央企业牵头国家及地方技术创新战略联盟 132 个，年度经费支出共 9.1 亿元。

四、加大企业技术创新激励政策力度

科技部联合其他部门出台多项政策措施完善支持企业技术创新的政策环境，深入推进中央企业和民营企业创新发展。一是持续优化激励各创新主体的政策措施。中共中央办公厅、国务院办公厅印发实施《关于促进中小企业健康发展的指导意见》，科技部印发《关于支持科技型中小企业加快创新发展的若干政策措施》，为中小企业提供公平竞争环境。全国工商联与科技部在 2018 年签署部际合作协议，联合发布《关于推动民营企业创新发展的指导意见》，共同支持民营企业创新发展。科技部、国资委印发《关于进一步推进中央企业创新发展的意见》，推动中央企业高质量发展。2018 年出台《促进大中小企业融通发展三年行动计划》，支持不少于 50 个实体园区打造大中小企业融通发展特色载体，培育 600 家专精特新"小巨人"和一批制造业单项冠军企业。二是普惠性财税激励政策不断完善和落实。科技部会同财政部、国家税务总局等进一步完善研发费用加计扣除政策，简化管理方式，将加计扣除比例从 50% 提高到 75%，明确委托境外研发费用纳入加计扣除范围，有效激励企业加大研发投入。2019 年，财政部、国家税务总局等印发文件，将固定资产加速折旧企业所得税的优惠范围扩大到全部制造业领域。三是科技型中小企业创新政策环境进一步优化。2019 年，入库科技型中小企业队伍进一步壮大，全社会重视关心支持服务科技型中小企业的意识进一步增强。据初步统计，2019 年全国入库科技型中小企业数量再创新高，预计超过 15 万家，在国家层面将针对科技型中小企业 75% 比例加计扣除政策普惠至所有企业的情况下，入库企业数量仍实现了较高增长，增长比例达 15%。在国家鼓励推动和地方需求牵引下，全国 90% 以上的省级政府管理部门均建立有专门支持科技型中小企业创新发展的政策，部分地市、发达地区县一级及高新区也在企业培育、研发奖励、贷款贴息、人才补贴等方面为科技型中小企业进行了定制化政策设计，在发挥科技型中小企业作用实现经济高质量发展方面，全国上下形成了"一盘棋"思想。

第三节
高等学校和科研院所的创新

一、高等学校研发体系

2019 年，高等学校研究与试验发展经费支出（简称研发经费）达 1796.6 亿元，比上年增长 23.2%。其中，基础研究为 722.2 亿元、应用研究为 879.3 亿元、试验发展为 195.1 亿元（图 1-1）。全国基础研究经费中，高等学校占 54.1%；应用研究经费中，高等学校占 35.2%。同时，政府资金是高等学校研发经费的最大来源，2019 年，高等学校研发经费中，政府资金经费支出为 1048.5 亿元、企业资金为 471.0 亿元、其他资金共 277.1 亿元，分别占高等学校研发经费的 58.4%、26.2% 和 15.4%（图 1-2）。

基础研究，722.2亿元，40.2%
应用研究，879.3亿元，48.9%
试验发展，195.1亿元，10.9%

图 1-1 高等学校研发经费分布

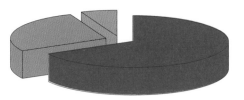

政府资金，58.4%
企业资金，26.2%
其他资金，15.4%

图 1-2 高等学校研发经费来源分布

2019 年，高等学校研究与试验发展机构共 18 379 个。高等学校科研和开发机构研究与试验发展人员（简称研发人员）持续增加，2019 年，高等学校研发人员全时当量为 56.6 万人年，比上年增长 37.5%。从研究类型来看，高等学校投入基础研究人员 26.7 万人年、应用研究人员 25.8 万人年、试验发展人员 4.1 万人年。全国科学研究人员中，高等学校占 17.3%。高等学校研发人员中，博士毕业人员 45.3 万人，占 36.8%；硕士毕业人员 47.3 万人，占 38.4%（图 1-3）。

博士毕业，36.8%
硕士毕业，38.4%
本科毕业，21.5%
其他，3.3%

图 1-3 高等学校研发人员学历分布

2019 年，高等学校发表科技论文 144.7 万篇，比上年增长 4.1%；发表科技论文中，国外发表数量为 54.3 万篇，比上年增长 18.1%；出版科技著作 43 331 种，比上年减少 3.3%。专利申请受理数量达 34.1 万件，比上年增长 6.2%。其中，发明专利申请受理数为 21.1 万件。高等学校专利申请授权量为 21.3 万件，比上年增长 10.4%。其中，发明专利申请授权量为 9.2 万件。

在进一步扩大高校科研自主权方面，教育部印发的《关于全面推进中央高校建设世界一流大学（学科）和特色发展引导专项资金管理改革试点工作的通知》中，声明自 2020 年起，"双一流"专项资金按一个项目进行管理，由中央高校统筹用于"双一流"建设，简化"双一流"专项资金审批流程，赋予高校更大的资金统筹能力。支持高校贯彻落实国家杰出青年科学基金试点项目经费使用"包干制"，以及参与上海、山东、重庆、广州、深圳等地项目经费"包干制"改革。

二、研究与开发机构

2019 年，全国科学研究与开发机构数量达 3217 个，其中中央直属机构 726 个、地方属机构 2491 个。研发经费支出达 3080.8 亿元，比上年增长 14.2%。其中，基础研究为 510.3 亿元、应用研究为 933.6 亿元、试验发展为 1636.9 亿元（图 1-4）。科学研究与开发机构承担研发课题共 125 642 个，课题人员全时当量为 37.8 万人年，课题经费支出为 2119.4 亿元，比上年增加 9.8%。全国基础研究经费中，研究与开发机构占 38.2%；应用研究经费中，研究与开发机构占 37.4%；试验发展经费中，研究与开发机构占 8.9%。同时，政府资金是研究与开发机构研发经费的最大来源，2019 年，研究与开发机构研发经费中，政府资金为 2582.4 亿元、企业资金为 118.7 亿元、国外资金为 5.0 亿元、其他资金为 374.7 亿元，分别占研究与开发机构研发经费的 83.8%、3.8%、0.2% 和 12.2%（图 1-5）。

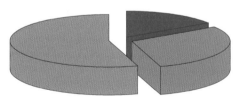

基础研究，510.3亿元，16.56%
应用研究，933.6亿元，30.30%
试验发展，1636.9亿元，53.23%

图 1-4 研究与开发机构研究经费分布

政府资金，83.8%
企业资金，3.8%
国外资金，0.2%
其他资金，12.2%

图 1-5 研究与开发机构经费来源分布

研究与开发机构研发人员持续增加，2019 年，研究与开发机构研发人员全时当量为 42.5 万人年，比上年增长 2.9%，占全国研发人员的 6.8%。从研究类型来看，研究与开发机构投入基础研究人员 9.2 万人年、应用研究人员 14.8 万人年、试验发展人员 18.4 万人年。全国科学研究人员中，研究与开发机构共 48.5 万人。研究与开发机构的研发人员中，博士毕业人员为 9.6 万人，占 19.8%；硕士毕业人员 18.0 万人，占 37.1%（图 1-6）。

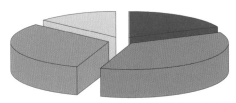

博士毕业，9.6万人，19.8%
硕士毕业，18.0万人，37.1%
本科毕业，14.9万人，30.7%
其他，6.0万人，12.4%

图 1-6　研究与开发机构研发人员学历分布

2019 年，研究与开发机构发表科技论文 18.6 万篇，出版科技著作 5469 种。专利申请受理量达 6.7 万件，比上年增长 9.6%；其中，发明专利申请数为 5.2 万件。研究与开发机构专利授权量为 3.8 万件，比上年增长 4.0%；其中，发明专利授权量为 2.4 万件。

第四节
科技创新创业服务体系

创业孵化保持强劲发展态势。截至 2019 年年底，全国科技企业孵化器（简称孵化器）总数达 5206 家，在孵科技型中小企业 21.7 万家，同比增长 5.0%。科技支撑经济发展效果显著，在孵企业总收入达 8218.9 亿元，R&D 经费支出近 704.9 亿元。在孵企业科技含量进一步提升，拥有有效知识产权 56.3 万件，同比增长 28.0%，其中当年知识产权授权数为 15.4 万件，同比增长 10.8%。

一、科技企业孵化器

当前，科技企业孵化器在促进就业和聚集人才、形成大中小企业融通发展生态圈、助力科技成果转化等方面发挥了重要作用。

促进就业、吸引汇聚高质量人才。2019 年，全国孵化器自身吸纳就业 7.3 万人，在孵企业从业人员近 295 万人，吸纳应届毕业大学生创业就业达 26.5 万人，占全国应届毕业生就业的 3.2%。孵化器内吸引留学人员创业就业近 2.8 万人，聚集国家级人才计划入选人员超过 4300 人，为促进经济发展、培育新动能提供了强有力的人才支撑。江苏深入实施"创业江苏"行动，累计引进国家级创业类人才 275 人，占全国近 1/3。浙江通过孵化器内在孵企业集聚国家级高端人才 865 人，大专以上人员 24.62 万人，留学人员 5718 人。

初步形成大中小企业融通发展生态圈。2019 年，越来越多的大企业、行业龙头企业投身孵化器建设，以此为突破口，推动自身转型升级、跨越发展。吉林修正药业整合集团优势资源打造大健康双创平台，聚集产业链上下游 600 多家企业，在细分领域对其形成有力的延伸和补充，促进了中小企业与大企业融通发展。中小企业通过孵化器深度链接大企业资源，2019 年全国孵化器共开展创业导师对接企业数量为 17.6 万个，占在孵企业的 81.1%。陕西杨凌示范区创业服务中心根据在孵企业所在领域分专题组织大企业专项对接，帮助中草药种植创业企业对接陕西步长制药、东科麦迪森等大型制药企业，帮扶智能制造企业对接陕西法士特、陕汽等，从而解决其市场开拓和应用问题。

产学研融合发展助力科技成果转化。高校更加重视大学科技园、孵化器建设，进一步为科研人员松绑；科研院所的体制机制则更加灵活，或逐步形成独具特色的孵化模式，或向新型研发机构转型发展。北京出台《支持建设世界一流新型研发机构实施办法（试行）》，按照新内涵、新体制、新政策、新机制原则，首批遴选和推动 5 家研究机构向世界一流新型研发机构升级发展。专业孵化器长期深耕于某一专业领域，具备概念验证的专业化能力和丰富经验，有效推动了基础研究成果向市场化成果转化。2019 年，全国专业孵化器数量达到 1477 家，占比为 28.4%；孵化器总收入为 449.9 亿元，其中综合服务收入为 127.8 亿元，投资收入 23.2 亿元，孵化器对公共技术服务平台的投资额达到 77.6 亿元，为其提供专业化服务提供了有力支撑。

产学研融合为产业发展注入新动能。2019 年，在资本市场普遍收紧、中小企业融资难的背景下，孵化器内在孵企业仍然获得了较高的资本认可度，当年获得投融资的企业数量接近 1.1 万家，当年获得风险投资总额为 545.5 亿元，在智能医疗和检测设备、互联网教育、远程办公等领域，催生了相关新产品新企业，培育了新业态新产业，为经济发展持续注入新动能。

二、众创空间

众创空间整体继续保持稳健增长，成为各地区促发展、稳就业的"新基础设施"。2019 年，全国众创空间共有 8000 家，同比增长 15.0%。提供创业工位 148.65 万个，同比增长 21.4%。从运营主体性质来看，民营性质的众创空间有 6395 家，占全国总数的 79.4%；国有性质的众创空间有 823 家，占全国总数的 10.3%，民营社会资本正成为众创空间的投入主体。由高校科研院所成立的众创空间共 967 家，由投资机构直接建立的众创空间共 580 家，"成果＋孵化""投资＋孵化"正成为众创空间发展的新模式。从名省（区、市）绝对数量来看，广东众创空间总数位列全国第一，共 952 家，占全国总数的 11.9%。从增长速度来看，黑龙江增长最快，新增众创空间 26 家，增幅为 92.9%。从区域分布来看，京津冀、粤港澳、长三角占全国众创空间总数的 48.6%，这些区域创新创业资源仍然是最丰富的，黑龙江、河北、山西等地区积极出台鼓励创新创业的政策，众创空间呈现较快的增长。

众创空间享受财税金融政策不断加大。各地方加大对众创空间的财税金融等政策的支持力度。通过支持众创空间平台化发展，为社会提供稳就业、促发展的公共政策和服务。2019 年，全国众创空间共获得各级政府财政后补助 29.93 亿元。按照《关于科技企业孵化器 大学科技园和众创空间税收政策的通知》（财税〔2018〕120 号）规定，符合条件的众创空间可以享受房产税、城镇土地使用税、增值税优惠。2019 年众创空间税收优惠政策实施成效明显，全年享受税收优惠政策免税金额总计 2.23 亿元，比上年增长 192.0%，众创空间享受普惠性政策逐步加大。

众创空间成为促创业、稳就业的重要平台。2019 年全国众创空间服务的创业团队和企业共44.1 万家；吸纳就业人员 191 万人，同比上升 26.2%；平均每个众创空间常驻团队和企业共 55.11 个，比上年入驻率上升 81.5%。特别是高层次创业群体呈现增长趋势，2019 年众创空间内大学生创业、留学归国人员创业、科技人员创业、大企业高管离职创业、外籍人士创业等团队和企业数量共计24 万个，同比增长 28.3%。

众创空间在孵企业和团队高度重视技术创新。在孵企业知识产权数量增加较快，创新能力不断提升。2019 年，全国众创空间常驻企业和团队拥有有效知识产权数量达到 34.3 万件，同比增长 41.8%；拥有发明专利数量为 3.95 万件，同比增长 58.8%。这反映出在孵企业高度重视技术创新，科技型创业企业逐步成为众创空间入驻企业的重要组成。全国众创空间初创团队和企业拥有国家重大人才工程 3083 人，留学人员 3.05 万人，为企业技术创新提供了强大动力。

全国众创空间服务活动总量继续保持增长，创业服务活动水平进一步提升。2019 年，全国众创空间举办创新创业活动累计达到 14.9 万次，同比增长 20.2%；开展创业教育培训 11 万场，较上年略有上升。全国众创空间共有创业导师 16 万名，同比增长 13.5%；开展的国际交流活动 9921 场，同比增长 7.8%，众创空间逐步重视国际化的创新创业活动。

三、专业化众创空间

2019 年，龙头骨干企业围绕主营业务方向、科研院所和高校立足优势专业领域加快建设专业化众创空间，促进人才、技术、资本等各类创新要素的高效配置和有效集成，进一步推动科技型创新创业，服务实体经济发展。

专业化众创空间示范效果不断显现。龙头骨干企业、科研院所、高校等各类创新主体更加注重聚焦细分领域的专业化众创空间建设和服务能力提升，"专业化"概念深入人心，200 余家建设主体申请国家专业化众创空间备案，现已备案示范 50 家。从区域布局上看，专业化众创空间发展情况与区域经济发展水平、双创发展活力呈正相关，主要分布在京津冀、长三角、珠三角地区，其中北京、广东、江苏、山东、湖北各有 5 家国家专业化众创空间备案。从建设主体上看，50 家中有 31 家依托行业龙头企业建立、12 家依托高校及科研院所建立、7 家依托新型研发机构建立，企业成为建设专业化众创空间的中坚力量。从聚焦产业领域上看，人工智能、大数据、医疗器械、智能硬件、光电子、高分子新材料等战略性新兴产业的细分领域是专业化众创空间聚焦的重点领域。

有效激发科研人员创新创业的活力。科研院所和高校以专业化众创空间为平台开展科研立项、科研评价体系等方面改革，鼓励科研人员、企业技术人员携带研究成果、技术经验创新创业，从而提升了成果转化效率、孵化了一批高质量创业项目、培育出一批优秀的创业者。西安光机所将科技创新成果的影响与价值纳入人才评价标准中，充分肯定了科研人员在科技成果转化方面创造的价值，培育了大量科技成果转化项目。

专业化众创空间进一步促进科技资源开放共享。通过搭建线上资源共享服务平台、组织对接活动等多种方式，在帮助创业团队的同时也提高了资源的使用效率，服务产业集群发展壮大。北京大学开放了数字视频编码与系统技术国家工程实验室、机器感知与智能教育部重点实验室等平台，集聚人工智能领域近 20 个科研项目的科技成果，孵化企业 128 个，总融资额达 124 亿元。

专业化众创空间培育出一批前沿技术及产品。龙头企业、高校院所通过专业化众创空间构建资源协同开放平台，在关键核心技术、国际首创技术等方面形成突破，输出具有国际竞争力的技术前沿产品和解决方案。西北工业大学智能制造国家专业化众创空间内项目团队成功研制了 1.5-36U 全系列立方星平台及多种标准化部组件；华工科技激光技术国家专业化众创空间诞生了国内首台工业应用性能稳定的紫外固体激光器，这些产品达到了国际先进水平。

四、大学科技园

2019 年，国家大学科技园总体规模已经达到 115 家，覆盖全国 31 个省（区、市），在推动服务科技和教育体制改革、激发高校创新主体积极性和创造性、培育经济发展新动能中发挥了重要作用，成为引领我国创新驱动发展的重要源头活水。

探索科技成果转移转化，成为科技体制改革创新的试验田。大学科技园一头连接高校技术成果，一头连接企业市场主体，在推动高校技术转移、促进科技成果产业化、开展产学研合作等方面发挥了重要作用，成为高校科技成果转移转化的重要通道，我国科技体制改革的重要平台。2018 年，已纳入统计的 114 家国家大学科技园在孵企业申请专利 1.5 万项，转化科技成果 8625 项，其中转化高校科研成果 4440 项。

培育创业主体，引领高水平创业浪潮。大学科技园通过加强与高校产学研合作，提供系统化、多元化、专业化的创新创业服务，在电子信息、智能制造、互联网等领域孵化出了一批知名高科技企业。2018 年，已纳入统计的 114 家国家大学科技园在孵企业达到 10 127 家，在孵企业收入达 325 亿元，累计毕业企业 10 733 家。

促进校企资源融合共享，培育创新创业人才。大学科技园依托庞大的校友网络，吸引校友人才团队，与校友企业共建发展平台，已经成为集聚创新创业人才的洼地。同时大量企业的集聚使大学科技园具备为大学生提供实习实训的良好条件，通过搭建大学生创业实践基地等举措，为高校创新人才培养提供了有力支撑。

服务区域经济发展，打造地方产业创新发展源头。大学科技园拥有高校的科教资源优势，是科技人才、创新团队和研究成果的集聚地，具有极强的知识扩散性、技术辐射性、人才溢出性，为地方发展输送高端人才、先进技术和科技型企业，已成为区域经济发展的重要源头。115 家国家大学科技园中有 54 家位于高新区范围内，大学科技园已经成为带动高新技术产业发展的重要力量。

第五节
政策法规

一、普惠政策

为鼓励企业加大研发投入，《中华人民共和国企业所得税法实施条例》（国务院令第 512 号）中明确规定，按企业研发费用的 50% 进行税前加计扣除。为了加大研发费用加计扣除政策力度，进一步激发企业研发和创新热情，2018 年 6 月，财政部、国家税务总局、科技部发布《关于企业委托境外研究开发费用税前加计扣除有关政策问题的通知》（财税〔2018〕64 号），允许企业委托境外的研究开发费用享受税前加计扣除政策；2018 年 9 月，财政部、国家税务总局和科技部发布《关于提高研究开发费用税前加计扣除比例的通知》（财税〔2018〕99 号），将加计扣除比例从 50% 提高到 75%。

2018 年，研发费用加计扣除政策为企业减免税额达到 2794 亿元，已成为国家减税降费的亮点。深入实施高新技术企业所得税优惠政策，高新技术企业税收优惠的企业数量达 5.27 万户，减免税额 1900 亿元。

二、公平竞争市场环境

进一步鼓励知识产权转化应用。推动企业知识产权的应用和产业化，促进高等学校、科研院所的创新成果向企业转移，缩短产业化周期。加强国家技术转移体系建设，推动国家科技成果转移转化示范区发展，发展专业化技术转移机构，培育技术经理人。深化科技成果使用权、处置权和收益权改革，开展赋予科研人员职务科技成果所有权或长期使用权试点。

强化知识产权管理与服务。健全国家科技计划知识产权工作机制，加强国家科技计划知识产权监管，建立国家科技计划知识产权目标评估制度。加强重点领域和重大技术专利分析预警和导航服务。加强科研诚信建设，持续开展对学术论文造假等科研诚信舆情监测和预警，提高科研诚信的监管和信息服务水平。

加强人类遗传资源的管理，完善知识产权保护体系。2019 年 6 月，国务院发布《中华人民共和国人类遗传资源管理条例》（国务院令第 717 号）（简称《条例》），取代原有的《人类遗传资源管理暂行办法》（国办发〔1998〕36 号），并于 2019 年 7 月 1 日起正式生效。《条例》的发布，对人类遗传资源相关业务的各个环节加强了管理，有利于我国人类遗传资源的保护。

三、大众创新创业环境

加大对科技型中小企业科技创新的引导和支持。2019 年 8 月，科技部印发《关于新时期支持科技型中小企业加快创新发展的若干政策措施》（国科发区〔2019〕268 号），提出 7 个方面 17 条具体举措，加快推动民营企业特别是各类中小企业走创新驱动发展道路，强化对科技型中小企业的政策引导与精准支持。

加速推动高校科技成果转移转化。科技部会同教育部组织开展对《国家大学科技园认定和管理办法》（国科发高〔2010〕628 号）的修订工作，并于 2019 年出台《关于促进国家大学科技园创新发展的指导意见》（国科发区〔2019〕116 号）和《国家大学科技园管理办法》（国科发区〔2019〕117 号）。进一步引导高校发挥创新资源集成、科技成果转化、科技创业孵化、创新人才培养、开放协同发展等关键作用，推动服务科技和教育体制改革、培育经济发展新动能。

高质量建设创新创业服务平台。2019 年，科技部开展第三批国家专业化众创空间示范遴选工作，进一步贯彻落实《国务院办公厅关于加快众创空间发展服务实体经济转型升级的指导意见》（国办发〔2016〕7 号）和《国务院关于推动创新创业高质量发展打造"双创"升级版的意见》（国发〔2018〕32 号）精神，深化供给侧结构性改革，推动科技型创新创业，培育经济发展新动能，充分发挥专业化众创空间的引领带动作用。

加大双创载体支持。2019 年，继续落实《关于支持打造特色载体推动中小企业创新创业升级工作的通知》（财建〔2018〕408 号），配合财政部启动支持第二批 23 个开发区打造科技资源支撑型、高端人才引领型两类特色载体，并组织开展第一批 55 家开发区打造特色载体的绩效评价工作，加快推动特色载体提升服务能力，促进中小企业高质量发展。

第六节
国家技术转移体系

一、国家科技成果转移转化示范区

自 2016 年起，科技部会同地方共同组织 9 个国家科技成果转移转化示范区建设，将科技成果转化作为适应新常态、培育新动能、推动区域经济社会发展的重大举措，围绕科技成果全链条完善政策机制和健全治理模式，激发各创新主体活力，呈现科技成果转化亮点频现的局面。2019年前三季度示范区达成技术交易合同 7 万余项，技术交易总额突破 3000 亿元，占全国技术交易总额的 1/5。示范区在成果转化机制探索、转化模式、政策体系和能力建设等方面，取得了不少好经验、好做法，并得到推广应用。主要成效包括：一是聚焦科技成果转移转化全链条政策堵点，示范区积极开展政策机制先行先试，多项改革举措在全国推广应用。二是围绕传统产业技术升级和新兴产业培育，强化以需求为导向的科技成果转化模式探索，为提升示范区产业链水平提供支撑服务。三是以服务科技成果转化全链条为主线，加强技术市场和服务机构建设，示范区成果转化服务水平显著提升。四是围绕国家科技计划创新成果转化应用，积极探索创新链与产业链深度融合的模式，一批前沿科技成果实现落地转化。五是政府投入充分发挥牵引作用，引导社会资本投入不断加大，多元化资金链日臻完善。

二、国家技术转移机构

国家技术转移机构是国家技术转移体系的重要组成。截至 2019 年年底，科技部联合教育部、中科院共培育国家技术转移机构 432 家，促成技术转移项目 141 115 项，促成技术转移项目金额为 2310.2 亿元，比上年增长 8.4%。

据对 429 家反馈有效数据的机构统计，429 家国家技术转移机构中，独立法人机构 325 家，其中，市场化运作的企业法人机构 198 家、事业法人机构 115 家、社团法人机构 3 家、民办非企业法人机构 9 家。独立法人内设机构 104 家，其中高校、科研院所内设的技术转移机构占八成（图1-7）。按机构主体类型统计，高校技术转移机构 120 家、科研院所技术转移机构 79 家、政府部门所属机构 144 家、独立第三方市场化运作的机构 71 家、技术（产权）交易机构 15 家。从地域分布看，东部地区 247 家、中部地区 57 家、西部地区 89 家、东北地区 36 家。东部地区以其大学、科研机构数量多、研发能力强、技术交易活跃等优势，机构数量明显领先于中西部地区。其中，创新资源最为丰富、技术转移最为活跃的北京、江苏、广东的机构数量居全国前列。2019 年共有从业人员 44 458 人，比上年增加 0.30%。其中，获得技术经纪人资格的有 4524 人，占总人数的 10.2%；大学本科及以上人员有 36 711 人，占比为 82.6%；中级职称及以上人员有 24 801 人，占比为 55.80%。

事业法人，115家
企业法人，198家
社团法人，3家
民办非企业法人，9家
法人内设，104家

图 1-7　国家技术转移机构按法人类型划分

三、技术产权交易机构

技术（产权）交易机构是以企业和产业需求为导向，整合创新要素和创新资源，提供技术孵化、技术转让、技术咨询、技术评估、技术投融资、技术产权交易、知识产权运营及技术信息平台等专业性和综合性服务的机构，是技术转移服务体系的重要组成部分。据对全国 32 家主要技术（产权）交易机构调查统计，2019 年共有从业人员 1283 人，促成技术交易 5224 项，成交金额为674.4 亿元，组织技术推广和交易活动 1117 次，组织技术转移培训 70 615 人次。其中，技术交易所（中心）19 家，共促成技术交易 2973 项，促成交易金额 391.7 亿元；技术产权交易所（中心）13 家，共促成技术交易 2251 项，促成交易金额 282.7 亿元。

四、技术合同交易

2019 年，全国技术合同成交额占全社会研究与试验发展经费的比重由 2018 年的 90.0% 提高到 2019 年的 103.0%，比上年增加了 13 个百分点。技术开发合同成交额为 7177.3 亿元，比上年增长 21.9%，占全国技术合同成交总额的 32.1%。1000 万元以上的重大技术合同成交 21 151 项，比上年增长 22.7%；成交额为 17 941.9 亿元，比上年增长 29.2%，占全国技术合同成交总额的80.19%。2019 年，技术服务合同成交额为 12 418.1 亿元，比上年增长 28.9%，占全国技术合同成交总额的 55.4%。电子信息领域技术合同成交额为 5636.7 亿元，比上年增长 25.1%，占全国技术合同成交总额的25.2%,持续居首位。城市建设与社会发展和先进制造技术合同成交额分别居第2、第3位。2019年,涉及知识产权的技术合同167 463项,成交额为9286.9亿元,占全国技术合同成交总额的41.5%。其中,专利技术合同21 804项,成交额为3085.8亿元,比上年增长47.3%,占全国技术合同成交总额的13.8%。

2019年,北京输出技术合同成交额为5695.3亿元,占全国技术合同成交总额的25.4%,保持全国第一;广东输出技术合同成交额为2223.1亿元,位居第二;江苏输出技术合同成交额为1471.5亿元,由上年的第7位跃居2019年的第3位。从吸纳技术看,北京成交额为3223.8亿元,占全国技术合同成交总额的14.4%,居首位;广东紧随其后,成交额为3125.7亿元。

2019年,引进港澳台地区和国外的技术合同为2683项,成交额为562.2亿元,同比上年增长3.6%。2019年,输出到港澳台地区和国外的技术合同为4518项,成交额为1898亿元,比上年同期增长5.0%。企业输出技术合同321 777项,成交额为20 494.0亿元,比上年增长28.3%,占全国技术合同成交总额的91.5%;企业吸纳技术合同343 533项,成交额为17 419.1亿元,比上年增长25.4%,占全国技术合同成交总额的77.8%。

2019年,全国技术合同交易呈现以下特点:一是技术市场积聚经济增长新动能。技术市场集聚各类市场主体和创新资源,为技术要素流通配置、价格形成、转化交易提供了重要平台,蕴藏着巨大的经济发展潜能。2019年,全社会对技术创新和科技成果的需求持续高涨,技术交易中各类市场主体参与踊跃,新增各类技术交易卖方主体19 325家,其中企业卖方主体17 590家,带动了技术市场的交易活跃和规模壮大。高技术产业作为国民经济发展的战略性先导产业,是技术交易中最为活跃的产业领域。2019年,电子信息、先进制造、生物医药、航空航天、新材料、新能源等高技术领域成交额占据了全国技术交易近70%的市场份额。新能源技术呈现高增长态势,成交额增幅达82.7%,成为高技术产业新的经济增长点。二是高质量科技成果供给能力提升。科技成果的源头供给能力和水平大大提高,全社会高质量科技成果供给显著增加,体现在技术交易中主要表现为3个特征:涉及各类知识产权的技术交易中发明专利占比持续增长;技术转让成交额增速达历史最高,增幅居四类合同首位;专利权和计算机软件著作权转让增量明显,成交额分别是上年的4.8倍和3倍。高等院校通过委托研发、合作研发、技术转让和技术服务等方式,全年技术合同成交额同比增长30.84%,明显高于全国平均增速,服务企业43 585家。上海交通大学、华中科技大学、同济大学、武汉大学、浙江大学等技术合同成交额位居前列。三是企业融通创新活力涌现。"放管服"改革持续深化,制度性交易成本进一步降低,为企业发展营造了良好的营商环境,大中小企业融通形势喜人。大中小企业间的技术交易持续活跃,中小企业与大企业签订的技术合同项数占企业技术合同总项数的 62.0%，尤其是专注于新能源、环境保护等领域，能够提供专业化、精准化的绿色技术研发与服务的中小企业，更加受到大企业的青睐。四是科技资源区域集聚效应凸显。京津冀、长三角、粤港澳大湾区技术交易成效显著，成为引领经济高质量发展的新高地。2019 年，三大区域为全国技术交易贡献了六成以上的市场份额，成交额所占比例约为 30%、20% 和 10%，科技资源集聚效应明显。京津冀地区成为技术交易的净输出地区，技术输出总量长期高于吸纳总量。长三角地区输出与吸纳总量基本持平且同步上升，上海、江苏技术合同成交额长期位居全国前列，浙江、安徽持续稳步增长。粤港澳大湾区增速领跑三大区域，随着大湾区发展战略的持续推进，国内外创新资源将加速集聚，技术交易还将进一步呈现放量增长态势。五是跨国技术交易活动日益频繁。技术出口对外合作国别不断增加，技术出口合同平均每份成交额达到 4201.0 万元，是全国平均水平的 9 倍。全年共与 136 个国家和地区签订了技术合同，较上年增加了 21 个。其中，"一带一路"沿线国家 59 个，较上年增加了 13 个，充分反映了我国技术贸易的对外开放程度进一步提高，以科技为支撑全面融入全球创新网络的国际化进程正在加快。先进制造领域的技术引进合同显著增长，国内企业对引进先进制造工艺、现代设计和计算机硬件等技术需求较大，用于支撑我国企业转型升级和新兴产业发展的目标明显。

五、技术要素市场环境

2019 年，我国促进科技成果转移转化的法律法规政策体系、技术转移服务体系加速完善，科研人员创新活力进一步释放，企业创新能力大幅提高，市场配置创新资源成效显著，技术要素市场环境逐步优化，为加速科技成果转移转化、培育壮大新动能、支撑我国经济平稳运行发挥了重要作用。一是完善技术市场体系，营造技术市场发展的良好环境。2019 年 7 月，中央深化改革委员会审议通过，科技部、教育部等六部委印发《关于扩大高校和科研院所科研相关自主权的若干意见》；9 月，财政部印发《关于进一步加大授权力度促进科技成果转化的通知》，进一步加大国家设立的中央级研究开发机构、高等院校科技成果转化有关国有资产管理的授权力度，为促进科技成果转移转化、加速推动技术要素市场发展注入了活力。技术要素市场已形成由《促进科技成果转化法》及部门规章、地方性法规、相关税收优惠政策构成的制度体系，由科技主管部门牵头、各部门协作构成的国家、省、市、县四级管理体系，以及由高校院所及社会化技术转移机构和人员构成的技术市场服务体系。二是深化国家技术转移区域中心建设，强化区域协同与示范引领。国家技术转移区域中心作为技术市场服务体系的重要支撑，经过体制机制改革突破探索，已成为技术成果集成转化大平台和技术转移资源密集区。从地域范围和功能分布来看，11 家区域中心覆盖了北方、南方、东部、东北、中部、西北、西南七大片区。三是加强技术市场人才培养，提升从业人员职业素养。贯彻落实《促进科技成果转化法》及其若干规定，按照《国家技术转移体系建设方案》要求，加强技术转移人才培养体系建设，壮大专业化技术转移人才队伍，按照"基地、大纲、师资、教材"四位一体的技术转移人才培养思路，结合国家技术转移区域中心建设，建立了 11 家国家技术转移人才培养基地，结合本区域技术市场和技术转移工作特色，开展技术市场管理和技术转移人才培养。2019 年，已培养技术合同登记员 1000 余人，技术经纪人数千人，技术市场从业人员服务能力和水平显著提升。四是推进科技成果直通车工作，加强深度服务与精准对接。探索科技成果转化新机制、新模式，开展科技成果直通车工作，挖掘高校院所优质科技成果，对接国家高新区企业和产业需求，搭建高水平科技成果与高质量科技企业的精准对接平台。2019 年，科技成果直通车在 11 个省（区、市）共举办了 12 场，聚焦医药健康、智能制造、物联网、光电子等 4 个前沿技术领域，共征集项目 3000 项，现场路演项目 150 余项，已签订转化意向合同或已落地转化项目 40 余项，促进了科技成果落地转化，更好地服务地方产业发展。五是加快技术市场信息化建设，提升技术市场服务能力。将"放管服"政策和技术市场税收政策落到实处，研究建设全国技术合同管理与服务系统，加强技术市场运行监测和统计分析，连接科技部、国务院政务信息服务平台，对接各省（区、市）技术合同登记分系统，形成"零跑腿、一站式、一张网"的全国技术合同管理格局。

六、知识产权转化应用

随着促进科技成果转化系列政策法规的逐步落实，知识产权运用不断增加。2019 年，全国专利转让、许可、质押等运营次数达到 30.7 万次，同比增长 21.3%；专利和上报质押金额达到 1515 亿元，同比增长 23.8%。

各研究开发机构、高等院校的科技成果转化日益活跃，科技成果转化成效显著。一是以转让、许可、作价投资方式转化科技成果的合同项数和金额不断提高。2018 年 3200 家研究开发机构、高校以转让、许可、作价投资方式转化科技成果的合同金额达 177.3 亿元，同比增长 52.2%；合同项数为 11 302 项，同比增长 6.7%。二是科技成果交易均价稳步增长。2018 年 3200 家研究开发机构、高校以转让、许可、作价投资方式转化科技成果的平均合同金额为 156.9 万元，同比增长 42.6%。技术入股作价金额持续攀升。2018 年以作价投资方式转化科技成果的作价金额达 79.2 亿元，同比增长 56.2%；平均合同金额达 1559.3 万元，同比增长 51.9%，分别是转让、许可平均合同金额的 23.3 倍和 11.1 倍。三是现金和股权奖励总金额明显增加。2018 年科研人员获得的现金和股权奖励金额达 67.6 亿元，同比增长 44.9%，占现金和股权总收入的 52.7%；其中股权奖励金额达 42.6 亿元，同比增长 75.8%。现金和股权奖励科研人员 68 292 人次，同比增长 3.4%，人均奖励金额 9.9 万元，同比增长 40.0%。奖励研发与转化主要贡献人员的占比提高。2018 年研发与转化主要贡献人员所获现金和股权奖励达 63.5 亿元，同比增长 50.9%，占奖励科研人员总金额的比例高达 94.0%，高于 2017 年的 90.2%，激励效应日益显现。四是四技（技术转让、开发、咨询、服务）合同质量不断提升。2018 年 3200 家研究开发机构、高校共签订四技合同 31.6 万项，在合同项数同比降低 18.4% 的情况下，实现合同金额 930.8 亿元，同比增长 16.6%；四技合同收入超亿元的单位高达 205 家，同比增长 27.0%，输出技术、服务的平均金额逐步增加。与企业共建成果转化平台、创设参股新公司的数量不断增多。2018 年与企业共建研发机构、转移机构、转化服务平台的总数为 8247 家，同比增长 14.8%；创设新公司和参股新公司 2155 家，同比增长 16.2%，科技成果供需双方的有效对接能力逐步提升。在外兼职从事成果转化和离岗创业人员稳步增长。2018 年在外兼职从事成果转化和离岗创业人员数量为 11 057 人，同比增长 5.5%，智力流动对科技进步和经济社会发展的推动作用不断强化。

第七节
科技监督与诚信建设

一、科技监督

推动与部门、地方监督共治。强化统筹联动，建立了重大事件跨部门联合调查工作机制，开展多部门、地方联合监督检查，以及院士专家工作站规范相关工作。

完善制度，建立科研领域重大突发事件信息报送制度，并以试点方式先后与吉林、西藏、山东、云南等地在科技监督和诚信制度建设等方面开展部省联动。

推进科技监督信息化建设，依托国家科技管理信息系统，构建统一的科技监督信息平台，已完成一期建设目标，整体功能有序推进。

探索实施"飞行检查"，规范监督检查行为。2019 年国家科技计划项目随机抽查工作，实行"5+N"的模式联合行动。科技计划跨领域项目随机抽查按照小于 1% 的比例抽取了 33 个项目，落实"双随机、一公开"要求，同时对检查专家也实现了随机抽取，做到"检查实""方式简""问责严"。

二、科技评估

积极推进科技评价改革。切实抓好"三评"改革文件落实。制定分工方案，提出 25 项具体措施，将"三评"改革文件落实情况作为国务院第六次大督查的重点，挖掘"三评"改革的正面典型案例 43 个，各部门制修订"三评"改革相关文件 72 项，30 个省（区、市）已出台落实《意见》的专门文件，各地方制修订"三评"改革相关文件 240 项；面向国家科技专家库专家发放并回收调查问卷 3396 份，掌握"三评"改革文件落实情况的第一手资料。

指导有关部门和地方开展评价改革试点工作，科技部会同财政部、人力资源社会保障部开展 4 家中央级科研事业单位中长期综合绩效考核试点，自然基金委开展非共识项目评审机制试点，重庆市针对科技创新基地稳定支持机制、非共识项目、重大项目张榜招标等 5 项开展改革试点。

制定有关科技评估标准。向国家标准委报批《科技评估基本准则》《科技评估基本术语》两项国家标准，统一科技评估概念，明确评估准则和要素，提升评估的整体质量、可信度和社会形象，促进交流与合作。

三、科研诚信建设

持续推进科研诚信建设。完善诚信案件调查制度。科技部等 20 个部门共同发布了《科研诚信案件调查处理规则（试行）》，对规范科研诚信案件调查处理提供了基本遵循。

强化联席会议工作机制。召开科研诚信联席会议第七次会议，审议通过了科研诚信联席会议工作报告、章程修订版等。

覆盖全国的科研诚信管理信息系统正式上线运行，实现了部门、地方等科研严重失信信息汇交，为各类科技申报活动开展诚信审核实施联合惩戒提供了有力支撑。

加强国际交流，树立"负责任创新"的国际形象。2019 年 6 月，第六届世界科研诚信大会在香港地区召开，科技部等多个单位派员参会，宣讲了我国科研诚信建设工作进展，与国际同行交流经验。2019 年 10 月，中欧科技伦理与科研诚信研讨会在北京召开。中国和欧盟科技伦理与科研诚信研究与管理界同行就相关政策与实践进行了深入讨论和经验分享，取得了良好效果。

四、科技伦理

推动中国特色的科技伦理治理体系建设。落实习近平总书记重要指示精神和党中央、国务院领导要求，《国家科技伦理委员会组建方案》经中央全面深化改革委员会第九次会议审议通过，2019 年 10 月，中共中央办公厅、国务院办公厅印发通知，国家科技伦理委员会正式成立。《中共中央关于坚持和完善中国特色社会主义制度、推进国家治理体系和治理能力现代化若干重大问题的决定》中，明确提出了"健全科技伦理治理体制"的要求。

2018 年年底出现的基因编辑婴儿事件，主要责任人于 2019 年年底因以生殖为目的的人类遗传基因编辑和生殖医疗活动构成非法行医罪，分别被依法追究刑事责任。

第二章
科技计划

新五类科技计划（专项、基金等）更加聚焦国家目标和发展战略，符合科技创新规律，优化科技资源高效配置，最大限度地激发了科研人员的创新热情，更加强化国家目标导向，突出重点领域，聚焦重大目标，全链条创新设计、一体化组织实施，加强支持基础研究，注重颠覆性技术发现培育，着力打造创新驱动发展的新引擎。同时，不断优化项目形成机制，深化科研项目经费管理改革，启动实施"绿色通道"试点工作，减轻科研人员负担。

第一节
科技计划和经费管理改革概述

一、五大类科技计划改革进程

深入贯彻落实党中央、国务院的决策部署，加快提升中央财政科技计划（专项、基金等）的创新供给效能和引领示范作用，强化自主创新能力，加强关键技术攻关，积极应对国际科技竞争最新态势，全面支撑现代化经济体系建设。

5类国家科技计划围绕创新驱动发展战略的实施，更加强化国家目标导向，突出重点领域，聚焦重大目标，全链条创新设计、一体化组织实施，加强支持基础研究，注重颠覆性技术发现培育，着力打造创新驱动发展的新引擎。同时，在项目管理工作中，不断优化项目形成机制，深入落实"放管服"要求，加强学风建设，大力弘扬新时代科学家精神。

（一）国家自然科学基金

坚决落实党和国家关于加强基础研究的重要决策部署，在广泛征求有关部门和国内外科技界意见的基础上，形成了以构建"理念先进、制度规范、公平高效"的新时代科学基金治理体系为目标，以三项改革任务为核心，以加强三个建设、完善六个机制、强化两个重点、优化七个方面资助管理为重要举措的系统性改革方案，并稳步推进。

改革举措取得初步成效：①基于科学问题属性的分类申请与评审成功试点。试点涵盖了全部重点项目和 17 个学科面上项目 26 000 余项。②"负责任、讲信誉、计贡献"评审机制开始试点。按照"正向激励、指标简约、审慎记录、严格保密、循序渐进"的原则，在管理学部开展预试点。③学科布局优化有序推进。制定科学基金学科布局方案，按照"源于知识体系逻辑结构、促进知识与应用融通"的原则，拟将原三级代码体系优化调整为两级，并在信息科学部、工程与材料科学部开始试点。④试行原创探索计划。发布国家自然科学基金原创探索计划项目申请指南。⑤加强科技资源整合。改革联合基金，拓展多元投入，确立联合基金出资比例，自 2018 年 12 月以来共吸引委外经费 67.3 亿元。⑥引导正确评价导向，强化人才培养。国家杰出青年科学基金项目由 200 项增加到 300 项，优秀青年科学基金项目资助规模从 400 项增加到 600 项。落实代表作评价制度，将代表性论著数目上限减少到 5 篇。发布《关于避免人才项目异化使用的公开信》，呼吁有关部门和依托单位设置科学合理的评价标准。⑦推进经费使用"包干制"试点。科技部与财政部联合发布《关于在国家杰出青年科学基金中试点项目经费使用"包干制"的通知》，实行项目负责人承诺制，取消预算编制，让科研人员有更大的经费使用自主权。⑧加强依托单位管理。制定《关于进一步加强依托单位科学基金管理工作若干意见》，压实依托单位管理主体责任，加强对依托单位的指导，着力提高管理水平。⑨加强学风和科研诚信与伦理建设。围绕"教育、激励、规范、监督、惩戒"5 个环节，实施标本兼治的学风建设行动计划，推进全流程、全覆盖科学基金监督体系和制度体系建设。⑩提升科技资源配置效率。优化基础科学中心项目资助模式，缩减项目参与单位及骨干成员数量，着力避免拼盘现象，同时扩大创新研究群体资助规模，取消延续资助项目，加强基础科学中心项目与创新研究群体项目的有机衔接。⑪优化项目形成机制。加强对关键领域核心科学问题的凝练和部署，资助川藏铁路、极地基础研究专项项目，启动"战略性关键金属超常富集成矿动力学"重大研究计划。

（二）国家重点研发计划

以提高重大创新方向研判能力为着力点，部署实施了一批事关高质量发展、核心竞争力和国家安全的重大科技创新项目，围绕复杂应用场景开展协同攻关，加强对地方科技投入的引导，促进成果转化落地，为我国经济和社会发展提供了及时有力的科技新供给。

在项目管理方面：①加强项目形成机制管理改革，综合运用公开竞争、定向择优、定向委托等方式，创新项目评审和支持机制，不拘一格遴选项目团队。优选行业领军企业领衔担纲攻关项目，发挥技术创新主体作用，确保攻关成果"做得出""用得上"。大力支持优秀青年人才"挑大梁"。②压实项目牵头单位和项目(课题)负责人责任，在重大关键性项目中引入全面质量管理理念，实施"挂图作战",进一步加强组织管理,提高研究工作绩效。③根据不同项目的特点进行分类评价。印发了《国家重点研发计划项目综合绩效评价工作规范(试行)》(国科办资〔2018〕107号),重点关注实施成效,突出代表性成果,注重成果应用与转化成效产生的经济社会价值。④深入落实"放管服"要求,建立完善以信任为前提的科研管理机制,切实减轻科研人员负担,扎实开展"减表""解决报销繁"等专项行动,落实"绿色通道"改革,制定"简化科研项目预算编制"和"提高间接费比例"试点方案并推进实施,赋予项目承担单位更大的自主权。

(三)国家科技重大专项

进一步落实改革要求,着重优化重大专项管理机制。2018年12月,科技部、发展改革委、财政部发布《进一步深化管理改革 激发创新活力 确保完成国家科技重大专项既定目标的十项措施》(国科发重〔2018〕315号),明确了压缩评审时间、减少检查频次、开展一次性绩效评价、清理简化表格等具体措施,切实减轻科研人员负担,激发创新活力。科技部、发展改革委、财政部组织开展重大专项责任落实协议的签订工作。2019年2月,三部门会同相关专项牵头组织单位以核电、传染病防治2个专项为试点分别书面签订了责任落实协议,探索实践了协议编制、组织签订、责任落实等各环节的做法和经验。在此基础上,三部门分批组织完成了其他8个专项责任落实协议的签订工作。通过立"军令状",确保各主体的责任落实到位,合力推动重大专项顺利实施。

(四)技术创新引导专项(基金)

(1)推进国家科技成果转化引导基金(简称转化基金)的实施

转化基金的实施在贯彻落实国家科技创新重要决策部署、促进科技成果转化、带动区域创新发展和缓解科技企业融资"瓶颈"等方面发挥了积极作用。子基金对新兴产业、关键技术和科技企业的投资促进效应日益显现:①推动重大科技成果转化和产业化,激发企业技术创新活力。②重点支持了中小科技企业创新创业。子基金已投资项目中的中小科技企业占全部已投企业的92%;全部投资中A轮及以前的占40%,首投效应明显。③创新资源配置,推动成果转化支持新模式,已带动全国20个省市设立了省级科技成果转化和科技创新类引导基金,总规模超过1300亿元,成果转化基金网络初步形成。

(2)持续推进中央引导地方科技发展资金专项工作

2019年9月,为规范和加强中央财政对地方转移支付资金管理,提高资金使用效益,财政部、科技部修订发布了《中央引导地方科技发展资金管理办法》(财教〔2019〕129号),在自由探索类基础研究、科技创新基地建设、科技成果转移转化、区域创新体系建设 4 个领域提供支持。

（五）基地和人才专项

（1）积极推进国家重点实验室建设发展

2019 年，中央财政下达国家重点实验室专项经费 23.02 亿元（不含仪器设备费），国家（重点）实验室引导经费 7 亿元，青岛海洋科学与技术试点国家实验室专项经费 2 亿元，稳定支持实验室的开放运行、自主创新研究和青年人才培养等。同时，科技部正在按照党中央、国务院部署，开展国家重点实验室体系重组工作。

（2）认真落实中央财经委第二次会议和 2019 年政府工作报告有关要求，完善科研平台开放制度，加快建设科技创新资源开放共享平台

科技部会同相关部门先后出台一系列管理办法，完善共享制度。持续开展中央级科研院所和高等学校科研设施与仪器开放共享评价考核，2019 年共有 25 个部门 344 家中央级高等学校和科研院所参加，涉及原值 50 万元以上科研仪器共计 4.2 万台（套），形成规范化、制度化的科研设施与仪器开放共享现状和良好氛围。积极落实《科学数据管理办法》，科技部印发《科技计划项目科学数据汇交工作方案（试行）》，推进国家科技计划产生的大量科学数据向国家平台汇聚与整合，提升数据共享和管理水平。继续实施科技基础资源调查专项，2019 年立项支持了 25 个项目。

（3）完成基础支撑与条件保障类国家科技创新基地的优化调整

一方面，优化调整国家科技资源共享服务平台，科技部会同财政部，将原国家平台优化调整为 20 个国家科学数据中心和 30 个国家生物种质与实验材料资源库；另一方面，优化调整国家野外科学观测研究站，对其建设运行情况开展梳理评估，将原有的 106 个国家野外科学观测研究站优化调整为 98 个。

（4）不断优化改进创新推进人才计划评选方式和过程，逐步建立高效、科学、公正的评选体系

第一，2019 年将创新推进人才计划纳入国家科技管理信息系统的统一管理，完成系统开发建设主体工作。第二，加强专家数据库建设，扩大专家遴选范围，提高专家遴选质量。专家数据库自 2015 年 4 月启动建设以来，已有来自高等院校、科研院所、企业等各类单位的在库专家近 10 万人，覆盖科技、产业、经济与管理等领域，贯通从基础研究到产业化的全链条，为推进计划评议工作提供有力支撑。第三，采取同行通信评议与综合会议评议相结合、专家评议与社会公示相结合的评议办法，建立和完善专家评议回避机制、评议质量跟踪机制等，确保评议过程和评议结果的公开公正。第四，注重风险防控，完善全流程监督评估。建立监督巡查机制，完善监督管理制度，实行诚信与保密监督全覆盖，建立完善推进计划入选者退出机制。第五，重视和加强后

续管理与服务。第六，引领地方科技人才计划服务区域创新发展。

二、科研项目经费管理改革进程

第一，启动实施"绿色通道"试点工作。根据《国务院关于优化科研管理提升科研绩效若干措施的通知》（国发〔2018〕25 号）关于"绿色通道"试点工作部署，认真梳理分析历史数据，与试点单位开展座谈调研，并结合国家重点研发计划特点，统计分析原三大主体计划经费开支数据，以及基础研究项目和智力密集型项目的特点，充分吸收各部门意见和建议，研究制定了"简化科研项目预算编制"和"提高间接费比例"两项试点方案，并于 2019 年 6 月启动试点。

第二，继续贯彻落实减轻科研人员负担行动。2019 年 1 月，科技部印发了《关于进一步优化国家重点研发计划项目和资金管理的通知》（国科发资〔2019〕45 号），对国家重点研发计划在组织实施过程中的有关问题做出补充规定，整合精简各类报表，将现有项目层面填报的表格整合精简为 6 张，课题层面填报的表格整合精简为 8 张，实现"一表多用、一表多能"；进一步完善、简化预算编制，明确会议费/差旅费/国际合作交流费预算低于 10% 的，无须提供测算依据，超过 10% 的，分类说明，但无须对每次会议费、差旅费做单独测算说明。以科技部多年积累的资金管理和监督数据为基础，探索开展法人单位科研资金管理与使用财务风险评价工作，实施"无感式"管理服务，相关评价结果在重大攻关项目科研资金配置、国家科技计划项目随机抽查等工作中得到应用。

第三，开展面向 2035 年科技资金投入与管理机制研究。结合国家中长期科技发展规划编制工作，开展面向 2035 年科技资金投入与管理机制研究。研究聚焦事关全局的科技发展战略问题，预判 2021—2035 年科技投入需求，谋划科技资金投入布局，明确科技资金投入重点，改革完善科技投入管理机制相关政策建议，为编制 2021—2035 年国家中长期科技发展规划提供研究基础。

第二节
国家重点研发计划实施进展情况

2019 年，国家重点研发计划持续推进任务部署，研究制定并发布 40 多个重点专项的年度项目申报指南，加强战略统筹，聚焦关键领域核心技术，突出支持重点。全年有序推进项目立项、项目中期检查、项目综合绩效评价等工作，组织专业机构做好重点专项的管理和实施成果的应用推广，为国民经济和社会发展主要领域提供了持续性的支撑和引领。

在项目管理中，不断压实牵头单位责任，积极探索"里程碑式"管理机制，科学设定项目考核节点，实施"挂图作战"。分类开展科研项目综合绩效评价，坚决破除"四唯"，基础研究与应用基础研究类项目重点评价新发现、新原理、新方法、新规律的重大原创性和科学价值；技术和产品开发任务紧扣产业发展和民生改善，注重需求方和用户参与评价。建立国家科技计划综合绩效第三方评估机制，深入推动管理工作从重数量、重过程向重质量、重效能转变。

截至 2019 年年底，国家重点研发计划已经启动实施 60 多个重点专项，安排项目 4000 余项，"十三五"期间大部分重大研发任务已经部署实施。项目牵头申报单位基本覆盖全国所有的省（区、市），聚集数万家单位、数十万名科研人员参与，参研人员中 45 岁以下的科研人员占比达 80% 以上。同时，为做好研发任务部署的有效衔接，确保"十四五"取得良好开局，在规划战略研究和重点专项绩效评估基础上，积极谋划"十四五"重大研发需求征集工作。

2019 年 9 月，国家重点研发计划作为单独重点条目，参展"伟大历程 辉煌成就——庆祝中华人民共和国成立 70 周年大型成就展"，集中展示了时速 600 km 的高速磁悬浮试验样车、大口径 SiC 高精度非球面空间光学反射镜、植入式心室辅助装置系统、全球变化海洋环境数据产品及其研制体系等代表性成果，有效宣传了重点专项组织实施重大进展，提升了国家重点研发计划的社会影响力。

第三节
技术创新引导专项（基金）组织实施进展

一、国家科技成果转化引导基金

截至 2019 年年底，科技部、财政部已批准设立 30 支国家科技成果转化引导基金（简称转化基金）子基金，子基金总规模 422.37 亿元，其中转化基金出资 106.42 亿元。设立子基金放大比例为 1 : 4，通过项目投入带动社会资本投资直接放大比例约为 1 : 18.3。2019 年批复设立了第五批 9 支子基金，基金总规模 109.36 亿元，转化基金认缴出资 30.95 亿元。

转化基金的实施在贯彻落实国家科技创新重要决策部署、促进科技成果转化、带动区域创新发展和缓解科技企业融资"瓶颈"等方面发挥了积极作用，子基金对新兴产业、关键技术和科技企业的投资促进效应日益显现。

一是推动重大科技成果转化和产业化。子基金已经投资了一批标志性的重大科技创新成果转化，多项成果属于产业发展基础和核心的技术装备，被投企业对科技成果的后续开发能力得以加强，形成了一批具有自主知识产权的科技成果，科技成果转化和产业化速度得到提升，激发了企业技术创新的活力。子基金按照转化基金政策要求，以市场化方式在高新技术领域内挖掘、筛选和投资了一批优质的科技成果转化项目，已投项目有着良好的预期经济效益，营业收入增长率有较大提高。

二是重点支持了中小科技企业创新创业。转化基金注重引导子基金投早、投小；全部投资中，A 轮及以前的占 40%，首投效应明显。一批在大众创业、万众创新活动中脱颖而出的"小而美、小而精、小而专"的科技型中小企业获得了早期投资。

三是创新资源配置，推动成果转化支持新模式。在转化基金示范带动下，目前，全国已有 20 个省市设立了省级科技成果转化和科技创新类引导基金，总规模超过 1300 亿元，成果转化基金网络初步形成。各地设立的成果转化基金，与国家自创区、国家高新区、国家科技成果转移转化示范区及各类专业化技术转移机构紧密合作，通过市场化方式，为成果转化的中试熟化、技术创新和创业企业注入了资金血液，提高了成果转化的成功率。

二、中央引导地方科技发展资金

为深入实施创新驱动发展战略，落实《国务院印发关于深化中央财政科技计划（专项、基金等）管理改革方案的通知》（国发〔2014〕64 号）有关部署，推动提高区域科技创新能力，2016年，财政部、科技部设立中央引导地方科技发展专项资金。两部门印发《中央引导地方科技发展专项资金管理办法》（财教〔2016〕81 号），将落实中央科技发展规划部署、引导地方改善科研基础条件、优化区域科技创新环境、支持基层科技工作、促进科技成果转移转化、提升区域科技创新能力作为实施目标。2019 年 9 月，两部门修订发布了《中央引导地方科技发展资金管理办法》（财教〔2019〕129 号），对自由探索类基础研究、科技创新基地建设、科技成果转移转化、区域创新体系建设 4 个领域提供支持。

自 2016 年起，国务院办公厅一直将专项工作作为"真抓实干成效明显地方进一步加大激励支持力度"的督查措施之一。对改善地方科研基础条件、优化科技创新环境、促进科技成果转移转化及落实国家科技改革与发展重大政策成效较好的省（区、市），在专项资金中根据绩效评价结果给予一定倾斜，用于支持其行政区域内科技创新能力建设。

2019 年度专项资金总额共 20 亿元，共支持 1645 个项目，每个项目平均支持强度约为 122 万元。专项资金按因素法分配，2019 年度分别支持东、中、西部资金 6.92 亿元、6.65 亿元和 6.43 亿元。2019 年度支持地方科研基础条件和能力建设、地方专业性技术平台、地方科技创新创业服务机构、地方科技创新项目示范资金分别约为 3.96 亿元、7.84 亿元、2.38 亿元和 5.81 亿元。

三、创新方法工作专项

2019 年，创新方法工作专项各项工作进展顺利，在研究、宣传、应用示范与人才培养等各个方面都取得了长足的进步。

一是创新方法推广示范基地服务能力得到有效提升。部分基地经过不断完善创新方法推广应用服务平台建设，提供"线上"+"线下"一体化服务，实现了创新资源的高度集聚及精准投放，不仅为企业提供优质的创新方法服务，而且通过平台资源开放共享的方式，带动其他区域创新方法推广应用提升。通过项目实施，2019 年，各基地共计服务企业 300 余家，培育了一批具有典型带动性的企业，帮助企业解决长期困扰的关键难题、行业共性难题等 1000 余个，申报专利 600 余项，其中发明专利 200 余项，形成新产品、新装置、新技术、新工艺等 100 余项，获得软件著作权 20 余项，新建成果转化生产线 1 条，取得了良好的经济效益和创新成效。

二是创新方法推广示范基地特色开始显现。各基地依托自身优势，结合实际需求形成了具有自身特色的发展路径，基地建设逐渐由同质化向差异化转变。例如，与政府密切合作面向领导干部等开设专题培训班，与企业深度对接形成"带题—培训—解题—验证—应用"的工作流程，与港澳台等地相关部门联合共同推进创新方法宣传与研究等。

三是创新方法人才培养渐成规模。一方面是加强高校与学生的创新思维普及，伴随着创新方法的不断研究与推广，创新方法新理论层出不穷，越来越多的省市与高校合作开设创新方法理论与实践等课程；另一方面是继续提高企事业单位创新人才培养，据不完全统计，2019 年各地累计召开各类培训班几十次，培训 5000 多人次，培训企业核心创新方法骨干 4000 余人，新培养"创新三师"约 2000 名。

四、中国创新创业大赛奖补资金

2019 年，科技部举办了第八届中国创新创业大赛，在加强品牌建设、坚持工作定位、聚集服务资源等方面取得了良好的成效。

一是持续加强了中国创新创业大赛品牌建设。第八届大赛坚持"政府引导、公益支持、市场机制"模式，上下联动、覆盖全国，积极引导集聚政府、市场和社会力量办赛。2019 年，全国 31 个省（区、市）、5 个计划单列市及新疆生产建设兵团科技部门都积极牵头组织了第八届大赛地方赛，全国参赛企业总数 30 288 家，继 2018 年之后再次突破了 3 万家。

二是坚持大赛重点服务科技型创新创业的工作定位。第八届大赛坚持发挥科技部门牵头办赛优势，积极引导科技型企业参赛，参赛企业中科技型企业占比进一步提高。据统计，2019 年，参赛企业中有效期内高新技术企业和当年入库科技型中小企业（去除两者重叠部分）占参赛企业总数的 40%，其中成长组超过了 50%，同比 2018 年明显提高。

三是通过大赛广泛集聚科技创新创业政策服务资源。大赛扶持了一大批科技型中小企业。2019 年，中央财政投入 1.86 亿元，对第七届大赛 584 家获奖及优秀企业进行了奖励；各级科技部门运用项目、奖励等多种方式支持参赛优秀企业资金超过 10 亿元；向科技部人才推进计划推荐了 46 家参赛优秀企业的科技创业人才。据统计，2016 年以来，中央财政通过"以奖代补"支持了 2103 家参赛优秀企业，累计资金 6.671 万元；各级地方财政支持参赛优秀企业资金超过 50 亿元。大赛促进了创新创业融资服务。2019 年，大赛邀请了 1 万多人次专家参与各级比赛评审（绝大多数为创投机构、金融机构的专家），深交所"燧石星火"科技金融信息服务平台吸引了数万人次专业人士观看全国行业总决赛直播，积极促进了参赛企业与投融资机构对接。据各地上报材料统计，2019 年创投机构投资或意向投资参赛企业总额 84 亿元。据大赛合作银行统计，8 年来，银行已为 1.5 万家参赛企业提供了金融服务，为参赛企业发放了 266 亿元授信额。2019 年科创板上市的 70 家企业中有 6 家是往届大赛参赛企业。

第三章
科技投入与科技金融

第一节　科技投入

一、全社会科技投入

二、财政科技投入

第二节　科技金融

一、政策设计

二、科技金融工作的重要进展

深入推进科技管理体制改革，优化科技创新资源配置。我国全社会 R&D 投入和财政科技投入均呈高速增长态势，投入结构日益优化，投入方式日益多样，管理机制日益完善，有力支持了我国科技发展改革。同时充分发挥金融资本的作用，引导更多的社会资金投向科技创新。

第一节
科技投入

一、全社会科技投入

（一）投入总量与强度

2019 年，全社会 R&D 经费投入达 2.17 万亿元，R&D 经费投入强度（与国内生产总值之比）为 2.19%，比上年提高 0.04 个百分点。近 10 年变化趋势如图 3-1 所示。

图 3-1　2010—2019 年 R&D 经费投入和强度

（资料来源：相关年份《中国科技统计年鉴》）

（二）投入结构

在 2019 年全社会 R&D 经费投入结构中，分活动类型看，全国基础研究经费 1335.6 亿元，比上年增长 22.5%；应用研究经费 2498.5 亿元，比上年增长 14.0%；试验发展经费 18 309.5 亿元，比上年增长 11.7%。基础研究、应用研究和试验发展经费所占比重分别为 6.0%、11.3% 和 82.7%。

分活动主体看，各类企业经费支出 16 921.8 亿元，比上年增长 11.1%；政府属研究机构经费支出 3080.8 亿元，比上年增长 14.5%；高等学校经费支出 1796.6 亿元，比上年增长 23.2%。企业、政府属研究机构、高等学校经费支出所占比重分别为 76.4%、13.9% 和 8.1%。

分产业部门看，高技术制造业研究与试验发展（R&D）经费为 3804.0 亿元，投入强度（与营业收入之比）为 2.41%，比上年提高 0.14 个百分点；装备制造业研究与试验发展（R&D）经费为 7868.0 亿元，投入强度为 2.07%，比上年提高 0.16 个百分点。在规模以上工业企业中，研究与试验发展（R&D）经费投入超过 500 亿元的行业大类有 9 个，这 9 个行业的经费占全部规模以上工业企业研究与试验发展（R&D）经费的比重为 69.3%。

分地区看，研究与试验发展（R&D）经费投入超过千亿元的省（市）有 6 个，分别为广东（3098.5 亿元）、江苏（2779.5 亿元）、北京（2233.6 亿元）、浙江（1669.8 亿元）、上海（1524.6 亿元）和山东（1494.7 亿元）。研究与试验发展（R&D）经费投入强度（与地区生产总值之比）超过全国平均水平的省（市）有 7 个，分别为北京、上海、天津、广东、江苏、浙江和陕西。

二、财政科技投入

（一）中央政府投入

一是中央财政直接投入持续增加。2019 年，国家财政科学技术支出 10 717.4 亿元，比上年增加 1199.2 亿元，增长 12.6%。其中，中央财政科学技术支出 4173.2 亿元，增长 11.6%，占财政科学技术支出的比重为 38.9%；地方财政科学技术支出 6544.2 亿元，增长 13.2%，占比为 61.1%。

二是多元化科技投入政策体系基本形成。政府支持多元化科技投入的政策日趋完善，科技与金融合作日益紧密，逐步通过税收优惠和加计扣除、政策性贷款、创业投资、引导基金、投贷联动、创新券等多种方式促进增加科技投入。先后设立国家科技成果转化引导基金、国家新兴产业创业投资引导基金和国家中小企业发展基金，通过引导创业投资机构、信贷风险补偿等方式引导社会资金参与科技创新投入。

三是税收支持科技创新持续发力。鼓励创新的税收优惠覆盖了多个产业、多种企业，包括高新技术企业、技术先进型服务企业、软件企业、集成电路企业、动漫企业，以及国家级、省级孵化器和国家备案众创空间等。税收激励已经覆盖从投入研发、新购进固定资产，到科技成果转化、投资符合条件的创新企业等技术创新全过程。各个阶段的技术创新行为，都能找到相应的税收优惠。研发费用加计扣除再加力，激励企业增强创新能力。2019 年 5 月，企业所得税汇算清缴数据显示，研发费用税前加计扣除比例从 50% 提升到 75%，新增减税 878 亿元，加上原有政策，企业享受研发费用加计扣除政策共减税 2794 亿元；享受高新技术企业优惠政策的企业数量达 5.27 万家，同比增长 8.88%，减免企业所得税 1900 亿元。减税降费政策的实施，激励了企业加大研发投入，将更多资金投入技术改造中。重点税源企业上半年研发投入同比增长 20.6%，在比去年同期提高 4.5 个百分点的基础上，上半年比一季度又提高了 2 个百分点。

（二）地方财政投入

一是加大投入，发挥财政资金保障作用。广东省针对基础与应用基础研究能力相对薄弱的问题，加大基础与应用基础研究、重点领域研发、省实验室体系建设投入力度，切实保障提升基础创新能力资金需求。2019 年安排基础研究与应用基础研究方向资金 14.6 亿元，支持广州、深圳、佛山、东莞等具备条件的地市与省基础与应用基础研究基金建立省市联合基金，力争在核心技术、关键零部件和重大装备等科技成果方面取得突破。同时，精准投入重点领域研发计划，对核心技术、元器件、关键零部件、装备和主要依赖进口的部件装备等进行集中攻关和突破。

二是简政放权，释放科研人员创新活力。优化科研项目预算管理制度，简化科研项目直接费用编制要求。下放科研项目直接费用中所有科目的调剂权，由项目承担单位根据科研活动实际需要自主调整。建立科研项目资金拨付绿色通道和专账管理机制，科研资金可直接拨付至项目承担单位账户，并实行专账管理、单独核算，确保专款专用。项目完成任务目标并通过验收后，结余资金全部留归项目承担单位统筹安排，用于科研活动的直接支出，不作留用时间限制。简化采购流程，对科研急需的设备和耗材，采用特事特办、随到随办的采购机制。

三是不断优化财政支出结构，提升经费使用效益。为持续加强资源统筹配置、增进部门联动协同，上海市级财政科技投入专项已优化整合为"基础前沿""科技创新支撑""技术创新引导""科技人才与环境""市级科技重大专项"5 类，建立统一的市级财政科技投入信息管理平台，着力解决投入分散、重复交叉等突出问题。财政科技投入方面主要面向世界科技前沿、国家战略需求及国民经济主战场，同时结合集成电路、人工智能、生物医药等上海重点布局的领域。

四是充分发挥政府科技投入在全社会投入中的引导作用，构建起以政府投入为引导、以企业投入为主体、社会共同参与的多元化、多层次科技投融资体制机制。四川省推动金融机构支持研发创新，鼓励金融机构、创投机构等创新金融产品；对科技型中小企业贷款给予贴息，最高支持100万元。落实税收支持政策，集成国家在科技领域的税收优惠政策。调动市(州)科技投入积极性，实施促进市（州）研发投入增长计划，对市（州）新获批的高新区、创新型城市等给予分类支持。强化研发经费投入考核，对年度研发投入强度增速排名前3位的市（州）予以倾斜支持。

第二节
科技金融

2019 年，科技部认真落实党中央、国务院重大决策部署，不断深化与相关部门和金融机构的沟通协作，深入促进科技和金融结合。积极配合证监会、上交所推动设立科创板和试点注册制工作，建立完善相关工作机制。深入开展促进科技和金融结合试点、投贷联动试点、促进创业投资发展等工作，营造科技金融发展的良好政策环境。

一、政策设计

2006 年以来，党中央、国务院及有关部门出台的一系列科技金融政策措施，将我国科技金融工作推向了新的高度；2011 年，科技部会同人民银行、银监会、保监会、证监会等部门成立了促进科技和金融结合试点工作部际协调指导小组，建立起部际工作沟通机制，共同推进科技金融试点工作；2016 年，《国家创新驱动发展战略纲要》对科技金融工作做出部署；国务院印发《"十三五"国家科技创新规划》，将"形成各类金融工具协同融合的科技金融生态"作为健全科技金融体系、推动大众创业万众创新的重要措施；2017 年，国务院办公厅发布《关于推广支持创新相关改革举措的通知》，指出进一步推广科技金融创新。2019 年，科技部会同相关部门和金融机构出台多项政策措施，促进科技金融工作不断深化（表 3-1）。

表 3-1　主要科技金融政策一览

发文机关	文件名称	政策突破点
科技部	《关于新时期支持科技型中小企业加快创新发展的若干政策措施》(国科发区〔2019〕268 号)	提出引导创新资源向科技型中小企业集聚、扩大面向科技型中小企业的创新服务供给、加强金融资本市场对科技型中小企业的支持等政策措施
科技部、中央宣传部、中央网信办、财政部、文化和旅游部、广播电视总局	《关于促进文化和科技深度融合的指导意见》(国科发高〔2019〕280 号)	提出加强文化共性关键技术研发、完善文化科技创新体系建设、加快文化科技成果产业化推广、加强文化大数据体系建设等重点任务

资料来源：相关政府网站。

二、科技金融工作的重要进展

近年来，科技和金融结合的生态环境日益完善，科技金融各类创新主体取得重要进展。

◎ 创业风险投资

2019 年国际国内宏观经济环境复杂，内外部风险叠加，创业投资受到影响。国际方面，受全球局势变动、中美贸易摩擦、海外股票市场大幅波动等影响，中国创业投资市场风险增加，对外投资大幅下滑。国内方面，我国经济增长放缓，民间投资下滑，叠加国内金融去杠杆、银行募资通道受阻、监管趋严等因素，行业洗牌加剧，投资趋于谨慎。

2019 年，受宏观政策影响，创业投资基金设立难度增大，增速大幅放缓。2019 年，中国在营的专业化创业投资机构 2994 家，增幅为 6.9%。其中，创业投资基金 1916 家，创业投资管理机构 1078 家，当年新增基金仅 51 家（图 3-2）。

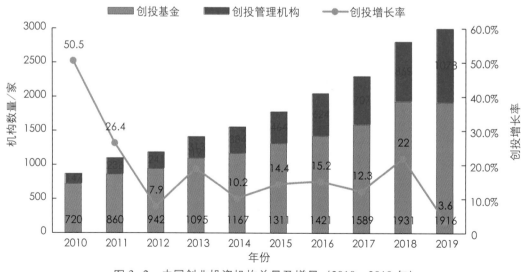

图 3-2　中国创业投资机构总量及增量（2010—2019 年）

2019 年中国创业投资机构募集的管理资金规模增速延续放缓趋势，资本扩张主要源于部分头部基金的再融资。2019 年全国创业投资管理资本总量达到 9989.1 亿元，较 2018 年增加 810.1 亿元，增幅为 8.8%；基金平均管理资本规模为 3.34 亿元（图 3-3）。

图 3-3　中国创业投资管理资本总额（2010—2019 年）

此外，据科技部统计数据显示，截至 2019 年年底，全国政府引导基金带动的创业投资参股基金共计 510 支，政府引导基金出资 959.65 亿元，引导带动创业投资机构管理资本规模合计 5696.98 亿元。部分地方政府设立科技成果转化基金向地市、区县层面扩展。设立政府引导、市场运作的科技成果转化基金，已经成为地方深化科技计划和经费管理改革、多元化增加科技投入、促进科技与经济融通发展的重要突破口。

◎ 银行科技贷款

2019 年以来，科技部与工商银行、邮储银行等金融机构继续加强科技金融合作，广泛支持地方科技金融工作，共同支持重大科技创新项目实施、科技成果转化和产业化、科技型中小企业发展和县域科技创新。

一是科技金融服务体系不断完善，金融产品和服务创新支持力度持续加大，面向科创企业的多元化融资渠道不断拓展。截至 2019 年年底，全国银行业金融机构已设立科技支行、科技金融专营机构等 750 家；先后成立了逾百家科技担保机构，并启动了国家科技成果转化引导基金风险补偿工作；"投贷联动试点"工作在国内稳步开展，截至 2018 年年底，银行业金融机构内部投贷联动业务项下科创企业贷款余额 21.2 亿元，子公司投资余额 14.46 亿元；外部投贷联动业务项下科创企业贷款余额 305.86 亿元。

二是小企业获取贷款总量持续增长。根据银监会的统计数据，截至 2019 年年底，科技型企业贷款余额突破 4.1 万亿元，较 2018 年增长 24%。普惠型小微企业贷款余额是 11.6 万亿元，同比增长 25%；有贷款余额户数 2100 多万户，较年初增加 380 万户；新发放普惠型小微企业贷款平均利率较 2018 年平均水平下降 0.64 个百分点。21 家主要银行绿色信贷余额超过 10 万亿元。

◎ 科技保险

科技保险是贯穿于科技企业生命周期的金融手段，中央高度重视科技保险在促进创新中发挥的作用，出台了一系列鼓励科技保险发展的政策措施。

2012 年，人保财险苏州科技支公司成立，成为全国第一家科技保险专营机构。2013 年，保监会确定在苏州高新区开展全国首家"保险与科技结合"综合创新试点。2015 年，启动首台（套）重大技术装备保险补偿机制试点。2016 年，太平科技保险公司正式成立。地方建立"保险 + 双创孵化器 + 多家科技型中小企业"的"1+1+N"的"双创"平台运营模式，推广小额信贷保险，发展贷款、保险、财政风险补偿捆绑的专利权质押融资新模式。

根据人保财险统计数据，2019 年科技保险实现保费收入 1.66 亿元，同比增长 21.4%，为 1840 家科技型企业提供了逾 2946 亿元风险保障，有力推动了科技创新。

◎ 多层次资本市场建设

近年来，我国资本市场呈现逐步多样化态势，从创业板到科创板，从新三板到区域股权交易市场，从沪港通到深港通再到沪伦通，中国资本市场不断通过扩大规模为企业创新提供重要的融资渠道。

中国资本市场中的新三板、创业板和科创板是科技型企业股票融资的主要来源。创业板开设以来，上市公司 IPO 融资额从 2009 年的 246.99 亿元增长到 2018 年的 281.49 亿元，虽然受政策影响融资额出现较大波动，截至 2019 年 4 月底，累计为 755 家企业融资 3941.93 亿元。自 2004 年中小板设立以来，为 885 家中小企业提供融资 5858.79 亿元；与此同时，新三板通过定向增发股票的方式为各类中小企业提供的融资额达到 4677.73 亿元。2019 年 7 月 22 日，科创板正式开市并试点注册制，上市企业带有明显科创属性和成长性。截至开市一周年之际，科创板上市公司达到 140 家，总市值逾 2.79 万亿元，合计融资 2179 亿元。

此外，我国资本市场中债券发行规模也不断增大，2018 年市场发行债券 226 000.59 亿元，其中，企业发行债券占比超过 50%（图 3-4）。

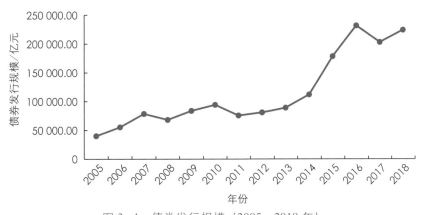

图 3-4　债券发行规模（2005—2018 年）

（资料来源：中央结算公司，《2018 年债券市场统计分析报告》）

在债券融资规模不断增大的同时，各类针对不同类型企业的债券也成为科技企业融资的又一选择。例如，针对中小企业的中小企业集合债、中小企业私募债，针对科技企业的创新创业公司债，针对民营企业的公募类双创债务融资工具、优质主体企业债和民企债券信用风险缓释凭证（CRMW）等创新产品为科技型企业提供了更多的融资工具。

◎ 科技金融服务平台

在实践中，我国科技金融服务平台主要包括依托政府资源建立的公共性科技金融服务平台，以及依托市场机构、企业建立的市场化科技金融服务平台。

2014 年，科技部火炬中心、深圳证券交易所联合招商银行、全国股转公司共同发起"科技型中小企业成长路线图计划 2.0"，通过建设"中国高新区科技金融信息服务平台"和开展线下路演，在政府部门、高新区、资本市场、创投机构及第三方专业服务中介之间实现信息互享、流程互通、功能互补，共同为科技型中小企业提供全方位、全生命周期的融资及综合服务。截至 2018 年 12 月底，平台服务已覆盖全国 31 个省（区、市）（港澳台地区暂未计入）、15 个国家自主创新示范区、74 个国家高新区、28 个区域性股权市场，聚集了 5000 多家天使、VC、PE、上市公司、券商直投和其他金融机构的 15 000 余位专业投资人。平台已服务 7000 余家优秀科技企业项目，其中，通过平台路演促成融资项目 1070 个，融资金额 316.92 亿元。

◎ 科技和金融结合试点工作

2011 年 2 月，科技部与"一行三会"联合召开"促进科技和金融结合试点启动会"，同时确定了中关村国家自主创新示范区、天津市、上海市、江苏省、浙江省"杭温湖甬"地区、安徽省合芜蚌自主创新综合试验区、武汉市、长沙高新区、广东省"广佛莞"地区、重庆市、成都高新区、绵阳市、关中—天水经济区（陕西）、大连市、青岛市、深圳市 16 个地区为首批促进科技和金融结合试点地区。2016 年，再次确定了在郑州市、厦门市、宁波市、济南市、南昌市、贵阳市、银川市、包头市和沈阳市 9 个城市开展第二批促进科技和金融结合试点。

全国共有 25 个地区被确定为科技金融试点地区，科技和金融结合试点工作全面启动。有效统筹和集成科技、财税、国资、银行、证券、保险等多部门政策和资源优势，引导科技金融创新，涌现出许多成功经验和创新方法。

第四章
科技人才队伍建设
与引进国外智力

我国科技人力资源和研发人员总量持续增长；在科技人才培养、评价、流动、科研自主权、学风建设等方面出台了一系列政策措施，人才环境进一步改善；实施更加开放的人才政策，在国外人才智力引进与服务、对外人才交流方面取得了新进展。

第一节
科技人才队伍规模与结构

一、科技人力资源总量

截至 2018 年年底，我国科技人力资源总量达 10 154.5 万人，规模继续保持世界第一。高等教育作为科技人力资源培养和供给的主渠道，其培养的大学生和研究生人数屡创新高。2019 年，中国普通本专科招生 914.9 万人，毕业生 758.5 万人，在校生 3031.5 万人。研究生教育招生 91.7 万人，毕业生 64.0 万人，在学研究生 286.4 万人。这预示着中国科技人力资源总量仍将持续稳定增加。

二、全国 R&D 人员总量与结构

2019 年，我国研究与发展（R&D）人员数量持续增加，继续稳居世界第 1 位。全国参与 R&D 活动的人员总量达到了 712.9 万人，比上年（657.1 万人）增长了 8.5%；其中全时人员为 486.0 万人，占 68.2%；女性为 185.4 万人，占 26.0%。在 R&D 人员中，博士毕业人员占比由上年的 6.9% 提高到 8.5%，包括硕士和博士在内的研究生学历者占到总数的 23.1%，高于上年 1.4 个百分点。按全时当量计算，2019 年我国 R&D 人员总量为 480.1 万人年，比上年（438.1 万人年）

增加了 42.0 万人年，增速为 9.6%（图 4-1）。其中，研究人员达到 210.9 万人年，继续居世界首位；占 R&D 人员的比重为 43.9%，比上年（42.6%）稍有提升；相比 2018 年，研究人员数量（186.6 万人年）增加了 24.3 万人年，年增速（13.0%）高于 2018 年（7.2%）。

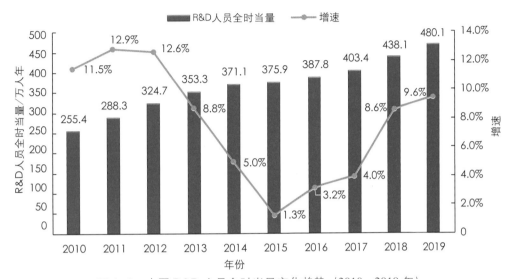

图 4-1　中国 R&D 人员全时当量变化趋势（2010—2019 年）

（数据来源：国家统计局、科技部，《中国科技统计年鉴（2020）》等）

从执行部门来看，我国企业 R&D 人员占比最大，近年来一直维持在 70% 以上。2019 年，企业 R&D 人员全时当量达到 366.8 万人年，比 2018 年（342.5 万人年）增加了 24.3 万人年，但占全国的比重（76.4%）却比上年（78.2%）稍有下降。研究与开发机构 R&D 人员全时当量达到 42.5 万人年，比 2018 年（41.3 万人年）稍有增加；占全国的比重为 8.8%，比 2018 年（9.4%）稍有下降。高等学校 R&D 人员全时当量为 56.6 万人年，比 2018 年（41.1 万人年）增加了 15.5 万人年；占全国的比重为 11.8%，显著高于 2018 年的 9.4%。其他事业单位 R&D 人员全时当量为 14.2 万人年，占全国的比重为 3.0%（表 4-1）。

从各执行部门的 R&D 人力投入来看，高等学校 R&D 人员主要从事基础研究，企业则主要投入试验发展活动。2019 年，高等学校的 R&D 人力投入中基础研究占 47.2%，应用研究占 45.7%，试验发展占 7.2%；研究与开发机构中，基础研究占 21.7%，应用研究占 34.9%，试验发展占 43.4%；企业中，基础研究占 0.3%，应用研究占 3.9%，试验发展占 95.8%。全国基础研究的 R&D 人力投入中，高等学校占 68.1%，研究与开发机构占 23.5%，企业仅占 2.9%。

表 4-1 中国 R&D 人员执行部门分布情况（2010—2019 年）

年份	合计	企业		研究与开发机构		高等学校		其他	
	万人年	万人年	占比	万人年	占比	万人年	占比	万人年	占比
2010	255.4	187.4	73.4%	29.3	11.5%	29.0	11.3%	9.7	3.8%
2011	288.3	216.9	75.2%	31.6	11.0%	29.9	10.4%	9.9	3.4%
2012	324.7	248.6	76.6%	34.4	10.6%	31.4	9.7%	10.3	3.2%
2013	353.3	274.1	77.6%	36.4	10.3%	32.5	9.2%	10.4	2.9%
2014	371.1	289.6	78.1%	37.4	10.1%	33.5	9.0%	10.6	2.8%
2015	375.9	291.1	77.4%	38.4	10.2%	35.5	9.4%	11.0	2.9%
2016	387.8	301.2	77.7%	39.0	10.1%	36.0	9.3%	11.6	3.0%
2017	403.4	312.0	77.3%	40.6	10.1%	38.2	9.5%	12.6	3.1%
2018	438.1	342.5	78.2%	41.3	9.4%	41.1	9.4%	13.2	3.0%
2019	480.1	366.8	76.4%	42.5	8.8%	56.6	11.8%	14.2	3.0%

数据来源：国家统计局、科技部，《中国科技统计年鉴（2020）》等。

从活动类型来看，我国 R&D 人员绝大部分从事的是试验发展工作。2019 年，我国 R&D 人员中从事基础研究的有 39.2 万人年，比上年（30.5 万人年）增加了 8.7 万人年；占比为 8.2%，比上年（7.0%）增加了 1.2 个百分点。从事应用研究的人员为 61.5 万人年，比上年（53.9 万人年）增加了 7.6 万人年；占比为 12.8%，比上年（12.3%）提高了 0.5 个百分点。从事试验发展的人员为 379.4 万人年，比上年（353.8 万人年）增加了 25.6 万人年，占比为 79.0%，比上年（80.8%）下降了 1.8 个百分点（图 4-2）。

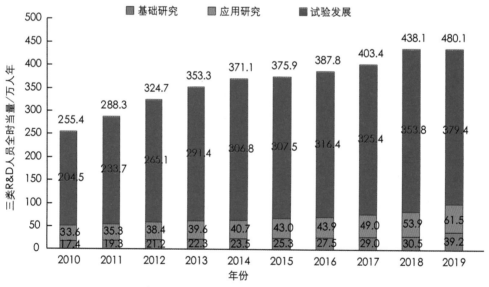

图 4-2 三类 R&D 人员全时当量变化情况（2010—2019 年）

（数据来源：国家统计局、科技部，《中国科技统计年鉴（2020）》等）

我国 R&D 人力投入强度逐年提升。万名就业人员中的 R&D 人员数量从 2010 年的 33.6 人年上升到 2019 年的 62.0 人年，增长 84.5%。万名就业人员中的 R&D 研究人员数量从 2010 年的 15.9 人年上升到 2019 年的 27.2 人年，增长 71.1%。但与发达国家相比，我国 R&D 人力投入强度仍然较低。在 R&D 人员总量超过 10 万人年的国家中，多数发达国家每万名就业人员中的 R&D 人员数是我国的 2 倍以上，每万名就业人员中的 R&D 研究人员数约为我国的 4 倍。近年来，我国研发人员队伍的学历层次有较大提升，这意味着我国研发队伍的素质正逐年提升。其中，具有博士学历的 R&D 人员数量（按人头）持续增长，从 2010 年的 20.2 万人增加到 2019 年的 60.7 万人，增长了 2 倍。

三、留学生人数继续实现双增长

留学生作为我国科技人才队伍中特殊的一支，队伍逐年壮大。2018 年，我国出国留学和留学回国人数继续呈现双增长，出国留学人员总数为 66.21 万人，较上年增长了 8.83%，增加了 5.37 万人。其中，国家公派人员为 3.02 万人，单位公派人员为 3.56 万人，自费留学人员为 59.63 万人。各类留学回国人员总数为 51.94 万人，较上年增长了 8.00%，共增加 3.85 万人。其中，国家公派人员为 2.53 万人，单位公派人员为 2.65 万人，自费留学人员为 46.76 万人。1978—2018 年，各类出国留学人员累计达到 585.71 万人，其中 365.14 万人在完成学业后选择回国发展，占已完成学业群体的 84.46%。

四、科技创新领军人才队伍不断发展

我国科技创新领军人才队伍建设的主要目标在于：通过创新体制机制，优化政策环境，强化保障措施，培养造就一批世界水平的科学家，在我国具有相对优势的科研领域设立 100 个科学家工作室；瞄准世界科技前沿和战略性新兴产业，每年重点支持和培养一批具有发展潜力的中青年科技创新领军人才；着眼于推动企业成为技术创新主体，每年重点扶持 1000 名科技创新创业人才；依托一批国家重大科研项目、国家重点工程和重大建设项目，建设若干重点领域创新团队；以高等学校、科研院所和高新技术产业开发区为依托，建设 300 个创新人才培养示范基地。截至 2019 年年底，科技创新领军人才队伍建设通过推进计划已遴选批复 8 批，入选中青年科技创新领军人才 2214 人，重点领域创新团队 477 个，科技创新创业人才 1548 人，创新人才培养示范基地 248 个。有 6 位人才入选科学家工作室，得到"一事一议，按需支持"方式的支持。

总体看来，我国科技创新领军人才队伍建设在高端和急需紧缺人才培养、人才体制机制创新、人才政策环境营造等方面发挥了重要作用，成为科技人才队伍培养的重要渠道。

五、"两院"院士队伍

院士队伍是我国科技人才队伍中的战略性科技人才力量，在推动国家科技进步和重点学科发展、支撑重大决策、培养和带动科技人才梯队等方面发挥着重要作用。2019 年，中国科学院院士总人数为 830 人，较上年（785 人）增加了 45 人。其中，数学物理学部 157 人、生命科学和医学学部 153 人、技术科学学部 150 人、地学学部 138 人、化学学部 133 人、信息技术科学学部 99 人。

中国工程院院士 908 人，较上年（853 人）增加了 55 人。其中，信息与电子工程学部 131 人，机械与运载工程学部 129 人，能源与矿业工程学部 125 人，医药与卫生学部 122 人，化工、冶金与材料工程学部 115 人，土木、水利与建筑工程学部 104 人，农业学部 83 人，环境与轻纺工程学部 60 人，工程管理学部 39 人。

第二节
创新型科技人才培养和引进

一、创新高等教育培养人才模式

加强人才培养和基地建设，提高人才培养质量。2018 年 10 月，《教育部等六部门关于实施基础学科拔尖学生培养计划 2.0 的意见》（教高〔2018〕8 号）中提出，经过 5 年努力建设一批国家青年英才培养基地，初步形成中国特色、世界水平的基础学科拔尖人才培养体系，使一批勇攀科学高峰、推动科学文化发展的优秀拔尖人才崭露头角。2019 年 8 月，教育部印发的《关于2019—2021 年基础学科拔尖学生培养基地建设工作的通知》（教高函〔2019〕14 号）中提出，分年度在不同领域建设一批基础学科拔尖学生培养基地，建立健全符合不同领域基础学科拔尖学生重点培养的体制机制。2019 年 10 月，教育部印发的《关于深化本科教育教学改革全面提高人才培养质量的意见》（教高〔2019〕6 号）中提出，严格教育教学管理、全面提高课程建设质量、改进实习运行机制、深化创新创业教育改革、推动科研反哺教学、严把考试和毕业出口关、推进辅修专业制度改革、开展双学士学位人才培养项目试点、稳妥推进跨校联合人才培养等一系列措施，进一步深化改革，提高人才培养质量。

外国专家局会同教育部于 2014 年启动实施的"国际化示范学院推进计划"继续推进并取得显著成效。该计划着眼于支持高校建设国际化示范学院，推动高校借鉴国际先进的教学、科研、管理经验，在管理体系、科研团队建设、教学模式、学生培养等方面改革创新，探索符合中国国情的国际教育模式，加强科教融合，对于培养国际性青年科技人才具有重要作用。例如，天津大学药学院试点工作自开展以来，吸引了来自全球 17 个国家的几十位外籍学者参与教学科研，逐步建立起了国际化的管理体系、教学培养体系和本土科研组织体系，2017 年其药理学和毒理学 ESI 排名进入全球前 1%。

二、国家重点实验室育才引才并重

国家重点实验室积极探索和创新管理运行机制，促使其成为吸引和集聚高端人才、培养优秀青年人才的高地。实验室采取灵活用人机制，开展实验室主任的全球招聘，引入实验室主任国际化考核，充分发挥实验室主任责任制；构成了多元化、多层次的科技人才队伍结构，既有学术带头人、科研骨干、管理人员等固定人员，也有访问学者、外籍博士后研究人员等流动人员，有力地促进了人才交流、合作和培养。2018 年，学科类国家重点实验室固定人员的数量从 2005 年的8532 人增加到 2018 年的 21 773 人，增长了 1.55 倍，培养的研究生数量超过了 3 万人，重点学科领域科研"国家队"力量明显增强。同时，客座人员数量大幅增长，从 2005 年的 3214 人增加到2018 年的 13 974 人，增长了 3.3 倍，远超固定人员数量增长率。"十三五"以来，学科类国家重点实验室客座人员年均增速达到了 15.8%，比实验室固定人员增速快 10 余个百分点（图 4-3）。

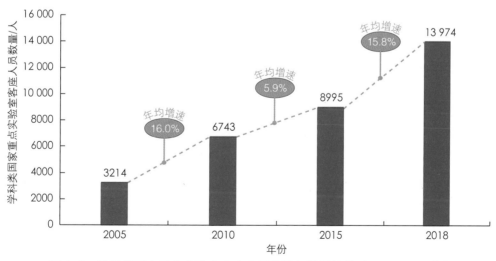

图 4-3　学科类国家重点实验室客座人员数量与增长情况（2005—2018 年）

（数据来源：《中国科技统计年鉴 2006—2019》）

三、国家重点研发计划促进中青年人才成长

国家重点研发计划自实施以来，人才集聚优势和协同攻关效应明显，为优秀中青年科技人才和科技领军人才开展高水平科研工作、组建高效创新团队等创造了有利条件，成为助力人才成长的强大平台。截至 2017 年年底，国家重点研发计划共安排项目 2478 项，其中 2017 年新立项 1310 项。在 2017 年新立项项目负责人中，40 岁以下的青年人才有 136 名，占比超过 10.0%；40 ～ 50 岁的中青年人才有 433 名，占比近 1/3。2017 年，国家重点研发计划在研项目参与人员计 20.1 万人，其中高级职称人员占比近 4 成，中级职称人员约占 1/4，初级职称人员占比为 8.5%（图 4-4）；具有博士学历人员占比约为 1/3，硕士学历人员占比超过三成。

图 4-4　国家重点研发计划 2017 年在研项目参与人员职称分布情况

（数据来源：科技部，《2017 年国家重点研发计划年度报告》）

四、国家自然科学基金为青年科技人才成长创造条件

国家自然科学基金适当扩大优秀人才的资助规模，进一步加强优秀人才培养力度，大力培育青年人才，夯实创新人才队伍基础。2019 年，国家自然科学基金共资助青年科学基金项目 17 966 项，资助率达到了 17.8%；总经费 42 多亿元，单项平均资助金额达 23.42 万元；受资助人中讲师占比为 74.9%，助教占比为 8.1%。国家杰出青年科学基金项目由约 200 项增加到 296 项，总经费达到 11.6 亿元，单项平均资助金额为 392.3 万元。优秀青年科学基金项目由约 400 项增加到 600 项，总经费达到 7.47 多亿元，单项平均资助金额为 124.57 万元。积极推动科学基金面向港澳特区开放项目申请试点，遴选资助 25 位港澳特区优秀青年学者（表 4-2）。

国家自然科学基金人才培养效果显著，一大批优秀青年科研人员在国家自然科学基金的资助下实现快速成长。尤其是青年科学基金，发挥量大面广的优势，带动了各层次青年人才加快成长。例如，2018 年，国家自然科学基金各类项目合计培养博士后、博士、硕士等各类人才数量达到了 98 526 人，其中，培养博士后人员 2649 人，培养博士 28 535 人，培养硕士 67 342 人（图 4-5）。参与青年科学基金项目的人员达到了 11.4 万人，其中高级职称者占比为 12.3%；中级职称者占比近 30.0%；博士后人员 4000 余人；参与项目的硕士生和博士生有 5 万余人，占比近一半（图 4-6）。

表 4-2 国家自然科学基金资助情况

项目		2017 年	2018 年	2019 年
批准资助项数 / 万项		4.39	4.45	4.52
批准资助金额 / 亿元		298.67	307.03	280.81
其中：				
批准资助项数 / 项	青年科学基金	17 523	17 671	17 966
	优秀青年科学基金	399	400	600
	国家杰出青年科学基金	198	199	296
批准资助金额 / 万元	青年科学基金	476 317.5	497 589.2	420 795.0
	优秀青年科学基金	59 850.0	60 000.0	74 740.0
	国家杰出青年科学基金	77 640.0	78 040.0	116 120.0

数据来源：根据《国家自然科学基金委员会 2017 年度报告》《国家自然科学基金委员会 2018 年度报告》《2019 年度国家自然科学基金资助项目统计资料》计算。

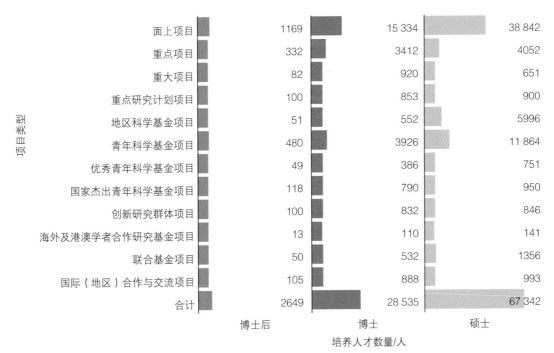

图 4-5 国家自然科学基金资助项目人才培养情况

（数据来源：《国家自然科学基金委员会年度报告 2018》）

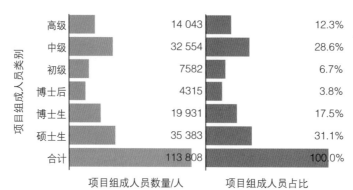

图 4-6　2018 年青年科学基金项目组成人员与分布情况

（数据来源：《国家自然科学基金委员会年度报告 2018》）

五、博士后研究人员持续充实高层次科技人才队伍

博士后科研流动站与工作站持续培养和输送大批科研经验丰富的科研人员，不断充实我国高层次科技人才队伍。自 1985 年我国实施博士后制度以来，博士后研究人员人数一直保持快速增长态势（图 4-7）。2019 年，我国博士后人员进站 2.55 万人，比上年增长了 18.3%，是 2005 年的 4.3 倍；出站约 1.4 万人，比上年增长了 15.2%，是 2005 年出站人数的 3.94 倍。

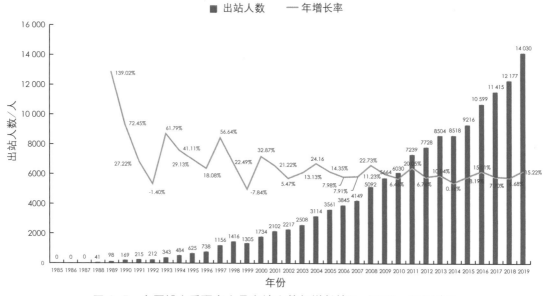

图 4-7　全国博士后研究人员出站人数与增长情况（2005—2019 年）

（数据来源：中国博士后网站）

第三节
科技人才政策与人才环境建设

一、改革人才流动体制机制

党的十九大报告提出，要破除妨碍劳动力、人才社会性流动的体制机制弊端，使人人都有通过辛勤劳动实现自身发展的机会。围绕促进人才流动，中央办公厅和人力资源社会保障部发布了多个文件。2019 年 1 月，中央全面深化改革委员会第六次会议审议通过并于 6 月由中共中央办公厅发布的《关于鼓励引导人才向艰苦边远地区和基层一线流动的意见》（简称《意见》），要求各地区各部门结合实际认真贯彻落实，鼓励引导更多优秀人才到艰苦边远地区和基层一线贡献才智、建功立业。《意见》提出了相对全面的政策措施，诸如发挥产业和科技项目集聚效应，搭建干事创业平台；完善人才管理政策，畅通人才流动渠道；发挥人才项目示范引领作用，加强帮扶协作；留住用好本土人才，培育内生动力。2019 年 1 月，人力资源社会保障部印发了《关于充分发挥市场作用促进人才顺畅有序流动的意见》，提出充分发挥市场在人才资源流动配置中的决定性作用，破除妨碍人才流动的各类障碍和制度藩篱，促进人才顺畅有序流动，加快建立政府宏观调控、市场公平竞争、单位自主用人、个人自主择业、人力资源服务机构诚信服务的人才流动资源配置新格局。

2019 年 12 月，中共中央办公厅、国务院办公厅印发的《关于促进劳动力和人才社会性流动体制机制改革的意见》中，提出构建合理、公正、畅通、有序的社会性流动格局。该意见从人才流动的相关制度基础、市场机制、社会环境、社会保障和公共服务等各个层面、环节入手，提出要全方位地创造有利于劳动力和人才流动的环境和条件，打通有可能阻碍流动的环节，其提出的一些重大政策措施包括统筹发展资本密集型、技术密集型、知识密集型和劳动密集型产业，创造更充分的流动机会；建立健全城乡融合发展体制机制和政策体系，引导城乡各类要素双向流动、平等交换、合理配置；加强基础学科建设，深化产教融合，加快高层次技术技能型人才培养，开展跨学科和前沿科学研究，推进高水平科技成果转化；全面取消城区常住人口 300 万以下城市的落户限制，全面放宽城区常住人口 300 万～500 万人的大城市落户条件；

推进基本公共服务均等化，常住人口享有与户籍人口同等的教育、就业创业、社会保险、医疗卫生、住房保障等基本公共服务；加大党政人才、企事业单位管理人才交流力度，进一步畅通企业、社会组织人员进入党政机关、国有企事业单位的渠道；存档人员身份不因档案管理服务机构的不同而发生改变；完善艰苦边远地区津贴政策，落实高校毕业生到艰苦边远地区高定工资政策；优化基层和扶贫一线教育、科技、医疗、农技等事业单位中高级专业技术岗位设置比例；等等。

二、深化职称制度改革

职称评审作为人才评价的重要手段，对于激励引导人才发展、调动人才创新创业积极性具有重要作用。近年来，中央和有关部门一直在推动深化职称制度改革，创新评价机制。2016年11月，中共中央办公厅、国务院办公厅印发了《关于深化职称制度改革的意见》，提出力争通过3年时间，基本完成工程、卫生、农业、会计、高校教师、科学研究等职称系列改革任务；通过5年努力，基本形成设置合理、评价科学、管理规范、运转协调、服务全面的职称制度。2019年，职称制度改革获得突破性进展，人力资源社会保障部发布《职称评审管理暂行规定》，并分别会同工业和信息化部、中国民用航空局、科技部、中国社会科学院、中国外文局、农业农村部、国家文物局七部门，就工程技术人才、民用航空飞行技术人员、自然科学研究人员、哲学社会科学研究人员、翻译专业人员、农业技术人员、文博专业人员的职称制度改革，以文件形式提出指导意见。改革的主要内容包括以下方面。

完善评价标准。①坚持德才兼备、以德为先。加强对科学精神、职业道德、从业操守等方面的评价；强化科研人员的爱国情怀和社会责任，对科研不端行为实行"零容忍"。②实行分类评价。根据不同类型科研活动的特点，分类制定职称评价标准。③推行代表作制度。注重标志性成果的质量、贡献和影响力，改变片面将论文、著作、专利、资金数量等与职称评审直接挂钩的做法。④实行国家标准、地区标准和单位标准相结合。人力资源社会保障部会同科技部等有关部门研究制定《自然科学研究人员职称评价基本标准条件》。

创新评价机制。①丰富职称评价方式。以同行专家评审为基础，注重引入市场评价和社会评价，发挥多元评价主体作用。基础和前沿技术研究人员以同行评价为主，倡导小同行评价，探索引入国际同行评价。对特殊人才打破常规、简化手续，采取特殊方式进行评价。注重个人评价与团队评价相结合，尊重、认可和科学评价个人在团队中的实际贡献。②畅通职称评价渠道。进一步打破户籍、地域、身份、人事关系等的制约，民办机构自然科学研究人员与公立机构自然科学研究人员在职称评审方面享有平等待遇。③建立职称评审绿色通道。取得重大原创性研究成果或关键核心技术突破，以及在经济社会事业发展中做出重大贡献的研究人员，可直接申报评审副研究员、研究员职称。对引进的海外高层次人才和急需紧缺人才，在职称评审中可放宽资历、年限等条件限制，其在国外从事科研工作的经历和贡献可作为职称评审的依据。对于长期在艰苦边远地区、野外台站和基层一线工作的自然科学研究人员，侧重于考察其实际工作业绩，放宽学历、论文等要求。

促进职称制度与用人制度有效衔接。①以用促评。用人单位应将职称评审结果作为岗位聘用的重要依据，实现职称制度与岗位聘用、考核、晋升等用人制度相衔接。全面实行岗位管理的事业单位，一般应在岗位结构比例内开展职称评审。不实行岗位管理的单位和人员，可采用评聘分开方式，自主择优聘用。②加强聘后管理。结合年度考核和聘期考核结果，对不符合岗位要求、不能履行岗位职责或年度考核不合格的人员，可按照有关规定调整岗位、低聘或者解聘，实现人员能上能下。

加强职称评审监督和服务。①加强职称评审委员会建设。完善评审专家遴选机制，明确评审专家责任，建立倒查追责机制。②进一步下放职称评审权限。逐步将自然科学研究人员高级职称评审权下放到市地或符合条件的科研单位，发挥单位在职称评审中的主导作用，推动单位按照管理权限自主评审。③严肃职称评审工作纪律。健全职称申报诚信承诺和失信联合惩戒机制，实行学术造假"一票否决制"，对通过弄虚作假、暗箱操作等违纪违规行为取得的职称，一律予以撤销。建立职称评审公开制度，实行政策、标准、程序、结果全公开。④优化职称评审服务。加强职称评审信息化建设，减少各类申报表格和纸质证明材料。

三、赋予科研单位和科研人员更大自主权

近年来，党中央、国务院聚焦完善科研管理、提升科研绩效、推进成果转化、优化分配机制等，先后制定出台了一系列政策文件，推动扩大高校和科研院所科研相关自主权、赋予科研人员更大自主权的相关政策落实。2018年7月，《国务院关于优化科研管理提升科研绩效若干措施的通知》（国发〔2018〕25号）中提出，建立完善以信任为前提的科研管理机制，按照能放尽放的要求赋予科研人员更大的人财物自主支配权。2018年12月底，《国务院办公厅关于抓好赋予科研机构和人员更大自主权有关文件贯彻落实工作的通知》（国办发〔2018〕127号）要求各地区、各部门和各单位制定政策落实的配套制度和具体实施办法，推动相关政策落实到位。

2019年，扩大高校和科研自主权相关改革向纵深推进。7月，科技部、教育部等六部门印发的

《关于扩大高校和科研院所科研相关自主权的若干意见》（国科发政〔2019〕260号）中提出了扩大高校和科研院所科研领域自主权的一系列政策举措。例如，完善高校和科研院所章程管理，强化绩效管理，优化机构设置管理；简化科研项目管理流程，项目实施期间实行"里程碑"式管理，减少各类过程性评估、检查、抽查、审计等，合并财务验收和技术验收，评估、规范和动态调整第三方审计机构；间接经费不再需要由项目负责人编制预算，由项目管理部门（单位）直接核定并办理资金支付手续；修订完善国有资产评估管理方面的法律法规，取消职务科技成果资产评估、备案管理程序，开展赋予科研人员职务科技成果所有权或长期使用权试点；高校和科研院所可自主聘用工作人员，自主设置岗位，在编制或人员总量内自主制定岗位设置方案和管理办法，确定岗位结构比例；允许高校和科研院所通过设置创新型岗位和流动性岗位，引进优秀人才从事创新活动，经相关部门审批同意可设置一定数量的特设岗位，不受岗位总量、最高等级和结构比例限制等。

国家自然科学基金委和教育部积极开展经费管理试点改革。国家自然科学基金委与科技部、财政部联合发布《关于在国家杰出青年科学基金中试点项目经费使用"包干制"的通知》，取消预算编制，实行项目负责人承诺制和结题公示制；制定关于提高智力密集型和纯理论基础研究项目间接经费比例试点实施方案，提高间接费用占比，加强对科研人员的激励。教育部规定自2020年起，中央高校建设世界一流大学和一流学科，专项资金按一个项目进行管理，由中央高校统筹用于"双一流"建设，简化双一流专项资金审批流程，赋予高校更大的资金统筹能力；支持高校贯彻落实国家杰出青年科学基金试点项目经费使用"包干制"，以及参与上海、山东、重庆、广州、深圳等地项目经费"包干制"改革。

四、优化人才发展环境

《国家中长期人才发展规划纲要（2010—2020年）》《关于深化人才发展体制机制改革的意见》（中发〔2016〕9号）中都明确提出，积极为各类人才干事创业和实现价值提供机会和发展环境，最大限度地激发人才创新创造创业活力。2019年，在大力优化人才发展环境方面取得了新成效。

大力弘扬科学家精神。2019年6月，中共中央办公厅、国务院办公厅印发的《关于进一步弘扬科学家精神加强作风和学风建设的意见》中，明确了新时代科学家精神的内涵，提出在全社会积极弘扬科学家精神，倡导爱国情怀、责任使命，坚守诚信底线。2019年9月17日，习近平主席签署主席令，授予于敏、孙家栋、袁隆平、黄旭华、屠呦呦5位科学家"共和国勋章"；授予叶培建、吴文俊、南仁东（满族）、顾方舟、程开甲5位科学家"人民科学家"国家荣誉称号。有关部门高度重视"人民科学家"等功勋荣誉表彰奖励获得者的精神宣传，推动科学家精神进校园、进课堂、进头脑；建设科学家博物馆，探索在国家和地方博物馆中增加反映科技进步的相关展项，依托科技馆、国家重点实验室、重大科技工程纪念馆（遗迹）等设施建设一批科学家精神教育基地。

完善科研诚信体系。早在 2007 年，科技部联合教育部、中国科学院、中国工程院、国家自然科学基金委员会、中国科学技术协会等部门，建立了科研诚信建设联席会议制度。截至 2019 年年底，联席会议的成员单位已达到 20 家，齐抓共管的科研诚信建设工作格局初步形成，约束与激励并重的科研诚信制度框架基本建立。2019 年 8 月 23 日，科研诚信建设联席会议第七次会议在北京召开。2019 年 9 月，科技部等二十部门联合印发了《科研诚信案件调查处理规则（试行）》，对科研诚信案件的界定、职责分工、调查处理和申诉复查的相关程序、条件、规则和措施等做出了详细规定，推动科研诚信工作落到实处。截至 2019 年年底，科技部以科研诚信严重失信行为数据库为基础，开发建设了覆盖全国的统一的科研诚信管理信息系统，联席会议各成员单位和各地方可通过该系统在线提交失信记录信息，开展科研诚信审核。这使得高效地实现联合惩戒成为可能，做到"一处失信、处处受限"。科研诚信审核已覆盖科技计划项目、基地建设、人才计划和科技奖励、评审专家库等的申报、组织实施、验收、监督和评估各个环节，已对数十个专项、上千个项目和课题、近 20 万人次开展诚信审核，对存在严重失信行为的项目和课题负责人取消承担资格。

加强师德师风建设。2019 年 12 月，教育部等七部门联合印发的《关于加强和改进新时代师德师风建设的意见》中提出要加强和改进新时代师德师风建设，经过 5 年左右努力，基本建立起完备的师德师风建设制度体系和有效的师德师风建设长效机制，大力提升教师职业道德素养，将师德师风建设要求贯穿教师管理全过程，着力营造全社会尊师重教氛围，进一步提振师道尊严和提高教师地位。

第四节
国外人才引进与服务

一、完善外国人来华工作许可和外国人才签证制度

按照"鼓励高端、控制一般、限制低端"原则，科技部在注重能力实绩贡献，突出市场评价

和国际同行评价等市场导向基础上，综合运用计点积分制、外国人在中国工作指导目录、劳动市场测试和配额管理等，对来华工作外国人实施科学分类管理，统筹指导全国各地受理机构对许可申请事项依法受理、审查和决定。结合地方发展实际，不断改革创新，优化审批流程，简化申请材料，提高审批效率。加大部门业务协同，推动与外交、公安、移民等部门信息共享、后台认证和业务协同，逐步建立统一、权威、高效、规范、便捷的外国人来华工作管理服务体系。

科技部推进简政放权，许可审批权能放尽放，实现分级管理。截至 2019 年年底，共下放外国人来华工作许可审批职能至 120 个设区市机构，设立 98 个许可证受理窗口办理相关业务，各地都构建了覆盖本区域的窗口服务模式。针对外国高端人才，申请许可时普遍采用"告知 + 承诺"和容缺受理等多项便利化举措，使外国高端人才确认函申请实现了"立等可取"。

推动建立外国人工作许可、工作居留、人才签证和永久居留有机衔接机制，吸引外国人才来华创新创业。截至 2019 年年底，累计发放外国人来华工作许可 75 万份，审发近 5000 张人才签证。

二、加快国际人才管理服务改革，支撑区域创新发展

支撑国家区域创新发展战略，给予外国人才和创新要素集聚区域充分自主权。科技部围绕国家自贸区、自创区、高新区等各类创新载体平台，进一步加快国际人才管理服务试点改革，提高外国人才来华工作生活便利度，打造更优良的引才环境，发挥集聚吸引外国人才制度优势。支持各地区根据本地经济发展需要适当放宽条件要求。各地对于急需紧缺的创新创业人才、专业技能人才来华工作，可适当放宽年龄、学历或工作经历限制，允许外国技术技能人员按规定在自贸区等地工作。

各地出台相关政策和管理办法，建立健全外国人在当地的工作许可管理服务制度。海南出台了《外国人来海南工作许可管理服务暂行办法》，深入实施工作许可与签证、居留等便利举措，建立吸引外国高科技人才管理制度。粤港澳大湾区制定了紧缺人才清单，从岗位紧缺程度、工作地点、获得奖励情况、获得项目支持、创业就业情况、信用体系等方面对急需特殊人才予以鼓励性加分，动态监测，为外国高端人才在办理出入境、工作许可居留及永居方面提供政策便利；特别是对已获得工作和居留许可的外国高端人才，其外籍团队成员及外籍科研助手可办理相应期限的工作和居留许可。长三角区域探索 G60 科创走廊 9 城市建立外国高端人才互认工作机制，促进外国高端人才、技术、资金等创新要素在长三角区域自由流动配置。上海自贸区赋予临港新片区更大自主权，推动精准做好高科技领域和创新创业外国人才管理服务工作；浦东新区建立外国人来华工作社会信用体系建设试点。广西制定了《深化外国人来中国（广西）自由贸易试验区工作许可管理若干措施（试行）》，规定自贸试验区内重点行业、产业园区规模以上企业，可聘雇一定

数量外国人员。

各地为外国人办理来华工作手续提供便利。北京、上海设立国际科创人才服务中心，打造符合科创人才引进需求的"一门式"受理全通专窗，探索推行一窗办理人才引进、留学生落户、外国人来华工作许可和居留、海外人才居住证、人才发展资金申请等各项公共业务，极大地提高国际人才管理服务便利度。

三、做好归国留学人员服务工作

党的十八大以来，我国形成了历史上最大规模的留学人员归国潮，留学人员归国人数占到改革开放以来留学生回国总人数的 2/3。在留学人员回国服务工作部际联席会议机制下，科技部与人力资源社会保障部等成员单位分工协作，不断完善政策法规，解决难点重点问题，优化留学回国政策环境，为留学回国人员提供全方位服务。继续实施留学人员回国创业启动支持计划、海外赤子回国服务行动等计划及各种优惠政策，推进留学生创业园建设，举办广州海交会、大连海创周、山东海洽会等人才项目交流活动。截至 2019 年 7 月，全国已建成各级各类留学人员创业园 367 家，入园企业 2.3 万多家，9.3 万名留学人才在园创业。

科技部重点做好海外高层次人才引进和回国创新创业服务平台建设工作等，发挥高等学校学科创新引智基地、国家引才引智示范基地等引才引智平台吸附效应，推动外专服务体系建设，吸引国外高端人才来华创新创业。支持归国留学人员服务国家重大发展战略，引导归国留学人员到长江经济带、粤港澳大湾区等重点区域、重要领域创新创业。教育部推进"互联网＋留学服务"平台整合及上线运行，国家公派留学派出服务、国（境）外学历学位认证、留学存档和留学回国人员就业落户等事项实现一网通办，彻底告别传统窗口服务模式，实现了数字化服务。

第五节
国际人才交流

一、搭建高端交流平台，促进中外交流和合作

搭建多层次创新平台，为中外科技交流合作和人才引进提供机会。2019 年，科技部突出"高

"精尖缺"导向，鼓励企业、科研院所等结合自身优势，搭建高效、便捷、资源共享的创新创业平台，开展国际科技交流合作，学习借鉴国外有益经验和做法。2019 年，科技部邀请 23 个国家和地区的 76 名专家代表参加第十七届中国国际人才交流大会，并组织专家会后赴珠海参加系列考察交流活动，为今后开展引智工作打下了良好基础。

打造高端交流平台，听取外国专家建言献策。在庆祝中华人民共和国成立 70 周年系列活动暨 2019 年度中国政府友谊奖颁奖会见活动中，我国邀请了大量外国科技领域的专家参加。科技部主办和组织参与了 8 场活动，为外国专家组织了两场中国科技创新政策宣讲会。2019 年 1 月，来自美国、德国、英国等 23 个国家的 60 多位外国专家出席外国专家春节座谈活动，李克强总理主持座谈会，听取外国专家建言献策，充分彰显了中国开放友好、合作共赢的积极姿态。

二、面向发展中国家开展科技援外培训

科技部每年支持国内企业、高校和科研机构在农业、先进制造、资源环境、新能源、医疗卫生和科技政策与管理等领域举办发展中国家技术培训班。2019 年，科技部共支持全国 81 家单位（企业 16 家、高校和科研院所 48 家、部属单位和其他机构 17 家）举办"发展中国家技术培训班"项目 81 项，培训学员 1552 名，学员来自 84 个国家；其中，来自"一带一路"沿线国家的学员有 1443 人，比上年增长了 13.8%，占培训学员总数的 93.0%。2017—2019 年，科技部共支持举办 230 个发展中国家技术培训班，累计培训学员 4168 人；学员来自 118 个发展中国家和地区，其中 68% 来自亚洲国家和地区，22% 来自非洲国家，近 10% 来自拉美、中东欧和大洋洲国家；涉及"一带一路"沿线 80 多个国家，学员近 3600 人，占已培训学员总数的 86.4%。2019 年，科技部继续扩大境外办班规模，共支持 6 家企业和高校在"一带一路"沿线国家举办 6 个境外培训班，招收学员 130 人，让"中国技术""中国经验"在受援国普及应用，扩大了科技合作"朋友圈"。

科技部进一步深化与联合国系统在科技创新领域的合作，与联合国相关组织合作举办了多个培训班。例如，与科技促进发展委员会（UNCSTD）合作举办面向发展中国家的培训班；2019 年 9 月，与 UNCSTD 第二次合作举办"面向可持续发展的科技创新政策与管理培训班""科技创新政策管理与孵化器规划班"，来自南非、泰国、印尼、蒙古等 20 多个发展中国家的近 30 名科技官员与政策专家参加了培训。2019 年 12 月，与联合国经济和社会事务部（UNDESA）合作举办了第一期科技创新促进可持续发展国际培训班，40 余人参加了培训。科技部还依托中国科学技术发展战略研究院与联合国教科文组织共建了全球首个聚焦于科技政策与创新战略研究与培训的二

类中心（CISTRAT），该中心于 2012 年 9 月正式挂牌成立，每年面向第三世界国家和欠发达地区开展科技创新战略与政策领域的公益性培训，并资助杰出青年科学家互访，每年邀请 5 名左右来自"一带一路"国家科技创新智库的研究人员来华开展合作研究。截至 2019 年年底，CISTRAT 已举办 8 期培训班，对 35 个发展中国家的 120 余名国际学员进行了培训。CISTRAT 通过合作研究与培训的方式，在可持续发展、科技发展战略、科技扶贫等领域，与广大发展中国家分享中国经验，以提升发展中国家的科技战略研究水平和科技管理能力。

三、大力推进中外青年科研人员的交流

大力实施中外青年科研人员交流计划。2019 年，中法杰出青年科研人员交流计划、中澳青年科学家交流计划、中新（新西兰）青年科学家交流计划、中韩青年科学家交流计划、中日青年科技人员交流计划等继续开展。2019 年，有关方面支持了在智能制造、生物医药、环境和气候变化等领域的 32 名中国、法国青年科研人员互访，32 名中国、澳大利亚科研人员互访，15 名中国、新西兰科研人员互访。中、日青年科技人员交流计划，范围覆盖医学、化学、工学、物理、农业、IT、防灾建设、生态环保、社会科学等诸多领域，2019 年共完成基层对口类交流项目立项审核 178 项，1766 人次赴日本访问，254 名日本青年科技工作者访华。2019 年 4 月，科技部与日本科学技术振兴机构（JST）签署谅解备忘录，决定在原有中日青少年科技交流计划的基础上，每年选择 3 个领域，增设共同举办中日高层次科学家研讨交流活动。2019 年度研讨交流领域为防灾减灾、智能制造、医药健康，共举办 3 场活动，邀请了 34 名日本高水平专家来华交流，通过专题研讨、行业部门座谈、对口企业参观等形式，增进了两国学者间的沟通与合作，为未来双边创新合作奠定了良好基础。2019 年 10 月，科技部和巴西科技创新与通信部在两国元首见证下签署《关于青年科学家交流计划的谅解备忘录》，双方将据此开展青年科学家双向交流。2019 年科技部继续推动与国际遗传工程与生物技术中心（ICGEB）合作"三步走"计划，5 月双方联合发布国际奖学金计划征集公告，启动遴选青年科学家来华工作；举办了高层学术研讨会，促进了双方高水平专家开展学术交流。

继续实施国际杰青计划。国际杰青计划于 2013 年启动，是中国"科技伙伴计划"的重要内容，旨在落实"一带一路"科技创新行动计划，促进中国同其他发展中国家的科技人文交流与合作。它由科技部划拨专项经费，资助发展中国家杰出青年科学家、学者和研究人员来中国开展合作研究。近年来，科技部加强与联合国科技促进发展委员会等国际组织的沟通合作，全方位提升国际杰青计划的国际影响力，将国际杰青计划打造成为"一带一路"科技人文交流旗舰项目。2019 年，

国际杰青计划岗位数量稳步提升，新增岗位 322 个；共受理国际杰青计划项目申请材料 300 余份，发放接收同意函 218 份，为 196 名国际杰青拨付了专项经费，为 182 名国际杰青颁发了科技部国际杰青专家证书。

实施青年国际实习交流计划。我国先后于 2015 年 11 月、2018 年 7 月、2019 年 10 月与法国、德国、新加坡签署政府间协议，实施青年国际实习交流计划。科技部配合人力资源社会保障部，推动中法、中德、中新青年国际实习交流计划协议的签署与实施，中法、中德青年国际实习交流计划已分别于 2016 年 4 月 1 日和 2019 年 10 月 29 日开始正式实施，每年配额 1000 人，中新青年国际实习交流计划正在磋商中。该计划对于加强双边人文交流及两国青年对对方国家的了解，促进青年技能提升、开拓国际视野具有重要意义。

四、加强出国（境）科技培训与人员推送工作

2019 年，科技部推进出国（境）培训职能转变，减少微观管理和具体事务性审批事项，将工作重点调整到拟订总体规划、管理政策和年度计划，组织培训项目并监督实施上来；取消对中央和国家机关各部门一般性培训项目和其他培训项目年度计划和项目执行的审批审核，强化各部门主体责任。出国（境）培训坚持"从严控制、为我所用、突出重点、少而精"的方针，聚焦科技创新和国家经济社会发展战略需求，重点培养科技领军人才、高技能人才、科研骨干力量和各类急需紧缺人才，全年出国（境）培训人员约 3 万人。组织实施的培训项目包括：贯彻党中央、国务院《新时期产业工人队伍建设改革方案》和《关于提高技术工人待遇的意见》部署，实施包括高技能领军人才和优秀产业技术紧缺人才境外培训专项［纳入国务院办公厅《职业技能提升行动方案（2019—2021 年）重点任务》］；科技创新领军人才出国（境）培训专项；落实中德政府间协议，支持实施国家"工匠之师"创新团队境外培训专项；服务国家重大工程建设，支持中国商飞公司"万人精兵工程"拔尖人才境外培训专项；围绕国家治理体系和治理能力现代化建设，继续实施"提升战略管理能力赴美培训"和"金融风险防控和创新培训"；支持全国科技系统围绕科技创新体系建设、区域创新能力提升、技术转移和科技成果转移转化，以及人工智能、智能制造等重点领域的创新人才境外培训项目 78 项 1407 人，资助经费近 2000 万元。

落实《国家中长期人才发展规划纲要》，通过开展一系列积极有效的人才培养和选拔措施，积极开展人才培养和推送工作。2019 年，中方向 SKA、ITER、WIPO 派遣借调人员，主动联系对口国际组织，确定新的岗位需求。

第五章
科技创新基础能力建设

科技创新基础能力为开展各类科学、技术和创新活动提供基本条件，也为组织开展重大科研攻关提供重要载体。2019 年，我国稳步推进科技基础设施建设，突出国家实验室引领的战略科技力量，优化提升国家重点实验室、国家临床医学研究中心、国家野外科学观测研究站等创新基地，持续促进国家科技资源的平台建设、开放共享和基础调查，为全面提高科技创新能力、加快创新型国家建设提供了有力的支撑。

第一节
科研基础设施

国家重大科研基础设施由国家统筹布局，政府财政资金进行较大规模的投入，同时通过较长时间工程建设完成，建成后需长期稳定运行和持续开展科学技术活动，以实现重要科学技术或公益服务目标，具有战略性、基础性和前瞻性的大型复杂科学设施。

一、总体概况

2019 年，我国高校和科研院所建设国家重大科研基础设施共 82 个。其中，中国科学院建设的设施最多，为 39 个，占总设施数量的 48%；教育部建设的设施为 20 个，占总设施数量的 24%。按照不同科研领域，国家重大科研基础设施主要分布在七大领域，分别是：能源科学领域、生命科学领域、地球系统与环境科学领域、材料科学领域、空间和天文科学领域、粒子物理和核物理领域、工程技术科学领域。在地域上，国家重大科研基础设施集聚效应已经初步显现，北京、上海、合肥等地区已初步形成学科领域相对集中、布局比较合理的重大科研基础设施集聚态势。

在能源科学领域，建有全超导托卡马克核聚变实验装置（EAST）、神光 II 高功率激光实验装置等设施；在生命科学领域，建有国家蛋白质科学研究设施、转化医学国家重大科技基础设施等重大设施；在地球系统与环境科学领域，建有海洋深水试验池、国家汽车整车风洞中心（上海）；在材料科学领域，建有北京同步辐射装置（BSRF）、合肥同步辐射光源（HLS）和上海光源（SSRF）

等同步辐射装置；在空间和天文科学领域，建有一批自主研制的光学、射电和毫米波望远镜，包括郭守敬望远镜（LAMOST）、500m 口径球面射电望远镜（FAST）等；在粒子物理和核物理领域，建有兰州重离子加速器、强流重离子加速器等设施；在工程技术科学领域，建有 BPL/BPM 长短波授时系统、大型地震工程模拟研究设施等。

二、部分设施性能达到国际先进水平

一批重大科研基础设施已在国际前沿领域科学研究中占有重要的一席之地，综合性能达到国际先进水平。例如，全超导托卡马克核聚变实验装置（EAST）实现加热功率超过 10MW，等离子体中心电子温度达到 1 亿度，为未来国际热核聚变实验堆（ITER）运行和正在进行的中国聚变工程实验堆（CFETR）工程及物理设计提供了重要的实验依据与科学支撑。极深地下极低辐射本底前沿物理实验设施，是岩石覆盖最深、宇宙线通量最少、可用空间最大的地下实验室，为全球在暗物质暗能量领域极端条件下研究提供了实验基地。

三、支撑中国在基础前沿领域取得丰硕成果

近年来，生命科学、粒子物理和核物理、空间和天文科学等领域的设施建设得到巩固和发展，支撑推动了中国在若干前沿领域方向进入国际先进行列。例如，上海光源的两项用户成果"破解藻类水下光合作用的蛋白结构和功能"和"阐明铷离子对提升钙钛矿太阳能电池寿命的机理"入选 2019 年度中国科学十大进展。国家蛋白质科学研究（上海）设施的用户首次揭示了糖醛酸代谢通路中的尿苷二磷酸葡萄糖（UDP-Glc）抑制肺癌转移的新功能及作用机制，为肺癌转移的诊断和治疗提供了首个生化标志物及干预新策略。

第二节
国家实验室和国家重点实验室

国家实验室是体现国家意志、实现国家使命、代表国家水平的战略科技力量，国家实验室组建工作正在加快推进过程中。经过 30 多年的建设发展，国家重点实验室已成为国家创新体系的重要组成部分，在聚焦学科前沿、解决国家重大战略需求、支撑国家重人科技创新和重大工程等方面发挥了重要作用。

一、国家实验室建设情况

组建国家实验室是党中央做出的重大决策部署。习近平总书记对组建国家实验室做出一系列重要指示，要求在明确国家目标和紧迫战略需求的重大领域，在有望引领未来发展的战略制高点，整合全国创新资源，建设突破型、引领型、平台型一体的国家实验室。探索建立目标导向、绩效管理、协同攻关、开放共享的新型运行机制，打造聚集国内外一流人才的高地，组织具有重大引领作用的协同攻关，形成代表国家水平、国际同行认可、在国际上拥有话语权的科技创新实力，成为抢占国际科技制高点的重要战略创新力量。2019 年 10 月，党的十九届四中全会强调要"强化国家战略科技力量，健全国家实验室体系，构建社会主义市场经济条件下关键核心技术攻关新型举国体制"。按照中央要求，科技部研究提出国家实验室组建实施方案，加快推进国家实验室组建工作。

二、国家重点实验室建设成效显著

截至 2019 年年底，共有国家重点实验室 515 个，包括国家研究中心 6 个，学科国家重点实验室 253 个，企业国家重点实验室 174 个，省部共建国家重点实验室 41 个，港澳国家重点实验室 20 个，军民共建国家重点实验室 17 个，此外，还有 4 个新建的融媒体领域国家重点实验室。

学科国家重点实验室分布在 8 个学科领域，其中，地球科学领域 44 个，占实验室总数的 17.4%；工程科学领域 43 个，占实验室总数的 17.0%；生物科学领域 40 个，占实验室总数的 15.8%；医学科学领域 34 个，占实验室总数的 13.4%；信息科学领域 31 个，占实验室总数的 12.3%；化学科学领域 25 个，占实验室总数的 9.9%；材料科学领域 21 个，占实验室总数的 8.3%；数理科学领域 15 个，占实验室总数的 5.9%（图 5-1）。从所属地域来看，主要分布在全国 25 个省（区、市），其中，北京 79 个，上海 32 个，江苏 20 个，湖北 17 个，陕西 13 个。

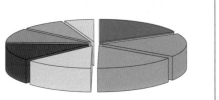

| 地球科学，44个，17.4% |
| 工程科学，43个，17.0% |
| 生物科学，40个，15.8% |
| 医学科学，34个，13.4% |
| 信息科学，31个，12.3% |
| 化学科学，25个，9.9% |
| 材料科学，21个，8.3% |
| 数理科学，15个，5.9% |

图 5-1　学科国家重点实验室领域分布

企业国家重点实验室分布在 8 个领域。其中，材料领域 43 个，制造领域 26 个，能源领域 25 个，矿产领域 22 个，医药领域 18 个，农业领域 15 个，信息领域 12 个，交通领域 13 个。从所属地域来看，分布在全国 29 个省（区、市），其中，北京 38 个，山东省 15 个，江苏和广东各 13 个，上海 11 个。

国家重点实验室聚焦学科前沿和国家重大战略需求，显著提升我国原始创新能力。元素有机化学国家重点实验室发现了一类全新的手性螺环配体骨架结构，并在此基础上发展了一系列选择性好、转化效率高、适应性强的手性螺环催化剂，解决了困扰不对称催化领域半个多世纪的难题，将手性分子的合成效率提高到一个新高度，不仅引领了国际手性催化研究，而且在制药等领域得到了广泛应用。该成果获得 2019 年度国家自然科学奖一等奖。

在解决国家重大需求，支撑国家重大科技创新和重大工程等方面发挥了重要的作用。北京凝聚态物理国家研究中心基于材料基因工程研制出高温块体金属玻璃，新研制的金属玻璃在高温下具有极高强度，远远超过此前的块体金属玻璃和传统的高温合金。该研究开发的高通量实验方法具有很强的实用型，颠覆了金属玻璃领域 60 年来"炒菜式"的材料研发模式，证实了材料基因工程在新材料研发中的有效性和高效率，为解决金属玻璃新材料高效探索的难题开辟了新的途径，也为新型高温、高性能合金材料的设计提供了新的思路。蛋白质组学国家重点实验室发现乙酰化修饰是控制环鸟苷酸 - 腺苷酸合成酶（cGAS）活性的关键分子事件，并揭示了其背后的调控规律，提出了基于 DNA 检测酶调控的自身免疫疾病治疗方案，不但揭示了机体抗病毒感染的关键调控机制，还发现了有效的 cGAS 抑制剂，为艾卡迪综合征（AGS）等自身免疫病提供了潜在治疗策略。上述两项研究成果均入选 2019 年度中国科学十大进展。

积极探索和创新管理运行机制，推动实验室创新能力提升。通过评估和淘汰机制，实现结构优化和动态调整，2019 年发布工程领域国家重点实验室（43 个）和材料科学领域国家重点实验室（21 个）评估结果，其中优秀类实验室 16 个，良好类实验室 42 个，整改类实验室 6 个。开展实验室主任的全球招聘，引入实验室主任国际化考核，充分发挥实验室主任责任制，实现实验室的快速良性发展，促使实验室成为吸引和集聚高端人才、培养优秀青年人才的高地。通过国家财政专项重点稳定支持，实验室可自主组织前沿性探索课题，推动了实验室的国内外开放合作与交流，保障了实验室研究设备和手段的更新。推动实验室联盟建设，打造学科建设与学术发展的开放合作中心，促进基础研究、应用基础研究和前沿技术研究融通发展，加快提升我国在相关领域的自主创新能力。

第三节
国家临床医学研究中心

为加强医学科技创新体系建设，打造一批临床医学和转化研究的高地，以新的组织模式和运行机制加快推进疾病防治技术发展，科技部会同卫生计生委、中央军委后勤保障部和国家食品药品监督管理局于 2012 年启动了国家临床医学研究中心的申报工作，2013 年首批 13 家国家临床医学研究中心的建设工作正式启动，截至 2019 年，我国已经分 4 个批次批准了 50 家国家临床医学研究中心。

被纳入国家级科技创新基地的国家临床医学研究中心充分发挥医疗卫生机构知识密集、技术密集、人才密集、贴近需求的优势，在集聚医学创新资源、优化组织模式等方面发挥了积极作用，助力健康中国战略目标实现。

一、国家临床医学研究中心布局情况

建设国家临床医学研究中心（简称中心）是完善国家医学科技创新体系的重要组成部分，是整合集成临床医学科技研究资源和研究力量的重要平台，对于加强多学科的协同攻关，提高医药卫生科技创新能力并更好地服务于临床需求、提高临床转化医学研究效率、加快创新成果的转化应用具有十分重要的意义。

在《国家临床医学研究中心五年（2017—2021 年）发展规划》《国家临床医学研究中心管理办法(2017 年修订)》《国家临床医学研究中心运行绩效评估方案(试行)》等政策文件的指导下，统筹加强中心布局规划和管理。截至 2019 年年底，在心血管疾病、神经系统疾病、慢性肾病、恶性肿瘤、呼吸系统疾病、代谢性疾病、精神心理疾病等 20 个疾病领域 / 临床专科布局建设了 50 家国家临床医学研究中心（表 5-1）。各临床中心根据自身发展需求和发展方向设置了组织架构，制定了相关管理规章制度，组建了学术委员会和伦理委员会。

表 5-1　中国已批准的 50 家国家临床医学研究中心名单①

序号	领域	依托单位	省（市）	批次
1	心血管疾病	中国医学科学院阜外医院	北京	第 1 批
2		首都医科大学附属北京安贞医院	北京	第 1 批
3	神经系统疾病	首都医科大学附属北京天坛医院	北京	第 1 批
4	慢性肾病	中国人民解放军东部战区总医院	江苏	第 1 批
5		中国人民解放军总医院	北京	第 1 批
6		南方医科大学南方医院	广东	第 1 批
7	恶性肿瘤	中国医学科学院肿瘤医院	北京	第 1 批
8		天津医科大学肿瘤医院	天津	第 1 批
9	呼吸系统疾病	广州医科大学附属第一医院	广东	第 1 批
10		中日友好医院	北京	第 1 批
11		首都医科大学附属北京儿童医院	北京	第 1 批
12	代谢性疾病	中南大学湘雅二医院	湖南	第 1 批
13		上海交通大学医学院附属瑞金医院	上海	第 1 批
14	精神心理疾病	北京大学第六医院	北京	第 2 批
15		中南大学湘雅二医院	湖南	第 2 批
16		首都医科大学附属北京安定医院	北京	第 2 批
17	妇产疾病	中国医学科学院北京协和医院	北京	第 2 批
18		华中科技大学同济医学院附属同济医院	湖北	第 2 批
19		北京大学第三医院	北京	第 2 批
20	消化系统疾病	空军军医大学第一附属医院	陕西	第 2 批
21		首都医科大学附属北京友谊医院	北京	第 2 批
22		海军军医大学第一附属医院	上海	第 2 批
23	口腔疾病	上海交通大学医学院附属第九人民医院	上海	第 3 批
24		四川大学华西口腔医院	四川	第 3 批
25		北京大学口腔医院	北京	第 3 批
26		空军军医大学口腔医院	陕西	第 3 批

① 备注：存在同一个医院建设多个临床医学研究中心的情况。

序号	领域	依托单位	省（市）	批次
27	老年疾病	中国人民解放军总医院	北京	第3批
28		中南大学湘雅医院	湖南	第3批
29		四川大学华西医院	四川	第3批
30		北京医院	北京	第3批
31		复旦大学附属华山医院	上海	第3批
32		首都医科大学宣武医院	北京	第3批
33	感染性疾病	浙江大学医学院附属第一医院	浙江	第4批
34		中国人民解放军总医院	北京	第4批
35		深圳市第三人民医院	广东	第4批
36	儿童健康与疾病	浙江大学医学院附属儿童医院	浙江	第4批
37		重庆医科大学附属儿童医院	重庆	第4批
38	骨科与运动康复	中国人民解放军总医院	北京	第4批
39	眼耳鼻喉疾病	温州医科大学附属眼视光医院	浙江	第4批
40		上海市第一人民医院	上海	第4批
41		中国人民解放军总医院	北京	第4批
42	皮肤与免疫疾病	北京大学第一医院	北京	第4批
43		中国医学科学院北京协和医院	北京	第4批
44	血液系统疾病	苏州大学附属第一医院	江苏	第4批
45		北京大学人民医院	北京	第4批
46		中国医学科学院血液病医院	北京	第4批
47	中医	中国中医科学院西苑医院	北京	第4批
48		天津中医药大学第一附属医院	天津	第4批
49	医学检验	中国医科大学附属第一医院	辽宁	第4批
50	放射与治疗	复旦大学附属中山医院	上海	第4批

　　50家中心主要分布在12个省和直辖市，其中，北京有国家临床医学研究中心24家（占48%），成为发挥引领、集成和带动作用的重要医学创新城市。其次是上海，共有6家；广东、浙江、湖南各有3家；江苏、陕西、四川、天津各有2家；湖北、辽宁、重庆各有1家（图5-2）。当前，国家临床医学研究中心的领域布局和区域布局尚未完善，中心建设工作仍在持续推进中。

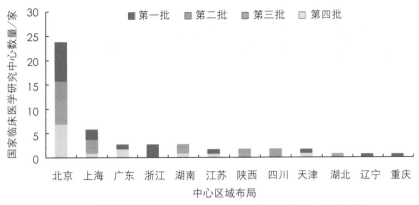

图 5-2 国家临床医学研究中心布局规划（2012—2019 年）

（数据来源：科技部官网（http://www.most.gov.cn/））

二、国家临床医学研究中心的运行绩效评估

为全面落实党的十九大"全面实施绩效管理"决策部署，管理部门于 2019 年开展中心运行绩效评估工作，通过问卷调查、现场评估、综合评估等环节对中心进行多维度的全面评估。评估指标体系包括建设水平、科研产出及公共服务 3 个层面，即 3 个一级指标、8 个二级指标及 20 个三级指标。本次评估对象是建设期已经满 3 年的 21 家中心，涉及 9 个疾病领域的 20 家依托单位。通过评估，全面调研中心的建设情况，并确定 6 个中心评估结果为优秀，其他 15 个中心为合格（表 5-2）。

表 5-2　国家临床医学研究中心运行绩效评估结果

中心名称	依托单位（按单位笔画排序）
评估结果优秀类	
国家呼吸系统疾病临床医学研究中心	广州医科大学附属第一医院
国家代谢性疾病临床医学研究中心	上海交通大学医学院附属瑞金医院
国家慢性肾病临床医学研究中心	中国人民解放军总医院
国家心血管疾病临床医学研究中心	中国医学科学院阜外医院
国家恶性肿瘤临床医学研究中心	中国医学科学院肿瘤医院
国家神经系统疾病临床医学研究中心	首都医科大学附属北京天坛医院
评估结果合格类	
国家慢性肾病临床医学研究中心	中国人民解放军东部战区总医院
国家妇产疾病临床医学研究中心	中国医学科学院北京协和医院

中心名称	依托单位（按单位笔画排序）
国家代谢性疾病临床医学研究中心	中南大学湘雅二医院
国家精神心理疾病临床医学研究中心	中南大学湘雅二医院
国家恶性肿瘤临床医学研究中心	天津医科大学肿瘤医院
国家妇产疾病临床医学研究中心	北京大学第三医院
国家精神心理疾病临床医学研究中心	北京大学第六医院
国家妇产疾病临床医学研究中心	华中科技大学同济医学院附属同济医院
国家消化系统疾病临床医学研究中心	空军军医大学第一附属医院
国家慢性肾病临床医学研究中心	南方医科大学南方医院
国家呼吸系统疾病临床医学研究中心	首都医科大学附属北京儿童医院
国家消化系统疾病临床医学研究中心	首都医科大学附属北京友谊医院
国家心血管疾病临床医学研究中心	首都医科大学附属北京安贞医院
国家精神心理疾病临床医学研究中心	首都医科大学附属北京安定医院
国家消化系统疾病临床医学研究中心	海军军医大学第一附属医院

三、国家临床医学研究中心建设成效显著

◎ 中心网络覆盖面不断扩大

各中心面向我国疾病防治需求，以临床应用为导向，紧密协同各地方的中心医院和基层医疗机构，积极推进分中心的布局，进一步加强网络体系建设，各疾病领域网络布局的覆盖面进一步扩大。截至 2019 年年底[1]，50 家国家临床医学研究中心在 33 个省、自治区、直辖市、特别行政区建设网络成员单位 10 138 个，涉及 6069 个单位和机构，形成了高水平的临床研究平台。

◎ 临床医学研究不断创新

国家临床医学研究中心不断加强医学科技创新体系建设，优化临床医学研究组织模式，整合研究资源，开展临床询证研究、转化应用研究、推广科普研究及疾病防控策略研究，进一步加快了重大疾病防控技术的突破，显著提高了医药卫生科技创新能力。截至 2019 年年底，各中心主持 / 参与临床试验 2245 项，其中药物临床试验 1350 项、医疗器械临床试验 192 项，其他临床试

---

[1] 《2020 中国临床医学研究发展报告》。

验（干预研究、比较研究、健康队列研究等）703 项；前瞻性研究 2118 项，回顾性研究 61 项；
Ⅰ期临床试验 294 项 / Ⅱ期临床试验 369 项 / Ⅲ期临床试验 825 项，Ⅳ期临床试验 68 项；国际多
中心临床试验 322 项，国内多中心临床试验 354 项；牵头国际多中心临床试验 74 项，牵头国内
多中心临床试验 153 项。

◎ 人才培养力度持续加大

国家临床医学研究中心不断完善人才结构，逐渐形成包括临床研究、流行病学方法设计、数
据管理和统计分析、项目组织管理、信息平台开发 / 测试 / 维护、样本库管理等多领域的专业化
人才团队。2019 年，临床中心持续加大人才培养力度，注重复合型专业人才培养，积极推进人才
交流合作，多方位打造高水平临床研究人才团队。截至 2019 年年底，50 家临床中心共有工作人
员 19 595 人，其中院士 81 人，正高级人员（不含院士）2668 人，副高级人员 2732 人。

◎ 全民普及推广持续加强

国家临床医学研究中心持续加强对大众的普及推广，从广泛的健康影响因素入手，以普及健
康生活、优化健康服务、完善健康保障、建设健康环境为重点，全方位、全周期保障人民健康，
大幅提高人民健康水平，显著改善人民健康水平。2019 年，各中心累计推广疾病预防、检测诊断、
决策管理和标准化操作等专业技术 1107 项；通过线上平台、应用程序等形式进行线上技术推广，
注册用户达 154.21 万人，点击率达 1788.31 万次；开展继续教育和适宜技术培训 2377 次，培训
总人数达 35.96 万人次。

第四节
国家野外科学观测研究站

国家野外科学观测研究站（简称国家野外站）的定位是面向经济社会发展和科技创新战略需
求，依据我国自然条件的地理分布规律布局，通过长期野外定位观测获取科学数据，开展野外科
学试验研究，加强科技资源共享，为科技创新提供基础支撑和条件保障。

◎ 现有布局

2019 年，根据《国家科技创新基地优化整合方案》（国科发基〔2017〕250 号）和《国家野
外科学观测研究站管理办法》（国科发基〔2018〕71 号）相关要求，科技部组织对国家野外站建

设运行情况进行梳理评估，发布《国家野外科学观测研究站优化调整名单》（国科发基〔2019〕218 号），共优化形成国家野外站 98 个。其中，生态系统国家野外站 54 个、大气本底与特殊功能国家野外站 10 个、地球物理国家野外站 14 个和材料腐蚀国家野外站 20 个。

这些国家野外站通过长期观测，积累了大量、长期连续、具有自主知识产权的第一手观测数据，取得了一批原始创新科研成果，为保障国家粮食安全、生态文明建设和重大工程建设提供了重要科技支撑。

◎ **发展规划**

2019 年，科技部办公厅印发有关文件，积极推进野外科学观测研究站体系建设。《国家野外科学观测研究站建设发展方案（2019—2025）》（国科办基〔2019〕55 号）系统总结我国国家野外站建设发展现状与成效，明确新时期国家野外站建设思路和发展目标，提出系统布局方向，并围绕加强野外科学观测、开展试验研究、发挥示范服务样板作用及开放共享与国际合作等方面提出若干重点任务和保障措施。同年 9 月，科技部办公厅印发《关于开展野外科学观测研究站调研和推荐布局建议的通知》（国科办函基〔2019〕265 号），择优遴选一批具有区域代表性、基础条件优势明显的部门或地方野外站建设成国家野外站，推进国家野外站的学科体系更为完整、空间布局更加合理、组织体系更加完善。

第五节
国家科技资源共享服务平台

为落实《科学数据管理办法》和《国家科技资源共享服务平台管理办法》要求，2019 年 6 月科技部、财政部对原有国家平台进行优化调整，发布首批国家科技资源共享服务平台名单，包括 20 家国家科学数据中心和 30 家国家生物种质与实验材料资源库，形成一批开展战略科技资源保藏与服务、维护国家科学数据与生物种质资源安全的重要基地。

一、国家科学数据中心

◎ **总体布局**

国家科学数据中心是国家科学数据汇集、管理、开放共享和长期保存的基础设施。2019 年，

20 家国家科学数据中心分布在生物、地球、农业、海洋、材料、天文等基础学科领域。

为进一步加强对国家科学数据中心的管理，根据《国家科技资源共享服务平台管理办法》等文件要求，2019 年科技部组织各领域国家科学数据中心开展国家科学数据中心 5 年建设运行实施方案编制工作，梳理本学科领域科学数据资源体系架构，提升科学数据资源使用效率，为科学研究、技术进步和社会发展提供高质量的科学数据共享服务。

◎ 学术影响力

2019 年，依托中国科学院北京基因组研究所建设的国家基因组科学数据中心，已经被生物大数据领域权威期刊《核酸研究》列为"全球核心数据中心"之一。世界微生物数据中心倡导全球微生物菌种保藏目录重大微生物数据资源国际合作计划，推动了全球微生物资源信息化建设。国家天文科学数据中心成为亚洲地区首个通过世界数据系统（WDS）的核心信任印章（CoreTrustSeal）数据中心认证体系认证，标志着我国科学数据中心能力得到国际认可。

二、国家生物种质与实验材料资源库

◎ 总体布局

新组建的 30 个国家生物种质与实验材料资源库，覆盖生物种质、人类遗传、标本、标准物质、实验动物等资源类别，持续推动资源的收集、保藏、鉴定评价、挖掘利用和信息化工作，进一步提升生物种质与实验材料资源面向全社会的开放共享能力。

此外，2019 年对照《国家科技资源共享服务平台管理办法》，组织编制了 30 个《国家生物种质和实验材料资源库2020—2025年建设运行实施方案》，组织各资源库围绕产权归属、利益分享、成本分摊和专业化队伍建设等困扰资源整合共享的核心问题进行机制创新和细化完善，推进平台可持续发展。

◎ 资源整合保藏

2019 年，国家作物种质资源库整合国内 40 余家单位粮、棉、麻、油、糖、烟、茶、桑、牧草和绿肥等在内的各类作物种质资源超过 43 万份。国家野生植物种质资源库收集保存野生植物种质资源近 1.9 万份，具有重要国际影响。国家家养动物种质资源库收集保存全国 26 个省（区、市）家养动物种质资源，抢救性收集保存百余个重要、濒危畜禽及野生近缘种资源。国家动物标本资源库保藏各类动物标本资源 2000 万号，涵盖我国所有省（区、市）、海域和典型生态系统。国家标准物质资源库标准互认能力列入国际计量局关键比对数据库（KCDB），互认能力数量居本领域全球前列。

◎ 支撑服务

组织面向基础研究的支撑服务。加强生物种质、人类遗传、标本和实验材料等国家资源库对自然本底数据、重要遗传资源、模式标本的收集整理和挖掘利用,围绕脑科学、生命科学、深海科学、空间科学、干细胞转化医学等基础前沿学科领域的重大科学问题研究提供资源和技术条件支撑。

组织开展多平台资源专题服务。组织作物种质、林业种质等国家资源库,与井冈山市建立战略合作关系,开展黄桃、猕猴桃、柰李、火龙果、竹子等品种结构优化和种植、加工技术升级。帮助井冈山引进香草兰、可可等热带植物,开展特色热带经济作物北移井冈山生产关键技术研究与示范,打造"南种北移"设施休闲农业技术体系和产业示范窗口。召开"种质资源服务井冈山经验交流暨 2019 年工作推进会",按照专业领域分组开展了果树种植,大鲵、鳗鲡、稻虾养殖,南方经济植物引种,毛竹、油茶种植等方面的实地考察和技术支持。组织编写了《井冈山地区种质资源专题服务技术手册》,为基层种植、养殖户开通了专家技术支持直通车,保障精准服务发挥长效作用。

第六节
科技资源开放共享

一、科研仪器设施开放共享

◎ 管理制度进一步完善

科技部、财政部等部门发布《中央级新购大型科研仪器设备查重评议管理办法》《纳入国家网络管理平台的免税进口科研仪器设备开放共享管理办法(试行)》等制度,进一步完善《科研设施与仪器国家网络管理平台管理单位数据报送标准规范》《科研设施与仪器管理单位在线服务平台建设运行管理规范》等技术标准规范。

基于《中央级新购大型科研仪器设备查重评议管理办法》规定,对利用中央财政资金申请购置原值超过 200 万元的单台(套)大型科研仪器设备预算批复部门或单位组织实施查重评议,评议内容包括新购大型科研仪器设备的学科相关性、必要性、合理性等方面,进而从源头促进了大型科研仪器设备的合理配置。

◎ **开放共享的信息网络体系基本建成**

完成了重大科研基础设施与大型科研仪器国家网络管理平台升级改版，持续推进各地方、部门和科研单位建设的在线服务平台与国家网络管理平台互联对接，促使科研设施与仪器开放共享管理与服务网络体系进一步完善。截至 2019 年年底，30 个省（区、市）、新疆生产建设兵团、32 个国务院部门和直属机构所属 4000 余家单位的 10.1 万台（套）50 万元及以上大型科研仪器纳入国家网络管理平台统一对外开放。

◎ **开放共享水平进一步提升**

纳入国家网络管理平台开放的科研仪器开放率达到 80% 以上。80% 以上的单位建立了校（所）级分析测试中心或公共技术服务中心，将利用率高、受益面广的通用型仪器设备集中管理，面向社会开放服务。中央级高校和科研院所科研仪器平均有效工作机时从 2014 年的 500 小时提高到 2019 年年底的 1400 小时，对外服务机时达 240 小时，利用和共享水平明显提高，共享程度显著提升。同时，组织国家电网等企业所属科研仪器纳入国家网络管理平台对外开放，推进科研设施与仪器开放共享的市场化运营。

◎ **开放共享评价考核机制逐步完善**

2019 年，科技部会同财政部等相关部门，继续开展对 344 家中央级高校和科研院所等单位科研设施与仪器开放共享评价考核工作，建立了奖惩机制，对开放共享成效好的单位给予后补助经费奖励，对开放共享较差的单位采取限制新购大型科研仪器等方式进行约束。

◎ **大型研究基础设施国际合作逐步深化**

2019 年 12 月，第 14 次全球研究基础设施高官会（GSO）、第 3 次金砖国家设施及大科学项目工作组会在中国上海举行。来自中国、法国、英国、德国、意大利、美国、澳大利亚、日本、俄罗斯、韩国及欧盟、经济合作组织（OECD）12 个国家和地区及国际组织的政府官员及专家代表参加了会议。会上，全超导托卡马克装置（EAST）纳入了 GSO 案例研究，并发起"2020 年金砖国家聚变周"；中国锦屏地下实验室发起全球地下实验室"锦屏论坛"，中科院国家天文台提出牵头搭建"金砖五国智慧望远镜网络"设想，国家微生物科学数据中心发起建立"金砖国家微生物数据共享联盟"倡议。会议深化各国在研究基础设施建设共享方面的政策交流，就加强全球研究基础设施开放合作、共同制定研究基础设施标准规范等议题达成广泛共识。

二、科学数据开放共享

◎ 开放共享水平逐步提升

2019 年，我国科学数据资源持续汇聚整合并面向社会开放共享。重大科研基础设施、观测监测网络、高通量仪器等成为科学数据快速产生、汇交整合、开放共享的重要渠道。例如，在天文领域，郭守敬望远镜（LAMOST）的投入运行，每一个正常观测夜产生数据量已达约 20 GB；2019 年 3 月第 6 次发布的 LAMOST DR6 数据包括 4902 个观测天区，其中 DR6 高质量光谱数（S/N>10）达到 937 万条，约是国际上其他巡天项目发布光谱数之和的 2 倍。

2019 年 9 月，国家生态科学数据中心、国家生态系统观测研究网络（CNERN）、中国生态系统研究网络（CERN）、中国通量观测研究联盟（ChinaFLUX）共同在北京举行了"中国生态系统长期观测研究数据"共享发布会，面向社会发布 4 类系列专题科学数据，具体涉及中国生态系统水土气生要素定位观测数据集、中国生态系统研究网络长期监测研究专题数据集、典型生态系统2003—2010 年碳水通量及常规气象数据、中国区域氮沉降空间化栅格数据及中国区域陆地生态系统碳氮水通量专题产品数据等，促进了生态科学数据开放共享，有助于发挥长期生态观测研究数据价值，满足不同学科领域的科研需求。

◎ 科学数据汇交工作深入推进

《科技计划形成的科学数据汇交技术与管理规范》等 3 项国家标准完成了起草报批进入审批阶段；《科技计划项目科学数据汇交工作方案》正式印发，推动了科技计划项目形成的科学数据向国家科学数据中心的汇交工作；科技资源标识体系建设正式启动，为规范资源管理、保障知识产权提供支撑。

◎ 科学数据共享合作交流广泛开展

组织召开 2019 科研信息化论坛、第六届(2019)中国科学数据大会，以及国际科学理事会(ISC)数据委员会 CODATA 学术会议、世界数据系统（WDS）亚洲—大洋洲会议等相关领域国内外学术会议，推动了科学数据国际合作与交流。

三、科技资源共享基础性工作

◎ 标准化工作迈上新台阶

组建第二届全国科技平台标准化技术委员会，负责推进科研设施与仪器、科学数据与信息、生物种质与实验材料等科技条件资源建设与共享中技术标准的研制和实施。

研制了科技资源管理标准体系。立足科研设施与仪器、科学数据与信息、生物种质与实验材料等资源共享及平台建设需求，建立基于资源全生命周期管理的标准体系，提出 3 年期拟部署开展的标准研制计划。

围绕科学数据、科研仪器设施共享推动一批国家标准制修订。组织开展国家标准研制任务的征集和遴选工作，完成 15 项国家标准研制任务向国家标准化管理委员会推荐立项，完成《科技计划形成的科学数据汇交技术与管理规范》等 8 项国家标准计划的研制报批工作。截至 2019 年，平台标委会已立项标准 26 项，其中正式发布实施《科技平台大型科学仪器设备分类与代码》《科技资源标识》等 14 项国家标准。

◎ **资源共享门户系统升级改版**

2019 年，国家平台门户系统"中国科技资源共享网"进行全面升级改版，按照国家科学数据网络管理平台和国家科技资源共享服务平台网络管理平台要求，对系统功能、用户管理、数据管理、互联互通等方面进行全面升级，在科技资源汇交整合、资源关联智能检索、资源信息统计分析、资源协同共享与创新服务等方面进行技术集成和功能完善；扎实开展系统对接、资源信息汇交、安全升级、运行统计、培训交流等工作，全面做好资源信息、用户信息、运行服务信息与各国家平台的互联互通；承担国家平台组建、运行管理和评价考核等工作的在线管理。共享网作为国家科技资源共享服务平台枢纽，完成 50 个国家科技资源共享服务平台科技资源信息的整合，全面推进国家科技资源共享服务平台网络的组建和升级。

四、区域科技资源共享

◎ **长三角区域科技资源共享**

在科技部和长三角三省一市科技主管部门支持下，由上海市牵头建设的长三角科技资源共享服务平台于 2019 年 4 月 26 日正式开通，构建跨区域的科技资源共享服务体系。长三角科技资源共享服务平台建立国家与地方联动的组织协调机制，聚集了 2420 家机构的 31 169 台（套）大型科学仪器设施，总价值超过 360 亿元。整合服务机构 1785 家，服务项目 5500 余条，为区域内 6699 家企业提供了共享服务，服务费用达 2.27 亿元。

2019 年，长三角平台与嘉兴、南通开展资源互通科技创新券试点工作，积极匹配资源响应三地需求。截至 2019 年年底，两地 505 家企业使用长三角平台上的 134 家单位提供的服务，合同金额达到 3229.98 万元。上海市 45 家实验室 360 台（套）大型仪器已为 513 家苏州企业提供了 1360 次服务，服务金额达到 1031 万元。

上海市对标国际一流科学数据中心建设，积极打造"上海科技创新资源数据中心"。截至

2019 年，累计已拥有各类科技资源数据量达 1 PB，正式成为欧盟开放科学云 EOSC 的第一家非欧盟国家服务机构。推进"全球高层次科技专家信息平台"建设，集聚 47 万名全球高层次科技专家数据，其中有 24.9 万名国际专家。上海研发公共服务平台集聚 30 万元以上大型科学仪器设施总数为 12 885 台（套），仪器总价值 163.84 亿元，涉及 674 家仪器管理单位。

浙江省出台《关于进一步推进我省重大科研基础设施和大型科研仪器设备开放共享的实施意见》，打造"基于物联网技术的浙江省大仪设备管理服务协作平台"，解决科技管理部门掌握财政资金购置科研仪器设备底数不充分、财政部门掌握科研仪器设备使用绩效不充分的问题。推广应用物联网技术，提升大型科研仪器设备运行的状态监测、定位监测、智能标签和实时图像采集技术手段，实现对共享情况的实时监管。

◎ 粤港澳区域科技资源共享

广东省积极推动科技资源向港澳有序开放。国家超算广州中心南沙分中心、珠海分中心分别开通与香港科技园和澳门间的网络专线，中国（东莞）散裂中子源着力推动能量分辨中子成像和微小角中子散射两台谱仪等在粤港澳大湾区实现开放共享。广东省通过开通网络专线、分中心布局辐射、提供专项服务、共建联合实验室等多种方式服务港澳，推动广东省科技资源向港澳开放，服务粤港澳大湾区建设。

广东建成省科技资源共享服务平台（粤科汇），实现"国家—省—市—管理单位"四级联动。平台已汇聚科研仪器 8357 台（套）（原值总计 91.42 亿元）、植物种质 1 651 084 份、动物种质 1 181 265 个、微生物种质 77 701 株、科学数据库 60 个等资源，提高科技资源使用率，有效促进科技资源配置，服务中小微企业科技创新。积极谋划推进建设重大科研基础设施集群，重大科研基础设施达 48 个，形成具有广东特色、多领域交叉、引领未来颠覆性技术的大科学装置集群，为多学科交叉前沿研究和高技术产业提供强有力支撑。

◎ 京津冀区域科技资源共享

以首都科技条件平台为例，截至 2019 年年底，该平台共促进首都地区 963 个国家级、北京市级重点实验室、工程中心的价值 295 亿元、3.19 万台（套）仪器设备向社会开放共享，整合 896 项较成熟的科研成果促进其转移转化，聚集 1.49 万位专家，梳理了包括院士、长江学者、杰青等在内的 267 个高端人才及其团队，产生了 2.4 万项知识产权和技术标准。2019 年共有 1.4 万余家企业享受到平台各类服务，签订合同额 42.75 亿元，合同实现额 29.55 亿元。

第七节
科技基础资源调查专项

科技基础资源调查专项是由中央财政资金设立，重点资助面向科学研究和国家战略需求开展的获取自然本底信息和基础科学数据、采集保存自然科技资源、系统整理与编研科技资料等科技基础性工作。为落实习近平总书记关于要组织开展重点科技资源调查，完善国家科技资源库及对第二次青藏高原综合科学考察研究的贺信精神，科技部会同各个部门、地方，持续推进科技基础资源调查工作。

一、科学布局提高规范化管理水平

组织开展专项实施方案及管理办法的起草，提高科技基础资源调查专项科学布局和规范化管理水平。认真梳理 2006 年科技基础性工作专项设立以来立项项目类别及学科领域，系统总结项目取得的成效，组织开展专项实施方案研究，为进一步厘清家底，科学布局专项调查工作提供了支撑。2006—2018 年共部署 296 个项目，支持国拨经费约 25.6 亿元。重点在地球科学（地质、地球物理、地球化学、大气科学等）、资源环境（地理学、水文学、生态学、环境科学、海洋科学、地球信息科学等）、农业、林业、人口健康（医学、中药学、心理学等）五大领域支持一批对科技、经济和社会发展具有重大影响的科技基础资源调查项目，取得了显著成效。2019 年部署 12 个项目，支持国拨经费约 1.2 亿元。组织开展 2019 年到期项目综合绩效评价工作，2 批 65 个项目已通过综合绩效评价，汇交数据资源量 30.48 TB，科考图件 141 份、科考影像 128 G、科考报告 464 份，且约 80% 的汇交数据完全开放共享，20% 的项目成果承诺在有限条件下协议共享。

为进一步推进专项项目管理的科学化、规范化，落实《关于深化中央财政科技计划（专项、基金等）管理改革方案的通知》（国发〔2014〕64 号）、中办国办联合印发的《关于进一步加强科研诚信建设的若干意见》及科技部下发的"把论文写在祖国大地上"的通知等文件精神，2019 年结合项目设立以来的经验，组织开展了《科技基础资源调查专项管理办法》的起草工作。

二、有序推进第二次青藏高原综合科学考察研究工作

为落实习近平总书记关于第二次青藏高原综合科学考察研究的贺信精神，在第二次青藏科考

领导小组的推动下，会同相关部门、地方，积极谋划，系统推进，构建组织保障体系，完善管理规章制度，加快科考项目组织实施，圆满完成了 2019 年工作任务。成立了包括 11 个部门和 6 个省区的青藏二次科考领导小组、领导小组办公室和项目管理办公室，为科考项目的组织实施提供组织保障。科技部、中科院联合印发《第二次青藏高原综合科学考察研究项目管理暂行规定》《第二次青藏高原综合科学考察研究野外考察安全管理规定》等文件，为科考的顺利实施提供制度保障。组织开展科考项目实施方案论证、项目立项评审，确定 10 个任务 66 个专题正式立项，完成 2019 年 5 亿元经费的拨付。

下一步将围绕青藏高原、内蒙古高原等典型生态屏障区域，黄河流域、长江经济带等大江大河区域，新疆等典型生态脆弱区，粤港澳大湾区等重点城市群，南海等重要海域，极地、"一带一路"经济走廊地区、东北亚等典型跨境区域及境外典型区域开展综合科学考察；结合中国地带性分布规律、资源禀赋特征和自有的文化特质，统筹开展农业、生物、地质与地球物理、地理、海洋、生态环境、人口健康、人文社会等领域开展专题调查；对我国历史遗存、科研积累及科技基础资源调查工作中形成的基础科学数据、典籍、志书、图集、词表等科技资料进行系统收集、整理、编研和更新；扎实推进我国科技基础资源的数据汇交利用，加强机制创新和标准规范建设，加强科学数据集成和挖掘工具开发，提高科学数据共享和科技资源调查成果的传播和应用。

2019 中国科学技术发展报告
2019 CHINA SCIENCE AND TECHNOLOGY DEVELOPMENT REPORT

第六章
国家科技重大专项

2019 年是重大专项决胜攻坚的关键之年，按照党中央、国务院的统一决策部署，科技部、发展改革委、财政部（简称三部门）会同各专项牵头组织单位瞄准重大专项战略目标，坚持目标导向和问题导向，凝心聚力、攻坚克难、锐意改革，不断改进和强化组织推进机制，克服国际政治经济环境恶化的不利影响，加快任务部署和攻关，较高质量地完成了 2019 年的各项工作任务。

第一节
总体情况

2019 年以来，在党中央、国务院的统一领导下，三部门及各专项牵头组织部门，以习近平新时代中国特色社会主义思想为指导，深入贯彻落实党的十九大及十九届二中、三中、四中全会精神，聚焦关键问题，积极应对风险挑战，强化交账意识，有力推进重大专项的实施。

◎ 坚决落实党中央、国务院重大决策部署

党中央国务院高度重视实施国家科技重大专项，始终把重大专项作为我国科技发展的重中之重。党的十八大以来，习近平总书记多次对重大专项做出重要指示，强调重大专项是我国建设世界科技强国、实施创新驱动发展战略的重要举措。

按照党中央、国务院决策部署，2019 年 8 月，科技部组织召开民口科技重大专项 2019 年工作推进会。三部门有关司局负责同志，各专项实施管理办公室主任、技术总师、项目管理专业机构及科技评估中心等单位负责同志参加会议。在重大专项收官攻坚关键时期，进一步统一思想、凝聚共识，加快推动关键核心技术攻关，确保完成 2020 年既定的战略目标任务。各专项第一行政负责人或技术总师汇报了重要进展和成效，对标重大专项使命责任和 2020 年战略目标，找准差距和突出问题，研究提出下一步具体解决措施。科技部王志刚部长做出要求，要深入学习贯彻习近平新时代中国特色社会主义思想，特别是习近平总书记关于科技创新的重要论述，切实提高

政治站位，加大攻关力度，确保不辱使命；面对国内外环境发生变化带来的困难和压力，要继续发扬重大专项攻关团队迎难而上、变不可为成可为的勇气和韧劲。三部门将继续为能打硬仗的科研攻关团队搭建平台、做好服务。

三部门会同各专项按照党中央、国务院的统一部署和要求，完善了定期工作督查和通报机制，全年共组织召开3次专项办公室主任会议，及时传达党中央、国务院领导重要指示要求，通报重点工作进展和要求，统一思想共识，合力推动工作。

◎ 强化督导协调，全力攻坚克难

编制推进路线图。坚持定期更新各专项推进路线图，截至2019年12月已累计更新至第12版，及时全面反馈各专项实施进展和存在问题。持续完善路线图编制要求，优化了标志性成果进展情况分析、增加了标志性成果进展的国际化水平判断等内容，明确了规范统一的逐级审核审批制度，督促各级管理机构编制好利用好路线图工具，切实实现"挂图推进"。

组织开展重大专项蹲点调研。2019年，三部门有关司局继续聚焦"十三五"中期评估和深度评估发现的关键问题，联合各专项实施管理办公室和总体组，深入基层一线开展蹲点调研，通过解剖麻雀的方式，对关键问题的解决情况、存在的问题、挑战与障碍进行跟踪了解和督查，并对2018年蹲点调研问题的整改落实情况及时进行"回头看"，切实推动问题解决。2019年重点选择了存在重大困难和突出问题的核电等6个专项继续开展蹲点调研，有力推进了核电示范工程加快实施、专项成果转化落地及传染病防治示范区科学整改等工作，督促相关专项问题台账逐一清零。

组织签订责任落实协议。为提高国家科技重大专项综合管理效能，围绕专项目标、考核指标，建立目标责任制，明确各方责任、保障条件和落实单位等事项，三部门组织开展了民口10个重大专项责任落实协议的签订工作。通过立军令状，确保各主体的责任落实到位，合力推动重大专项顺利实施。

◎ 加强工作协同，推动成果转化

为落实全国科技工作会和科技部党组一号文的部署要求，促进各省市有关单位与各专项实施管理办公室之间沟通交流，加强工作协同和资源集成，共同推动重大专项成果转移转化落地见效，2019年4月底，科技部组织召开2019年国家科技重大专项成果转化工作会，各地方科技管理部门相关负责同志，各专项技术总师或副总师、标志性成果负责人及实施管理办公室和项目管理专业机构有关负责同志等共150余人参会。会议组织民口各专项与地方科技主管部门、技术交流平台对接交流，梳理总结了重大专项成果转移转化的主要经验做法，解读了成果转移转化相关政策，介绍了各专项基本情况、重要标志性成果进展及重大专项成果转化基金有关情况，部署了重大专项成果转移转化主要工作，为进一步推动成果转移转化工作打下了坚实基础。

立足区域优势开展部省合作，着力打造重大专项成果转移转化示范区。2019年7月，科技部与海南省人民政府签订《共同推进重大新药创制国家科技重大专项综合性成果转移转化试点示范的框架协议》，海南省已同步出台配套措施，将新药创制专项成果通过谈判纳入海南省医保目录并直接挂网采购，实行单独管理，动态调整。四川、江西、广东3个已签署合作协议的地区，先后出台试点政策措施，推动成果转化落地。

多维度、多渠道、多手段发力，形成促进成果转化落地的新格局。组织各专项之间协同创新，推动建立专项间联合部署、协同攻关、成果转化的新模式。例如，核高基专项与数控机床、核电等专项开展需求对接，促进专项成果在高档数控机床和大型核电站建设等国家重点领域的应用。加强与社会资本的协同支持，重大专项成果转化基金，首期规模100亿元，引导带动地方政府、央企、金融机构等各类社会资本参与科技成果转化，中央财政资金放大效应明显。

◎ 部署总结验收，谋划接续研究

按计划做好重大专项总结验收机制研究。为提前做好重大专项总结验收准备，科技部会同有关单位研究提出了总结验收的总体考虑、时间安排和工作要求，采取座谈和书面文件等方式广泛征求发展改革委、财政部和各专项的意见及建议，为按期总结验收奠定了基本工作遵循。

统筹推进民口重大专项接续战略研究。在完成电子信息领域3个专项接续战略研究的基础上，三部门组织开展了高档数控机床等7个专项的战略研究，共有2000余位专家、学者参与了战略研究工作。10个专项接续战略研究工作均已完成，并形成了战略研究报告。在此基础上，进一步统筹提出了2020年后相关领域重大科技项目布局建议。

总结凝练重大专项探索新型举国体制的经验。国家科技重大专项是在重大科研项目中探索新型举国体制的重要实践，2019年，科技部组织民口10个专项总结梳理了专项实施过程中探索和践行社会主义市场经济条件下新型举国体制的做法和体会，并进行专项总师和相关管理专家访谈，开展集中调研研讨。在重大专项实施经验总结和案例分析的基础上，针对新目标、新领域和新挑战，根据任务特点，不断优化完善重大科技任务体制机制设计，形成大兵团联合攻关的合力。

◎ 深化管理改革，优化管理流程

统筹重大专项监督检查工作计划。为做好重大专项各层级监督检查工作，2019年3月，科技部重大专项司印发《关于统筹做好2019年重大专项监督检查工作的通知》，统筹提出了重大专项

2019 年监督检查工作安排。针对各专项的监督检查工作计划，科技部会同发展改革委、财政部在汇总的基础上对专项层面、三部门层面的监督检查工作进行统筹和优化，研究制订并公布各专项监督检查和绩效评价年度工作计划。

进一步减少重大专项监督检查频次。为落实减负要求，2019 年未开展重大专项整体监督评估，对于一般性课题，实施周期内原则上按不超过 5% 的比例抽查；对于实施周期 3 年（含）以下的自由探索类基础研究课题，一般不开展过程检查。相对集中时间开展联合检查，避免在同一年度内，对同一课题重复检查、多头检查。

开展重大专项清理和简化表格专项行动。按照"冗余即删、同类即并、能减即减"的原则，开展各类材料、表格的"删、减、并"工作，提出"一套表格""一张表格"的简化方案，推行"材料一次报送"制度，避免重复填报相关信息。2019 年 4 月，重大专项司明确了减表后的表格及相应填报要求，形成了减表行动的长效机制。

实施一次性综合绩效评价。为落实基层减负与督导管理改革要求，2019 年重大专项不再单独组织技术验收、财务验收、档案验收，合并技术、财务、档案验收程序，由项目管理专业机构实施以目标导向为核心的一次性综合绩效评价。综合绩效评价专家组联合验收，实现同步下达验收结论。各专项积极建立健全专项验收管理制度，编制了相应的综合绩效评价工作细则，为专项最终验收提供重要的制度保障和指导依据。

深化重大专项管理改革成果，做好减负行动效果评估工作。2019 年 11 月 6 日，科技部、财政部、教育部、中科院四部门下发了通知，联合开展减负 7 项行动（减表行动、解决报销烦琐行动、精简牌子行动、"四唯"问题清理行动、检查瘦身行动、信息共享行动、众筹科改行动）落实情况第三方评估工作，对相关减负工作进行全面总结，并挖掘典型。

◎ **加强主动策划，做好新闻宣传**

组织召开重大专项新闻发布会。2019 年 7 月 31 日，科技部会同卫生健康委在北京召开"重大新药创制"科技重大专项新闻发布会，集中发布新药创制专项近两年来取得的新进展、新成效。发布会展示了新药创制实施 10 多年来取得的全面进展，特别是我国药物研发创新方面取得的长足进步，重大关键技术取得的突破，人民群众获得感的提升。发布会取得了良好的新闻效果，提升了重大专项的社会认知度和影响力。

做好重大专项工作和成果宣传。结合重大专项活动针对性策划组织新闻宣传，及时准确掌握重大成果进展和突出问题，统筹做好对上对内对外宣传。积极配合有关单位，在庆祝中华人民共和国成立 70 周年大型成就展、全国科技活动周、科技部创科博览等重大展览活动中展示重大专项标志性成果。2019 年科技活动周主场博览会上，410 个国家科技成果集体亮相，其中国家科技重大专项成果展成为亮点。观众通过观看动画、互动体验、聆听讲解亲近科技，了解国家科技重大专项最新发展成果，培养科技自信。

第二节
重要科研进展与成果

一、核心电子元器件、高端通用芯片及基础软件产品

◎ 高端通用芯片和基础软件自主创新能力

经过核高基重大专项 10 年的实施，高端通用芯片和基础软件产品在技术上日趋成熟，自主创新体系逐步建立并发展，有力支撑了我国电子信息产业的可持续发展。

超级计算机处理器技术水平大幅提升，新一代国产超算 CPU 继续支撑我国超级计算机世界领先地位。国产桌面计算机 CPU 综合性能和工程化水平均取得较大进步，国产工艺也在持续提升。专项支持的 CPU、操作系统、数据库、中间件及办公软件等软硬件产品有力推动国家相关重大工程的实施，为国产计算机规模化应用提供了有效支撑。嵌入式 CPU 和 SoC 的软硬件自主设计能力持续提升，规模化应用初见成效。在智能终端、智能电视等竞争的新兴领域，专项重点聚焦 SoC 研发，支持国内厂商快速提升市场占有率和国际竞争力。

◎ 高端通用CPU和基础软件性能

2019 年，核高基重大专项围绕国家重大战略及产业急需，深入推进实施，取得了重要进展。超算 CPU 峰值能效比和峰值性能较"十二五"期间大幅提升；桌面 CPU 最高主频由"十二五"末期的 2.0 GHz 提升到 3.0 GHz，服务器 CPU 主频达到 2.6 GHz；"国产 CPU+ 国产操作系统"在应用规模持续提升，国产计算机软硬件生态逐步完善。

◎ 嵌入式CPU和基础软件应用

智能电视 SoC 芯片出货量累计超过 5700 万颗，国内市场占有率超过 40%；面向互联网汽车车载操作系统平台在部分自主品牌汽车实现规模应用，整车销售超过 130 万台；国产嵌入式 CPU 产业化规模进一步提升，累计出货超过 11 亿颗；工控物联网操作系统在各类家电上的应用超 2000 万套。

二、极大规模集成电路制造装备及成套工艺

◎ 集成电路制造业整体竞争能力

专项实施以来，我国集成电路制造业逐步改变了工艺技术全套引进、装备材料完全依赖进口的被动局面，龙头企业新建生产线的装备和材料国产化率稳步提升，封测技术和产业正在向"世界一流"迈进。同时骨干企业竞争力不断增强，中微、安集等成为首批科创板上市企业积累了技术与产品基础、人才团队和组织经验。

◎ 关键装备

关键装备方面，刻蚀机、离子注入机等40多种前道设备总体达到28 nm量产水平，部分装备进入境内外14—5 nm产线验证并实现销售。中微半导体14—7 nm刻蚀机已达到国际先进水平。华海清科17 nm DRAM工艺抛光设备通过大生产线验证，上海盛美镀铜设备进入14 nm产线验证。上海御渡、深圳飞测分别研制成功晶圆测试设备和20—14 nm无图形晶圆缺陷光学检测设备并实现销售。

◎ 先进成套工艺

先进成套工艺方面，14 nmFinFET工艺已实现量产，贡献营收。28 nm工艺持续生产。28 nm 2G主频CPU产品平均良率90%。64层3D-NAND和19 nm DRAM产品制造工艺实现量产，128层3D-NAND研发成功。

◎ 关键材料

关键材料方面，300 mm硅片等近200种集成电路制造材料国产化。300 mm硅片多个规格样品进入客户验证。氟化氩光刻胶中试样品进入用户验证。靶材、抛光液等达到14 nm以下并进入国际市场。

◎ 封装测试

封装测试方面，10余套高端封装工艺进入量产，如晶圆级扇出封装工艺实现量产并应用于华为/海思等5G芯片产品封装。高密度带2.5D转接板的CPU芯片封装技术预研已基本完成。

三、新一代宽带无线移动通信网

◎ 国际标准制定

在标准方面，我国率先发布5G概念和技术架构；提出的5G新型网络架构、先进编码、大规模天线等新技术已纳入全球统一的5G国际标准。

◎ 产品研发

在产品研发方面，推动形成了完整的 TD-LTE 产业链，国内系统厂家在全球 TD-LTE 领域处于优势地位；终端芯片企业突破了 5 模 11 频、7 nm 芯片设计技术难关，并已量产上市；终端整机创新能力大幅提升，华为、OPPO、VIVO、中兴等国内终端企业 35 款 5G 手机获得入网许可，国内市场 5G 手机出货量 1377 万部；已完成 5G 技术研发试验第三阶段系统组网测试，我国企业中频系统设备进度和性能处于领先地位。

◎ 应用推广

在应用推广方面，2019 年国内新建 4G 基站 172 万个，总数达到 544 万个；4G 用户总数达到 12.8 亿户。开通 5G 基站数量超过 13 万个，5G 用户数超过 2000 万。专项全面支撑了我国移动通信技术研发与产业化，我国移动通信发展实现历史性跨越。

四、高档数控机床与基础制造装备

◎ 产品设计制造水平

高档数控机床产品设计制造水平持续提升，竞争力得到增强。全数字化高速高精运动控制等关键技术取得突破，实际应用效果显著；"S 形试件"五轴机床检测国际标准正式发布，实现了我国在金切机床国际标准领域"零"的突破。

◎ 关键零部件国内市场占有率

高档数控机床关键零部件问题得到缓解。国产高档数控系统从无到有，国内市场占有率由 2009 年的不足 1% 提高至 14.6%，在部分重点用户领域实现应用；中档数控系统功能、性能逐步完善，国内市场占有率由 10% 提高至 59.3%；滚珠丝杠在精度方面已达到国外同类产品水平，2019 年精度保持性达到 4000 小时以上，滚动功能部件在中高端数控机床市场占有率超过 20%，较 2009 年提高 4 倍。

◎ 重点领域应用

高档数控机床重点领域应用快速推进，支撑能力稳步提高。济南二机床在已打开美国市场的基础上，2019 年出口法国 PSA 本土工厂和日本日产 3 条生产线，并在美、法、日成立了合资公司，进一步巩固了我国在大型汽车冲压线制造装备领域的领先地位。

◎ 搭建产需对接平台

高档数控机床行业通过积极搭建用户、主机企业、零部件企业之间的多渠道、多流程的产需对接平台，数控机床专项先后为核电、大飞机等科技重大专项和高技术船舶等国家重点工程提供了一批关键制造装备。

五、大型油气田及煤层气开发

◎ 油气开发专项总体实施情况

油气开发专项在党中央国务院的坚强领导下，国家三部门的组织协调下，大力实施创新驱动发展战略，通过新时期举国体制组织实践，在重大理论认识、技术与装备攻关和组织管理等方面取得重要进展，为保障我国油气供给安全、提升自主创新能力发挥了重要作用。

2019 年专项整体进展顺利，标志性成果有序推进，部分成果取得突破性进展。2019 年新申请发明专利 1186 件，申请软件著作权 387 项，编制国家、行业及地方标准 72 件，企业标准和规范 123 件。

◎ 天然气勘探开发

天然气勘探开发理论技术进一步深化发展，强力支撑四川安岳气田建成超百亿方级特大型碳酸盐岩气田建设；前陆冲断带深层理论技术获得新进展，博孜 301 井获高产工业油气流，我国 8000 m 超深层天然气勘探实现重大突破。

◎ 石油勘探开发

砾岩油区成藏理论技术取得新进展，支撑玛湖凹陷勘探向坳陷深层拓展，助推 10 亿 t 级大油田发现。深化发展特高含水后期水驱控水提效技术，大庆油田示范区实现了连续 4 年"产量不降、含水不升"，提高采收率 0.50 个百分点以上。形成拥有自主知识产权的钻—测—固—完一体化精细控压技术与装备，成为助推引领川渝 300 亿方天然气大气区建设和塔里木库车山前勘探开发的技术利器；旋转导向钻井系统实现升级换代，单趟钻进尺突破 1000 m，形成工业化应用能力。

◎ 非常规油气勘探开发

形成页岩气勘探开发六大技术系列和复杂山地海相页岩气地震等 20 项关键技术，在长宁—威远示范区新增探明储量 7615.65 亿方；四川盆地获页岩气勘探开发重大突破，威荣页岩气田新增探明储量 1247 亿方，丁山—东溪区块东页深 1 井成为国内首口埋深大于 4200 m 的高产页岩气井，试获日产 31.18 万方高产气流，突破了埋深超 4000 m 页岩气井压裂工艺技术；泸州区块采用"密切割 + 高强度加砂 + 暂堵转向"压裂工艺技术，泸 203 井测试日产量 137.9 万方，成为国内首口单井测试日产量超百万方的页岩气井。创新黄土塬致密油（页岩油）多学科"甜点"优选评价等 5 项关键技术，助力发现鄂尔多斯盆地 10 亿 t 级庆城大油田。

◎ 工程技术装备

新型 8000 m 四单根立柱钻机和精细控压钻井技术等深井、超深井钻井关键技术装备取得重要进展，成功完钻亚洲第一深井——塔里木轮探 1 井，井深 8882 m。5000 型超高压大功率全电动压裂橇组在重庆涪陵焦页 82 号平台顺利完成 4 口井"井工厂"模式压裂施工，标志着该型装备首次规模化运用取得圆满成功。

六、大型先进压水堆及高温气冷堆核电站

◎ 核电专项总体实施情况

核电重大专项自 2008 年实施以来，取得了一系列重要成果和重大突破，核岛主设备全部实现国产化，建立了完整的专项组织体系和制度体系，形成了高效的协调机制、规范的课题管理流程。通过政府主导、工程项目驱动，建立了以企业牵头，国内科研院所、装备制造企业、高等院校等参与的产学研用相结合的协同创新体系，保证了重大专项顺利实施。随着专项的实施，已形成了专利、专有技术、技术秘密等相结合的知识产权体系。

◎ 核电专项年度重点工作进展

2019 年有序推进示范工程建设，压水堆分项示范工程顺利开工，年度里程碑节点全部完成，实现了工程建设良好开局；高温堆分项示范工程设备及系统安装接近尾声，制约工程进度的难点问题取得突破，为全面转入调试打下坚实基础。持续优化创新体系，加大对民营企业、合资企业的支持力度，鼓励社会优势力量参与专项课题研发，进一步优化核电重大专项产学研用协同创新体系布局。精准组织成果推广，组织召开专项成果推广会，面向用户侧，围绕核电重大专项研发成果和科研基础设施平台，综合运用数字化展示、交流互动等形式进行推广；开展新一批科研设施及验证平台开放共享工作，遴选出"大型先进压水堆核电站非能动安全试验平台"等 10 个平台对行业开放共享。

七、水体污染控制与治理

◎ 在重点流域开展技术攻关和示范

水专项启动实施以来，按照"一河一策""一湖一策"战略部署，在重点流域开展技术攻关和示范，研发关键技术 1400 余项，建立示范工程 1500 余项，发布标准规范 580 余项，国内外授权专利 3900 余项，获得国家级科技奖励 21 项、国际奖 3 项。基本建成流域水污染治理、流域水环境管理和饮用水安全保障技术体系，为重点流域水质改善，北京城市副中心、雄安新区、园博会、

冬奥会及污染防治攻坚战等国家重大工程、计划和战略的实施提供了有力保障。

◎ 工程示范有效支撑"十三五"重点流域水质改善

在京津冀区域，修复冬奥会核心区山地生态系统 9 km²、构建和谐景观 20 km²，官厅水库入库 N/P 总量削减率达 15%~20%，世园会周边 8 km "枯河"重现清流，为冬奥会和世园会高标准水质目标提供技术保障；在北京城市副中心构建约 4 万 m² 萧太后河滨岸带景观系统，河道水体氨氮削减 99%，COD 削减 60%，示范区多层级海绵城市年径流总量控制率达 85%，污染物总量去除超过 70%。

在太湖流域，茗溪流域建成覆盖面积近 2000 km² 规模化面源污染控制示范区，下游入湖口国控断面水质稳定达到Ⅲ类；望虞河西岸河网区干流河道水质基本达到地表Ⅲ类，透明度 1.2 ～ 1.5 m，近岸水域水生植被覆盖度从 10% 以下提高到 50% 以上，生物多样性显著增加，水生态质量明显改善。

◎ 保障饮用水安全

构建饮用水安全多级屏障技术工艺，支撑重点示范区城乡供水水质全面提升。通过技术创新、工艺集成和综合示范，系统构建"从源头到龙头"全流程饮用水安全保障技术体系，支撑关键核心技术规模化应用和业务化运行，服务国家重点战略，带动环太湖、京津冀、粤港澳大湾区等重点地区供水水平整体提升，全国城市供水水质达标率达 96% 以上，饮用水安全得到有效保障。专项相关成果在太湖流域、京津冀和粤港澳大湾区数十个城市应用示范，推广应用规模由专项启动时的约 400 万 m³/ 天，提升到当前 3980 万 m³/ 天，增长了近 10 倍，有效解决了高藻、高臭味、高氨氮、高消毒副产物等水质问题，示范区受益人口超过 1 亿人。

◎ 促进环保产业发展

累计建成国家生态环境科技成果转化综合服务平台等产业化平台 40 个、产业化联盟 8 个，建成示范及推广工程 1000 项以上，污水处理规模达 3000 万 t/ 天以上，年处理水量达 90 亿 t 以上（占全国污废水总量的 10% ～ 15%），有力支撑宜兴、南京（江宁、江北）、雄安、沈阳等 5 个环保产业集聚区的建设和发展，以及国内 8 家 A 股上市企业和数百家中小环保科技企业的发展，总产值规模累计超过 200 亿元，专项成果推广应用于全球 30 多个国家或地区。

八、转基因生物新品种培育

◎ 建成完整转基因育种研发体系

自项目实施至 2019 年 12 月 31 日，在建立了基因工程生物安全评价、检测监测和管理体系，增强了我国基因工程生物安全保障能力的同时，建成了完整的转基因育种研发体系，显著提升了我国自主基因、自主技术、自主品种的研发能力。已克隆不同来源功能基因4904个，其中具有重大育种价值新基因292个，获得发明专利4889项，其中国外PCT专利65项。

◎ **产品研发和产业化能力稳步提高**

创制出一批具有重要应用前景的抗虫、耐除草剂、抗旱节水和营养功能型的棉花、玉米、大豆、水稻、小麦等转基因新品系，具备与国外同类产品抗衡和竞争能力。2008年以来育成新型转基因抗虫棉新品种192个，累计推广4.8亿亩，减少农药使用70%，增收节支500多亿元。

◎ **建立了完整的生物安全评价和管理体系**

建立了农业转基因生物安全管理部际联席会议制度，设立了农业转基因生物安全管理办公室。组建了国家农业转基因生物安全委员会，按实验研究、中间试验、环境释放、生产性试验和申请安全证书5个阶段进行生物安全评价。组建了全国农业转基因生物安全管理标准化技术委员会，认定了41个国家级转基因检测机构，从事转基因生物分子、环境安全和食用安全检测。

◎ **转基因新品种培育实现了重大突破**

2019年，189个抗虫棉、2个抗虫耐除草剂玉米、1个耐除草剂大豆转化体获得转基因生物（生产应用）安全证书，大豆实现了零的突破，具有自主知识产权的转基因作物具备了产业化应用的条件。

◎ **形成一批重大标志性成果**

据不完全统计，2019年专项共克隆优异性状基因和调控元件418个，获得抗病虫、耐除草剂、优质、抗逆、高效、高产等重要经济性状基因192个，其中具有重大育种价值新基因40个；创制目标性状突出的重要转基因作物育种新材料1255份，新品系83份，推广转基因作物1500多万亩，增收节支近21亿元；创制转基因动物新材料11个、新品系3个。

九、重大新药创制

◎ **形成特色国家药物创新体系**

新药专项的总体目标是针对严重危害我国人民健康的10类（种）重大疾病（恶性肿瘤、心脑血管疾病、神经退行性疾病、糖尿病、精神性疾病、自身免疫性疾病、耐药性病原菌感染、肺结核、病毒感染性疾病及其他常见病和多发病），研制疗效好、副作用小、价格合理的药品；突破新药研发及产业化密切相关的重大共性关键技术，全面提升创新能力；构筑国家药物创新体系，全面提升我国医药产业的竞争力和可持续发展能力，推动我国医药产业实现由仿制为主向自主创新为主的跨越发展，加快由医药大国向医药强国的转变，基本形成具有特色的国家药物创新体系。

围绕上述总体目标，经历了十一五的"铺"、十二五的"梳"和十三五的"突"，新药专项取得了突出成效，推动我国医药产业实现了单纯仿制向创仿结合的根本转变。在"十三五"总体目标指导下，专项围绕品种研发和创制能力建设两项核心内容，凝练目标，聚焦重点，专项总体进展顺利，已取得多项标志性成果。

◎ 新药研发成果显著

截至 2019 年 12 月 31 日，新药专项累计 147 个品种获得新药证书，其中 1 类创新品种 47 个 [2019年共有 10 个 1 类新药获批上市，分别是聚乙二醇洛塞那肽、注射用卡瑞利珠单抗、本维莫德乳膏、可利霉素片、甘露特钠胶囊、甲磺酸氟马替尼、双价人乳头瘤病毒疫苗（大肠杆菌）、甲苯磺酸尼拉帕利胶囊、注射用甲苯磺酸瑞马唑仑和替雷利珠]，数量是实施前的 9 倍，共有 23 个 1 类新药已纳入国家医保目录，在临床得到广泛使用。技术改造 200 余种临床急需品种，药品质量明显提升。在肺癌、白血病、耐药菌防治等领域打破国外专利药物垄断，促使国外专利药物降价，大幅减轻患者用药负担。国内企业累计在美国注册的 ANDA 数量超过 469 个，累计 34 个制剂品种、56 个原料药及 5 个疫苗产品通过了 WHO 预认证，列入 WHO 采购清单。近百个新药开展境外临床，部分品种已完成三期临床。

◎ 医药产业稳步发展

截至 2019 年 12 月 31 日，新药专项累计投入中央经费约 207 亿元，有效带动地方财政和企业及社会投入，提高科技研发人员创新创业热情，推动我国医药创新生态环境的优化和医药产业的创新发展。2019 年，医药制造业的工业增加值增速 6.6%，高于全国工业整体增速 0.9 个百分点。全年医药工业规模以上企业主营业务收入 26 147.4 亿元，同比增长 8.0%；利润总额 3457.0 亿元，同比增长 7.0%；利润率 13.2%，高于去年全年 0.2 个百分点。2019 年全国生物医药公司共有 43家上市挂牌，募集资金总额 362.4 亿元；生物医药领域融资事件 857 起，融资总金额 1115.6 亿元；生物医药领域并购事件 609 起，融资总金额 1095.5 亿元。

◎ 技术平台建设

围绕药物发现、成药性评价、临床及转化研究、产业化技术支撑等不同阶段，新药专项布局了一系列技术平台建设，推动 GLP 技术平台规模化及国际化发展，提高 GCP 临床技术平台在标准化、国际化等方面的能力和水平；突破了抗体和蛋白药物制备、生物大分子药物给药、药物缓控释制剂等一批关键技术，临床前评价、疫苗研发、抗体表达等技术实现国际"并跑"，初步建成了具有中国特色的国家药物创新技术体系。

十、艾滋病、病毒性肝炎等重大传染病防治

◎ 重大传染病应对技术能力

截至 2019 年 12 月 31 日，传染病专项支持项目申请专利 2694 项，专利授权 1220 项，发布技术标准 191 项；获得国家最高科学技术奖 1 项、国家科学技术进步奖特等奖 1 项、国家科技进步创新团队奖 2 项、国家科技进步奖一等奖 3 项、国家科技进步奖二等奖 11 项、国家发明技术奖二等奖 1 项，自然科学奖二等奖 9 项。

其中 2019 年申请专利 651 项，获得授权 223 项。82 项研究成果获得省部级成果奖，6 项获得国家级科技奖。114 项各类标准研究中 98 项已发布，涉及临床指南、专家共识、行业标准、团体标准等。产生直接效益（新增产值）19 761.64 万元，出口额 242.58 万美元，净利润额 4633.69 万元，实交税金总额 693.16 万元。人才引进 106 人，聘任国外专家 33 人，培养博士 581 人，硕士 994 人。重大传染病应对技术能力的提升极大提高了疫情控制的科学性、精准度和有效性，增强了民众信心，减少了社会恐慌，稳定了经济社会发展。

◎ 多种重大传染病预防和诊断产品研发

截至 2019 年 12 月 31 日，传染病专项针对重大传染病研发多种预防、诊断产品，聚焦艾滋病高危人群集成干预技术、疫苗研发、精准诊治生物标志物、功能性治愈等开展研究，艾滋病治疗患者病死率下降到 2.4%；围绕菌阴肺结核、结核分枝杆菌潜伏感染相关生物标志物、新型诊断产品等开展研究，菌阴肺结核检出率较"十一五"期间提高 34.3%，MDR-TB 治疗成功率为 52%；聚焦乙肝强化干预、临床治愈、乙肝相关肝癌集成干预技术进行攻关，实现母婴阻断成功率 99% 以上，示范区内 HBsAg 阳性率 1.03%，显著低于一般人群，示范区内乙肝相关疾病年平均病死率下降 10.3%；

◎ 突发传染病监测和动态预测预警

聚焦突发传染病监测和动态预测预警，病原微生物检测技术能力提升，实现 60 小时内对感染样本中病原细菌、真菌及病毒的快速有效识别和分析。

第七章
基础研究

面对新时代新形势新要求，中国的基础研究正站在新的历史起点。2019 年，我国将基础研究作为科技工作"补短板"的重点和切入点，摆在优先位置，持续强化部署。进一步强化顶层设计，在2018 年《关于全面加强基础科学研究的若干意见》的基础上，印发《关于加强数学科学研究工作方案》，加强基础研究项目前瞻布局。更加突出原创导向，组织开展"从 0 到 1"基础研究问题研究。深化推进国家自然科学基金系统性改革，加大对交叉学科领域的支持力度，积极引导多元投入。物理学、化学、数学、材料科学、信息科学等科学领域的基础研究成果不断涌现，纳米科技、量子调控与量子信息、大科学装置前沿、合成生物学等领域取得了若干重要突破，我国基础研究的国际影响力稳步提升，加快探索变革性技术关键科学问题。我国科学家在各领域的研究成果越来越多地被选为著名国际学术期刊的封面论文，被诸多顶级学者、学会组织及权威学术媒体等转载评论，对世界科学发展做出日益重要的贡献。

第一节
自然科学基金

一、改革重点与成果概况

2019 年，国家自然科学基金委员会认真落实习近平总书记关于基础研究的重要论述和党中央、国务院关于加强基础研究的决策部署，系统部署推进科学基金深化改革，认真筹划科学基金中长期和"十四五"发展战略。一是研究制定系统性改革方案，坚持以"明确资助导向、完善评审机制、优化学科布局"三项任务为核心，全面推进深化改革。二是实施原创探索计划，制定《国家自然科学基金原创探索计划项目实施方案（试行）》，创新申请及评审机制，大力支持原创思想。三是加强作风学风建设，试点推进"负责任、讲信誉、计贡献"评审机制，发布《关于各方严肃履行承诺营造风清气正评审环境的公开信》，净化科研生态环境。四是加强优秀人才培养力度，夯实创新人才队伍基础。大力培育青年人才，资助青年科学基金项目共 17 966 项。适当扩大优秀人才的资助规模，国家杰出青年科学基金项目由 200 项增加到 300 项，优秀青年科学基金项目由 400 项增加到 600 项。积极推动科学基金面向港澳特区开放项目申请试点，遴选资助 25 位港澳特区优秀青年学者。五是深化联合基金管理改革，积极引导多元投入。中石化等 4 家企业加入企业创新发展联合基金，四川等 16 个省（区、市）加入区域创新发展联合基金，水利部等 4 个部门加入行业部门联合基金，共吸引委外经费 67.3 亿元。全年共资助联合基金项目 925 项，直接费用 18.51 亿元。六是优化项目资金管理，营造良好科研氛围。取消预算编制，探索实行项目负责人承诺制和结题公示制，提高间接费用占比，加强对科研人员的激励。七是拓展国际（地区）合作网络，构建开放合作新局面。加强实质性合作研究及人员交流，资助国际（地区）合作与交流项目 1140 项，直接费用 10.09 亿元。确立"一带一路"可持续发展国际合作科学计划资助框架。八是加强成果共享共用，促进成果应用贯通。完善共享服务网和基础研究知识库，促进资助成果为全社会利用。探索建立从基础研究到技术创新的"绿色通道"，在北京、浙江探索开展资助成果与地方经济发展需求的有效对接。2019 年，国家自然科学基金委员会共收到科学基金各类项目申请 25.07 万项，择优支持约 4.52 万项，直接费用约 280.81 亿元，顺利完成全年资助工作。

二、结题情况

2019 年，国家自然科学基金结题项目共计 38 700 项，其中，面上项目 15 109 项，重点项目 563 项，重大项目 114 项，重大研究计划项目 463 项，青年科学基金项目 16 163 项，地区科学基金项目 2741 项，优秀青年科学基金项目 397 项，创新研究群体项目 41 项，海外及港澳学者合作研究基金项目 134 项，联合基金项目 674 项，国家重大科研仪器研制项目 44 项，应急管理项目 1274 项，国际（地区）合作与交流项目 983 项。结题项目获国外授权发明专利 1044 项，国内授权发明专利 34 102 项；获国家级奖励 541 项次，省部级奖励 3619 项次，其中，国家自然科学奖 148 项次，国家科学技术进步奖 290 项次，国家技术发明奖 103 项次。结题项目完成论文 444 668 篇，学术会议特邀报告 16 831 次，专著 5661 册。结题项目培养博士后 2772 名，博士 27 339 名，硕士 65 834 名。

三、创新成果选介

2019 年，国家自然科学基金资助项目取得多项创新性成果，本报告选取部分典型成果进行介绍。

在物理科学领域，提出了三维空间量子化理论和实验方案，率先观测到三维量子霍尔效应。

从理论上预言了一种三维量子霍尔效应的新机制，提出利用拓扑半金属上下表面的费米弧表面态和"量子虫洞隧穿效应"，构造一种三维回旋运动，为实现三维量子霍尔效应找到一条新路径。在百纳米厚拓扑半金属砷化镉中获得了量子化的电导，实现了三维量子霍尔效应。在高质量五碲化锆晶体的三维电子气系统中，实现了在强磁场作用下，由电子关联机制诱导出三维量子霍尔效应，验证了 1987 年 Bertrand Halperin 教授理论预测。相关论文发表在 *Nature*、*Nature Materials*、*Nature Communications*、*Physical Review Letters* 和 *National Science Review* 上，其中 2 篇被列为 ESI 高被引论文。

在数学领域，在现代解析数论中的模结构问题上取得了实质性突破，证明了对每个 Hecke-Maass 尖形式均存在无穷多殆素数，使得其 Kloosterman 和与 Hecke 本征值并非一致。相关论文发表在 *Inventiones Mathematicae* 上。

在生物学领域，发展了一种在活体细胞或动物内瞬时激活蛋白质的普适性新技术。提出了一种基于可遗传编码非天然氨基酸的"邻近脱笼"策略，结合计算机辅助设计与筛选，在一系列不同种类的蛋白质上实现了高时间分辨的原位激活，为在活体环境下研究蛋白质动态功能变化提供了一种通用和便捷的化学生物学技术（图 7-1）。相关论文发表在 *Nature* 上。

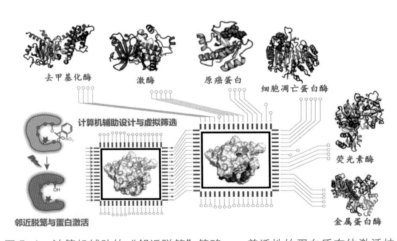

图 7-1　计算机辅助的"邻近脱笼"策略——普适性的蛋白质在体激活技术

在材料化学领域，在无机材料合成方法上取得了重要突破，提出无机离子聚合反应的新概念，利用无机离子寡聚体的聚合与交联实现了复杂形貌材料的连续结构制备。"无机聚合交联"策略可实现多种无机材料甚至是单晶材料的可塑制造，还可为生物医学修复提供新技术，实现生物组织特别是牙釉质的再生，引领生物修复研究从"填充"向"再生"的转型发展。相关论文发表在 *Nature* 和 *Science Advances* 上。

在植物学领域，在同种花粉优先的分子机制上取得了重要突破，揭示了 7 个 AtLURE1 小肽信号和其受体 PRK6 介导的信号途径调控同种花粉优先这一具有重要演化生物学意义的发现。创造性地改造出双染色方法，实现了世界上首次在纯体内条件下对两种不同花粉管行为的比较。相关成果以长文形式在 Science 杂志上发表。

在地球科学领域，页岩气开发基础理论和工程应用取得多项突破。发现了页岩与流体作用引起多尺度时序破坏特征，建立了页岩岩体裂缝拓扑结构模型和地层孔隙压力统一理论；揭示出钻井液与页岩储层强相互作用诱导局部高孔隙压力、层理与裂缝强度弱化的多场耦合井壁失稳机制，研发了新型环保型水基钻井液体系，实现了页岩水平井水基钻井液技术突破；建立了岩石-流体-支撑颗粒完全耦合的页岩储层压裂裂缝网络扩展理论；建立了页岩多尺度、多场、多相、多组分耦合模型，形成了页岩气藏压裂裂缝扩展-流动数值模拟-产能评价一体化方法，为页岩气井工厂开发设计提供了基础（图 7-2）。相关研究发表 SCI 收录文章共 140 篇，SCI 他引 5506 次，ESI 高被引论文 14 篇，出版专著 10 部，授权发明专利 69 项。利用全球地震台站记录的伊豆-小笠原俯冲带地震到时数据，确定了伊豆-小笠原俯冲带板片的高分辨波速结构，获得了其俯冲板片的高分辨形态分布特征。首次在全球俯冲带发现伊豆-小笠原俯冲带太平洋俯冲板片所呈现的弯曲、撕裂和反转特征与现象，丰富了俯冲板片在上地幔深部和地幔过渡带的变形和流变学性质研究。相关论文发表在 Nature Communications 上。

图 7-2　一体化设计方法在威页 23-1HF 井应用（测试日产量 26 万 m³）

在信息科学领域，初步探索提出了多项操作系统构建方法。提出了操作系统的极小化可信基构建方法，构建具有"一个架构组件全场景适配"的新型操作系统。突破通用操作系统的形式化方法，鸿蒙操作系统成为国际终端领域首个获得国际权威安全认证联盟 CC EAL 5+ 认证的操作系统。

第二节
重大科学研究

一、干细胞研究

围绕细胞命运、胚胎发育等重大基础科学问题取得了多项突破。首次解析人类胚胎着床过程，建立了早期胚胎三胚层细胞谱系分化的新理论。首次阐明了不对称表达对第一次细胞命运分化的影响，阐述了早期胚胎发育的新机制。成功构建小鼠造血干细胞发育全程的单细胞长链非编码 RNA（lncRNA）分子动态表达图谱，为全面理解造血干细胞发育和再生机制提供重要数据库和启示。

在组织和器官功能再造等关键技术方面取得多项创新。实现了人类肝细胞在体外的长期功能维持，实现了体外大量制备人类肝细胞的新技术，可为抗乙肝病毒药物研发提供理想的高通量筛选细胞来源。在国际上率先利用自体肺干细胞移植技术，在临床上成功实现了肺再生。首次利用 CRISPR-Cas9 基因编辑技术改造人体造血干细胞的 CCR5 基因，并成功移植到罹患艾滋病（HIV）和急性淋巴细胞白血病的患者身上。

自主开发出新型 RNA 单碱基编辑技术（LEAPER），仅需要在细胞中表达向导 RNA 即可引导细胞内源脱氨酶实现靶向目标 RNA 的编辑，在 CRISPR 基因编辑技术体系内成功将 Cas12b 系统应用于基因编辑。

二、纳米科技研究

首次实现了原子级精准控制的石墨烯纳米结构折叠，将 20 纳米宽的石墨烯折叠成多种形状，构筑出新型准三维石墨烯纳米结构。

发现了纳米金属的异常热稳定性与异常机械稳定性等机制，有望大幅提升材料性能并推动新型元器件研发。在纳米晶纯金属中发现了临界晶粒尺寸下的晶界自发驰豫，以及由此产生的材料热稳定性和机械稳定性的反常晶粒尺寸效应，有望推动极小晶粒尺寸、超高强度、超高稳定性金属的制备技术发展。

基于纳米催化剂研究成果形成了新的煤制乙二醇技术路径，建成了千吨级聚酯级乙二醇产品中试装置。在发明自钳位全差分读电路及高密度平面堆叠阵列结构基础上，研制出 128M 嵌入式相变存储器（PCRAM）芯片，已经实现量产并应用于打印机领域。

三、量子调控与量子信息研究

利用"墨子号"量子科学实验卫星实现了对引力诱导量子退相干模型的卫星检验，这是国际上首次利用量子卫星在地球引力场中对尝试融合量子力学与广义相对论的理论进行实验检验。

首次观测到三维量子霍尔效应，实验展示了 30 余年前提出的重要预言，并提供了进一步探索三维电子体系奇异量子相及其相变的重要平台，相关研究成果有望大力推动凝聚态物理发展（图 7–3）。

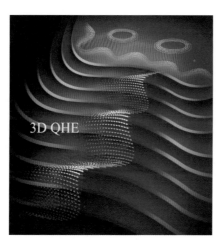

图 7–3　三维量子霍尔效应及电荷密度波示意

首次实现了兼具"高效率、高纠缠保真度和高不可区分性"的量子纠缠光源，突破了量子光源高效收集的关键技术瓶颈。

在先后实现超导量子体系 10 比特、12 比特纠缠的基础上，成功研制包含 24 个比特的高性能超导量子处理器，实现了超过 20 比特的高精度量子相干调控。

提出可以有效简化计算过程的材料拓扑性质计算新方法，在近 4 万种材料中发现了 8000 余种拓扑材料，并据此建立了拓扑电子材料在线数据库。

四、蛋白质研究

首次解析了非洲猪瘟病毒衣壳的三维结构，阐明其结构特征并揭示抗原表位信息，为揭示非洲猪瘟病毒致病机制提供了重要线索。

破解了藻类水下光合作用的蛋白结构和功能，为揭示绿藻中光能的高效吸收、传递和猝灭机制提供了结构基础，有望为人工模拟光合作用，设计新型作物提供新思路和新策略。

研发了一种在活体内瞬时激活蛋白质的普适性新技术，向蛋白质活性中心附近引入或移除带有光保护基团的非天然酪氨酸，可以对其活性实现远程干扰、抑制和恢复，为深入开展蛋白质动态修饰和化学干预研究提供一种新工具。

五、大科学装置前沿研究

观测到新的五夸克态粒子（图7-4）。发现2015年观测到的五夸克态是由质量非常接近的两个五夸克态叠加形成，同时观测到一个新的五夸克态，这为探索多夸克态粒子及结构提供了重要的依据。

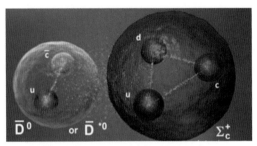

图 7-4　五夸克粒子一种可能的内部结构：由一个粲重子和一个反粲介子构成的分子态

得到高精度质子宇宙射线能谱。首次以非常大的统计量对能量达到 100 TeV 的质子宇宙射线进行实验测量，确认了 300 GeV 附近出现的变硬（谱线上翘）现象，首次揭示出在 13.6 TeV 附近出现的变软（谱线下降）现象。发现宇宙射线在低于通常所谓的"膝"能量下存在一个新的能谱结构，这为银河系内宇宙射线起源提供了新的启示。

首次实现哺乳动物裸眼近红外视觉。构建了一种新型的、可与感光细胞紧密结合的纳米修饰技术，使得纳米颗粒可以牢牢地贴附在感光细胞表面，成为一种隐蔽的、无须外界供能的"纳米天线"，有效拓展了动物视觉的波谱范围，有望将人类的视觉拓展到红外光波长范围，有助于辅助修复视觉感知波谱缺陷的相关疾病（如红色色盲），在生物纳米装置的开发研究中具有潜在的应用价值。

研制出新型燃料电池一氧化碳（CO）高效去除催化剂。通过原位同步辐射 X 线吸收谱分析，证实在 CO 氧化反应气氛中 $Fe(OH)_x$ 物种的结构是 $Fe(OH)_3$，进一步确定了 $Fe(OH)_3$ 在 Pt 表面上的空间构型，揭示了其催化反应机制。为氢燃料电池提供了一种全方位的有效保护手段，解决了在各种极端气候条件下频繁冷启动和连续运行期间的 CO 中毒问题。

六、全球变化及应对研究

基于自主构建的气候变化综合评估模型，提出了温控目标约束下后巴黎时代全球各国自主减排贡献的改进方案，并对气候变暖的经济影响和农业部门适应气候变化效果进行了评估，分析了减缓和适应气候变化对社会经济系统的综合影响。

研发了三维植被辐射传输模型和湍流交换模型，解决了全球植被过程模拟的瓶颈问题，能够更好地表达次网格异质性所带来的影响，为陆面模式从单一、相互独立的一维植被结构描述向更为真实的共存与竞争的植被生物群落描述奠定了基础。

首次揭示了热带和亚热带森林多样性形成与维持的巨大差异，为正确认识全球变化情境下的森林群落重构过程及全球木本植物生物多样性分布格局提供了新思路。

建立了全球跨时间、空间尺度最大的南海海域海—气 CO_2 通量数据库。基于"边缘海—大洋"和"陆地—边缘海"两个界面的物质交换，对典型大洋主控型边缘海和河流主控型陆架海的 CO_2 源汇格局及其控制过程进行了全面解析，首次真正由局限于表层海水 CO_2 分压的现场观测提升至三位一体的理论总结，推进了边缘海碳循环理论框架的构建。研制并发布国内首套长期海洋温度、盐度格点分析数据产品，并得到广泛应用。

七、合成生物学研究

发现合成生物体系空间建构原理。探索得到物种空间定植这一复杂生物过程背后存在的简单定量规律，揭示了生物系统"有序性"的形成原理，为合成生物学家从头设计复杂生命体系奠定理论基础。

在筛选并改造高效特异性催化酶 RasADH F12 的基础上，解析了突变酶的催化活力和立体选择性提高的分子机制，为进一步设计改造羰基还原酶实现多手性复杂分子的精准构筑提供了理论基础，实现了千克级底物的转化，为工业化应用奠定了基础。

突破了链霉菌绿色智能制造的工程策略。发现链霉菌内源三酰甘油（TAGs）在衔接初级代谢和聚酮类合成过程中起着关键作用，建立了通过"适时""适量"地控制内源 TAGs 的降解来提高链霉菌聚酮类药物产量的工程策略，为充分利用内源、外源 TAGs，实现高效聚酮类药物生物制造开辟了新思路。

创建了乙酰辅酶 A 人工生物合成途径。利用新酶设计技术从头设计并创建了一条从甲醛经 3 步反应合成乙酰辅酶 A 的非天然途径，该途径突破了生物体固有代谢网络限制，成为迄今为止最短的乙酰辅酶 A 生物合成途径（图 7-5）。

图 7-5　一碳生物转化新思路

发现绿茶成分调控基因表达开关。研发了绿茶代谢物原儿茶酸（PCA）调控的基因表达控制系统，并应用于可控的表观遗传重塑、基因编辑、生物计算机及精准药物递送治疗糖尿病，在合成生物学领域中首次实现了在动物体内的逻辑运算，为复杂精确药物输出和精准疾病治疗奠定了基础。

创建出新一代生物光伏系统。设计了一个具有定向电子流的合成微生物组，成为国际上首例公开报道的利用具有定向电子流合成微生物组创建的生物光伏，也是我国第一台生物光伏原型装置，证明了利用具有定向电子流的合成微生物组可以显著提高生物光伏光电转化效率。

开发出新型 RNA 成像工具。可对活细胞中的各种 RNA 进行简单而强大的成像，还可通过 CRISPR 展示对基因组、基因座进行成像，实时跟踪蛋白质－RNA 拴链及进行超分辨率成像，实现了活细胞内 RNA 动力学过程可视化示踪。

八、发育编程及其代谢调节研究

建立了体外培养系统，实现了食蟹猴囊胚持续发育超过早期原肠胚形成直至受精后 20 天，首次在体外重现了谱系分离、双层椎间盘形成、羊膜和卵黄囊空化及原始生殖细胞样细胞分化等重要的灵长类动物发育事件。

解析了围着床期人胚胎发育的分子调控机制，刻画出外胚叶、原始内胚层和滋养外胚层世系的着床路线，为调节人胚胎着床的复杂分子机制提供了新认知。

建立了超分辨荧光定位方式与体外重现方法和多细胞器互作组学影像重叠法，突破了高通量影像定量实验等研究互作的研究手段，提出了可用于研究蛋白质之间弱互作用的蛋白质组学方法，为相关研究奠定了技术基础。

九、磁约束核聚变研究

在我国首创的超声分子束基础上成功发展了液态超声分子束技术，可应用于聚变堆边界局域模和破裂的有效缓解与控制。在全球范围内首次实现在高约束模条件下新型低混杂波驱动无源间隔波导阵列（PAM）天线的高效率耦合（＞95%），为 ITER 发展提供了重要参考。

"中国环流器二号改进型"（HL-2M）托卡马克装置建设步入最后集成装配阶段（图7-6）。该装置规模大、参数高，等离子体电流从 1 MA 提高到 2 MA 以上，离子温度提高到 1 亿摄氏度以上，为我国参与 ITER 实验和运行与自主设计建造聚变堆提供重要技术支撑。

"中国环流器二号 A"（HL-2A）装置国内首次实现高比压（βN＞3）等离子体运行。获得了稳定的具有大幅度 I 型边界局域模（ELM）的等离子体，具备了开展与 ITER 及未来聚变堆相关的高约束、高比压实验研究的能力，该进展将我国聚变装置核心参数向前推进了一大步。

图 7-6　HL-2M 装置安装现场进展

全超导托卡马克"东方超环"（EAST）装置获得适用未来聚变堆的高约束小幅度边界局域模运行模式，并揭示其形成机制。为解决未来聚变堆瞬态热负荷瓶颈问题，实现聚变堆的稳态运行提供了一种潜在的新方案。成功获得低再循环无 ELM 运行模式、台基磁相干模（MCM）主导无 ELM 运行模式等多种自发无 ELM 运行模式。EAST 上首次发现宏观磁流体不稳定性驱动局域微观静电湍流行为，该发现对于理解等离子体锯齿崩塌的物理机制和三维平衡下的湍流与输运具有重要意义，可为未来磁约束核聚变装置的物理参数提供可靠预测。

在磁约束核聚变研究优势单位的参与和支撑下，我国中核集团牵头成功中标 ITER 计划迄今为止金额最大的工程合同，即国际热核聚变实验堆主机安装一号（TAC1）合同。这是有史以来中国企业在欧洲市场中标的最大核能工程项目合同，标志着我国核聚变关键技术研发能力、人才队伍积累、核电建设能力及国际影响力获得了国际聚变界的认可。

十、国家质量基础的共性技术研究与应用

我国质量基础技术体系逐步形成。国际互认的测量和校准能力（CMC）跃居世界第三，认定数量达到 1576 项，主导制定国际标准占同期国际标准总数比例提升至 1.9%，检验检测市场化能力不断提高，认证认可的社会影响和国际地位持续提升，在碳排放、家具产品中挥发性有机物、石墨烯等若干重点行业领域，实现了"计量—标准—检验检测—认证认可"全链条的整体技术解决方案。

在计量方面，在全球唯一实现两种独立方法精确测定玻尔兹曼常数，测量结果均被国际数据委员会（CODATA）收录；成功研制新一代立式计算电容装置，国际计量局 10 pF 和 100 pF 电容关键比对成绩均位列第一；建立了环境颗粒数量浓度的量值溯源源头；自主研制的硬 X 线探测器标定装置成功实现了我国 X 线空间天文卫星的地面标定。

在标准方面，工厂自动化无线通信技术、工业自动化设备和系统可靠性、太阳能光热发电站设计要求等多项国际标准填补国际空白。支撑我国海洋产业在东盟国家和区域的发展与推广；推动中国油气管道标准被吉尔吉斯斯坦认证采用，大大降低工程投资成本。

在检验检测方面，研发了小型便携式质谱分析系统、海上单桩式风基现场监测技术、细菌回复突变全自动一体化检测仪样机等，有效提升了在线检测效率、提高检测环境适用性、降低检测成本。建立消费禁限用物质"多类别一同分析"的高通量筛查技术，实现了消费品中已知或潜在有毒有害物质的快速甄别。

在认证认可方面，提出了国际领先的科研实验室认可、产品认证互认、服务认证 3 套认证认可技术方案，在国内建立了多项具有先进性和可行性的国家认证认可制度、区域互认方案。

十一、变革性技术关键科学问题

结合超构材料在电磁波的灵活调控和机器学习在数据调控方面的强大能力，研制了数据获取与处理一体化的新型微波成像系统，实现了 MHz 帧率的超快速微波成像和高精度目标识别，为解决现有成像体制在成本、效率和精度等方面的难题开辟了新途径。

研发了心、肝、血管等多种器官芯片，并构建了适用于多器官芯片的联合培养控制体系，实现了对器官芯片内的微生理环境的精准控制、多器官芯片的同时培养及实时在线检测。其中，采用人源 iPSC 构建跳动的微型人工心脏模型，配合分析系统，可以给出心跳频率、幅度、收缩力等关键参数，并已完成多种药物的测试。

发展了 f-CUBIC(fast fluorescent-CUBIC) 光透明方法，实现了成年小鼠完整肝叶的全套血管系统，以及肝脏特定类型免疫细胞的三维空间信息获取。为揭示肝脏的结构与功能信息，以及其如何参与重要生理功能过程提供了有力工具。

提出神经康复装置设计研发的一个普适性原则，即任何与人体感知运动神经系统交互的外部康复装置，其神经信息交换需遵循信息的神经类同性。该原则可指导神经技术及外部康复设备的研发，为取得较好的康复效果提供理论支撑。

提出包含热能、电能等多能流系统中热电等效的能阻模型，实现了对广义能流等特征量的统一描述。提出了热电多尺度联合建模方法，为解决工业园区中多种能源综合评估、优化调度、统一决策等方面的难题提供了新的思路。

围绕深度神经网络模型的规模增长与传统芯片处理能力有限之间的矛盾，设计了一种新型稀疏神经网络处理器架构，在有限能耗下可以运行高精度结果的算法。提出多种优化策略，通过软硬件结合的方法处理稀疏神经网络的不规则性，显著提升了稀疏神经网络的处理效果。

利用 Pd-Te 合金纳米线表面的 Te 缺陷，构建了一种具有全新"原子对"反应位点 Cu_{10}-Cu_1^{x+} 的催化剂，可在相对较低的超电势下，高选择性地将 CO_2 转化为 CO，为 CO_2 的有效转化与利用提供了新的工具（图 7-7）。提出"双原子活化双分子"机制，对单原子催化剂催化机制的理解进行了补充，为原子级分散催化剂在更复杂的催化反应中的应用提供更多新的机遇。

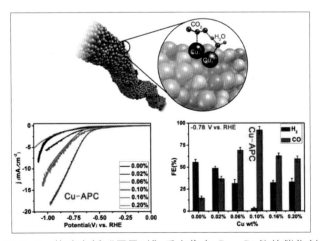

图 7-7 构建全新"原子对"反应位点 Cu_{10}-Cu_1^{x+} 的催化剂

第三节
主要科学进展

一、数学、物理学和化学

首次实现了多体纠缠系统波函数的直接测量，可为未来量子信息技术中大规模纠缠系统的探测提供高效的方法。澄清了波函数的直接测量技术源自弱值而非弱测量，对含有纠缠的多体量子系统波函数的直接测量，证明这是一项纯粹的量子技术，而非基于经典的干涉过程。该方法为量子物理基本问题的研究带来新的思路。

发现在外尔费米子之外还存在新型手性费米子，开拓了基于理论预测非常规手性费米子研究，为拓扑量子物态家族添加了新成员，为手性费米子引起的新奇物理现象研究提供了一个较为理想的平台。

在沸石分子筛催化剂上乙醇脱水制乙烯反应机制的研究方面取得重要进展。利用原位 ^{13}C 固体 NMR 技术，在乙醇脱水反应过程中观测到三乙基氧鎓离子（TEO）中间体物种的生成，并通过二维 ^{13}C-^{13}C 相关谱固体 NMR 实验对其结构进行了鉴定。通过变温原位 ^{13}C 固体 NMR 实验跟踪了 TEO 在乙醇脱水反应中的演化过程，获得其稳定性与反应活性的信息。证实了 TEO 与催化剂表面乙氧基的生成密切相关，并最终可导致乙烯的生成。提出了 ZSM-5 分子筛上乙醇脱水生成乙烯的完整催化反应路径。该研究工作加深了人们对分子筛催化乙醇转化反应机制的理解，也为进一步探索醇转化中的氧鎓离子化学提供了新的思路。

二、天文学和地学

"嫦娥四号"探测器成功着陆在月球背面冯·卡门撞击坑内，并利用搭载的月球车"玉兔 2 号"探测到月幔物质出露的初步证据，分析发现了低钙（斜方）辉石和橄榄石的存在，初步揭示了月幔的物质组成，为月球早期岩浆洋研究提供了新的约束条件，加深了对月球内部形成及演化的认识。

发现了自然界新矿物 Taipingite-(Ce)（太平石），新矿物编号：IMA2018-123a。太平石是一种含氟稀土硅酸盐矿物，它的发现不仅丰富了我国稀土矿物种类与研究资料，对深入研究稀土矿的矿床成因和提升矿床价值具有重要意义，同时也会为人工合成稀土纳米材料技术提供新的参考。

在揭示中更新世气候转型方面取得新进展。获取了 430 m 高质量黄土岩心，结合古地磁、$^{26}Al/^{10}Be$ 定年和地层对比构建了黄土发育的年代标尺。利用高分辨率碳酸盐碳同位素（$\delta^{13}CIC$）记录，重建了过去 1.7 Ma 以来季风降水影响的植被变化，揭示出在 1.2 Ma 以前夏季风变化以 2 万年周期为主，到 0.7 Ma 以后表现为混合的 10 万年、4 万年和 2 万年周期。

提出了"中更新世气候转型多样性"的新概念，强调了冰盖消长和温室气体浓度变化会改变地球气候系统尤其是低纬水文循环对外部太阳辐射强迫的响应，为理解过去季风变化机制和预测未来气候变化趋势提供了新视角。

三、材料科学

基于材料基因工程理念，开发了具有高效性、无损性、易推广等特点的高通量实验方法，设计出一种合金体系并获得了高温块体金属玻璃，玻璃转变温度高达 1162 K，在高温下具有极高强度（1000 K 时的强度高达 3700 MPa）。相关研究为金属玻璃新材料高效研发提供了新途径，也为新型高温、高性能合金材料的设计提供了新思路。

阐明铕离子对提升钙钛矿太阳能电池寿命的机制，进而大幅提升器件使用寿命。引入铕离子对的薄膜器件表现出优异的热稳定性和光稳定性，解决了制约铅卤钙钛矿太阳能电池稳定性的重要因素，可以推广至其他钙钛矿光电器件，对于其他面临类似问题的无机半导体器件也具有参考意义。

四、信息科学

提出并验证了基片集成的光学掺杂方法，为新型近零指数器件提供了实现手段。提出的光学掺杂方法与典型集成电路工艺相结合，将光学掺杂对目标材料磁特性的调控应用于基片集成器件的电磁响应调控，实现了多种新型近零指数器件，验证了基片集成光学掺杂的近零指数器件的电磁特性。基片集成的光学掺杂方法丰富了非周期超材料和近零指数器件的理论体系。

利用二维材料与分子之间的范德瓦尔斯作用，以 0.3 nm 厚的单层分子晶体作为界面层，在二维材料上实现了高质量、超薄 high-κ 介质层沉积技术。首次在石墨烯、MoS_2 和 WSe_2 等二维材料上制备了原子级平整度、低界面态密度和高击穿电场的 1 nm EOT。二维半导体场效应晶体管的亚阈值摆幅降至 60 mV/dec 的理论极限，工作电压降至 0.8 V，在 20 nm 沟道长度下未发现显著的短沟道效应，进一步实现的二维 CMOS 反相器功耗小于 1 nW。该研究突破了二维电子器件超薄介电层集成这一瓶颈，适用于多种二维材料，并兼容大面积化学气相沉积技术。

五、生物科学

利用小分子核苷酸精准合成了活体真核染色体，首次实现人工基因组合成序列与设计序列的完全匹配，得到的酵母基因组具备完整的生命活性。首次人工创建了自然界不存在的简约化的生命——仅含单条染色体的真核细胞，将酿酒酵母的 16 条染色体首尾拼接成 1 条超级染色体。

提出基于 DNA 检测酶调控的自身免疫疾病治疗方案。发现乙酰化修饰是控制蛋白质环鸟苷酸－腺苷酸合成酶（cGAS）活性的关键分子事件，并揭示其调控规律，鉴定了关键调控因子。

首次阐明大肠癌发展过程中微生态群组动态变化图谱和胃癌不同阶段的微生物变化，发现致癌微生物及其致癌机制。通过粪菌移植揭示肠癌患者粪便菌群直接促进大肠癌发生发展，率先发现粪便菌群标志物，并证实可以用于临床诊断或疗效判断。

培养形成中国第一块人造培养肉。首次分离得到了高纯度的猪肌肉干细胞和牛肌肉干细胞，创立了猪和牛肌肉干细胞体外培养干性维持方法，初步解决了传代过程中细胞增殖和分化能力衰减的难题，研发出我国第一块肌肉干细胞培养肉产品。

在国际上率先发现植物抗病小体这一蛋白质机器，首次揭示了抗病蛋白作为一个分子开关，在细胞膜上控制植物防卫系统的机制，为设计广谱、持久的新型抗病蛋白，发展绿色农业奠定了关键理论基础。

六、能源、资源和环境科学

地表铁锰氧化物矿物膜转化太阳能光电效应研究取得突破。通过对中国北方戈壁、沙漠及南方喀斯特和红壤等典型地貌中岩石／土壤样品的深入观测分析，发现直接暴露在太阳光下的岩石／土壤颗粒体表面普遍被一层铁锰（氢氧）氧化物"矿物膜"（mineral coating）所覆盖。通过应用微区与原位光电测试手段，获得微米尺度上"矿物膜"光电流信号面分布结果。提出天然"矿物膜"具有稳定、灵敏的日光光子—光电子转换能力，证实太阳光也一直作用于地表矿物，产生能量的吸收与转化现象而发生非经典光合作用。此项发现拓展了人类对自然界太阳能利用途径的新认识，即天然无机矿物也存在与有机光合作用相当的太阳能转化利用系统，同时，为研究光合作用系统的起源和人工光合作用研究提供了新的视角。

提出通过载体空间隔离效应构建高热稳定性 Pd 活性位的新策略。针对 Al_2O_3 载体进行纳米片组装，构建空心花球结构，利用纳米片表面五配位 Al^{3+} 键合 Pd 前驱体，实现贵金属活性位（PdO_x）在 Al_2O_3 载体上的高度分散（标记为 $Pd/NA-Al_2O_3$），利用纳米片相互交错形成的空间隔离效应，有效抑制 PdO_x 在高温条件下的扩散和迁移，使得制备得到的 PdO_x 活性位同时具有高分散和高热稳定特性，在 VOCs 催化燃烧净化过程中表现出优异的性能。该研究不仅提供了一种实现贵金属活性位高分散和高热稳定性制备的新策略，而且在低碳烷烃类 VOCs 催化燃烧方面也取得了突破。

基于缺电子核稠环非富勒烯受体的单结有机太阳能电池转化效率突破 15%。设计合成了一种基于以苯并三氮唑为中心核的 DAD 稠环结构的 A-DAD-A 型非富勒烯受体光伏材料，这种 A-DAD-A 型小分子受体可有效拓宽材料吸收光谱，同时降低器件电压损失。制备了正向 / 反向器件的能量转换效率均为 15.7% 的单结有机太阳能电池（给体聚合物为 PM6），为已报道的单结有机太阳能电池效率的世界最高纪录。这一成果对单结有机太阳能电池的研究具有极其重要的推动作用。

探索了极端气候对植被生产力的影响。提出了极端湿润事件对植被生产力的影响具有 1 ~ 5 年的记忆效应，弥补了过去的全球尺度研究强调极端干旱之后植被生产力的下降而忽视随后极端湿润事件可能影响的不足。揭示了越来越频繁的干湿气候交替对植被生产力的影响及其可能的空间差异性，为改进陆地表面模型提供了一个新方向。

七、农业科学

水稻广谱抗稻瘟病研究取得新突破。揭示了水稻广谱抗病与产量平衡的表观调控新机制，首次发现植物中存在一类新的转录因子家族并命名为 RRM，这类 RRM 因子可以与抗病受体 PigmR 等互作，进入细胞核激活下游的防卫基因，从而使水稻产生广谱抗病性。该研究填补了抗病受体如何直接激活下游防御反应的研究空白，也为作物抗病性改良提供新的理论依据和技术支持。

完成了水稻（亚洲栽培稻）及其祖先种（普通野生稻）非编码区长链非编码 RNA（lncRNA）的注释，从全基因组水平揭示了 lncRNA 调控水稻重要农艺性状变异的分子机制，为水稻农艺性状变异研究提供了新思路，可为水稻全基因组设计育种提供路线图，对于水稻遗传改良具有重要的指导意义。

成功克隆新的玉米单倍体关键诱导基因 ZmDMP，这一关键基因的克隆为理解单倍体高频诱导的成因奠定了坚实的理论基础。

八、交叉科学

成功开发出世界首款异构融合类脑计算芯片"天机芯"，首次实现同时运行计算机科学和神经科学导向的绝大多数神经网络模型，从而充分发挥两类网络各自的优势，既能降低能耗、提高速度，又能保持高准确度。

通过古蛋白质分析鉴定出来自中国甘肃夏河白石崖岩溶洞穴的丹尼索瓦人下颌骨，首次提供了阿尔泰山脉以外的丹尼索瓦人的直接证据，对标本的全面分析为丹尼索瓦人研究提供了丰富的体质形态学信息。

利用先进优化算法设计的时空三维编码矩阵，研发出时空编码的可编程超构材料。时空编码超构材料可具备空间域和频率域同时调控电磁波的能力，将入射波能量分散到空间任意方向和任意谐波频谱上，实现频谱伪装和射频隐身，为新体制雷达通信、新概念微波成像等前沿科技发展提供支撑。

第八章
前沿技术与高新技术

前沿技术与高新技术对增强国家核心竞争力、确保国家科技安全具有重要的战略意义。近年来，面对日益激烈复杂的全球技术竞争，国家持续加大对战略高技术的投入，不断强化重点领域部署，在新一代信息技术、空天技术、先进制造、新材料、生物技术等领域攻克了一批关键技术，有效缓解了长期依赖进口等瓶颈问题，打破了国际垄断，取得了一批具有自主知识产权、处在国际领先水平的领先型技术成果，先进技术在现代服务业和文化等行业领域正发挥着越来越重要的作用。

第一节
节能环保

一、节能技术

在工业余能回收利用方面，开发了具有自主知识产权的熔渣离心粒化及余热回收系统设计软件，建成了我国首套高温熔渣离心粒化余热回收系统，最大处理量 12 t/h，余热回收率 70%，渣粒玻璃体含量 90% ~ 95%；建成了高温固体散料余热梯级回收中试平台，余热回收率超过 70%。在工业流程及装备节能方面，研制出大容量中间包电磁加热装备，电磁加热技术与装备成功应用于 45 t 中间包钢水温度调控；开发了高密度磁场电磁搅拌装备，并应用于 2.8 m 宽厚板坯连铸生产中。在高效节能气体制备方面，形成适应工况变化的高效节能空气分离技术，氧气放散率降低 2% 以上；空气纯化过程余热回收率大于 30%。在全氧冶金高效清洁生产方面，确定了全氧熔炼反应器合理炉型，完成了全氧冶炼示范试验线建设，系统余热回收利用率 60%，综合节能率大于 8%。

二、洁净煤技术

在煤炭高效发电方面，提出了 CO_2、CO_2/H_2O 两种新型工质热力循环发电系统，完成部分关键设备的小试、中试试验验证；高效、清洁、灵活的 660 MW 二次再热机组，完成工程示范，额定负荷发电煤耗＜ 255.2 g/kW·h、发电效率≥ 48.13%；奥氏体、镍铁基、镍基合金钢在 10 t/h 工质流量的 700 ℃参数下，热部件完成 31 000 h 长周期的性能试验（图 8-1）。

图 8-1　二次再热发电技术示范工程全景

在煤炭清洁转化方面，建成了 400 t/日的煤加氢气化工业示范装置，实现 72 h 连续稳定运行；建成世界最大单炉日处理煤 4000 吨级多喷嘴对置式水煤浆气化成套技术示范工程，一次投料成功，实现了长周期连续稳定运行；在煤经合成气直接制高值化学品基础研究上，制备的氧化物和分子筛耦合催化剂（OX-ZEO）初步在千吨级工业中试装置上进行了试验验证。

在燃煤污染控制方面，形成的新型高效除尘系统在 130 t/h 热电机组上进行了烟气除尘增效工业验证，颗粒物排放浓度低于 1 mg/m³；300 MW 机组的电袋复合除尘装置示范工程，粉尘浓度＜ 3 mg/Nm³；1000 MW 燃煤机组 PM2.5 与 Hg 联合脱除技术示范工程已经完成初步设计和关键设备研制；基于燃煤锅炉污染物（SO_2、NO_x、PM）一体化控制技术，开发了大容量臭氧发生器，能耗低至 6.96 kW·h/kg，在钢铁、有色金属、石化、造纸等行业工业污染治理中推广应用 10 余台。

在 CO_2 捕集利用与封存方面，载氧体串行流化床化学链燃烧反应器已经完成 100 h 测试；微藻吸收烟气 CO_2 技术，筛选出高效固碳螺旋藻株，应用于鄂尔多斯示范工程，其微藻固定烟气 CO_2 能力达 1 万 t/年。

第二节
新能源汽车和轨道交通

一、新能源汽车

在关键零部件方面，国产 1200 V/100 A 大电流 SiC MOSFET 芯片研制成功，车用 SiC 电机控制器功率密度达到 37.1 kW/L；激光雷达系统迭代开发，推出 40 线激光雷达 Pandar40、Pandar40P 及 64 线激光雷达 Pandar64；在毫米波雷达方面，完成 76 ~ 81 GHz 3 发 4 收 RF 芯片设计，完成 77 GHz 毫米波前向雷达原理样机研制，在纯电动中型卡车上进行了搭载试验；开发了 100 kW 金属双极板燃料电池电堆工程样件。

在整车技术方面，纯电动大客车在全气候适应性方面取得重大进展，研制了分布式驱动纯电动城市公交客车、寒冷地区纯电动城间大客车及高温高湿环境纯电动公路大客车 3 类车型，12 座电动客车整备质量低至 9.02 t，0 ~ 50 km/h 加速时间仅需 8.19 s，工况电耗低至 0.531 Wh/km，全气候（-20 ~ 40 ℃）续驶里程超过 320 km，可实现在 -35 ℃环境温度下的快速冷启动，具备在 -35 ~ 45℃温度条件下稳定运行的能力，动力性和环境适应性与常规动力客车相当，并具备智能辅助驾驶和智能网联功能。

二、磁浮交通系统技术

通过攻克高速磁浮大系统集成、车辆、悬浮及导向、牵引、运控通信等各子系统系列关键技术，成功研制出具有自主知识产权的时速 600 km 高速磁浮试验样车（图 8-2）。

图 8-2　高速磁浮试验样车

第三节
新一代信息技术

一、高性能计算

高性能软件在领域应用算法、领域应用软件实现和软件的应用验证方面均取得良好研究进展。例如，数值飞行器、数值反应堆、数值地球系统、大型流体机械优化设计软件、新药研制软件、复杂工程力学高性能应用软件等已经在相关领域得到应用，并取得了良好的应用效果。

其中，在数值反应堆原型系统方面，开发完成了自主可控的子通道模拟软件 CVR-PASA、计算流体力学模拟软件 CVR-PACA、材料多尺度模拟软件 MISA 系列；实现了对多种几何形状堆芯的统一建模，打破了流行的中子物理模拟程序 OpenMOC 只能对规则四边形堆芯组件建模的限制。在生物医药应用软件方面，高效能虚拟筛选算法在天河二号上实现 10 万核 80% 的并行效率，明显地加快了大规模药物虚拟筛选的速度和效率。高斯增强 GA-FEP 算法，突破了薛定谔算法只能预测结构类似物的核心问题，准确预测了 100 多个不同结构小分子药物和靶标的绝对结合自由能，大幅缩短了药物设计周期。

二、云计算与大数据

在基础理论与方法层面，提出了低熵云计算理论框架，研制了 8 节点低熵云计算原型系统"火苗"，建立了 Labeled RISC-V 国际开源新分支，入选 RISC-V 国际研讨会程序委员会。在基础设施层面，研发了基于 FPGA 的图计算加速器、图计算众核处理器、单机图计算系统及分布式图计算系统，研发了高效能高密度的云数据中心装备和管理软件，初步实现了云数据中心核心装备的自主可控。

研发了基于数据的智能化支持工具和软件自适应与过程演进技术及运行支撑平台，形成了 PB 级开源软件大数据资源。构建了中文云计算和大数据开源社区统一门户，推出了国内自研的木兰系列开源许可证。研制了 AVS2 超高清视频实时编码器、城市视频特征与结构化数据云计算平台、网络直播视频监测系统等设备与系统，成功完成国庆 70 周年、2019 年两会／春晚等重大事件／赛事的直播任务，累计高可靠、稳定播出 6600 余小时（图 8-3）。

图 8-3 AVS2 超高清视频实时编码器

三、宽带通信与新型网络

在新型网络方面，提出了面向 2030 年的网络 5.0 架构，研发了高低频子阵嵌套排布天线等跨频段技术，可使单基站同时覆盖 3.5 GHz 及 4.9 GHz 两个频段，同时系统容量翻倍。在高效传输技术方面，针对超长单跨海洋传输，研制了超低损耗、大有效面积光纤，实现典型衰减值 0.165 dB/km、有效面积 150 μm²；研究了星座整形技术在光纤通信系统中的低复杂度、低时延实现方案，进一步逼近了最优分布下 1.53 dB 的理论最大增益。在一体化综合网络试验与示范方面，实现了由高速骨干网络、多模式接入网络、多应用终端自组织网络组成的海洋广域宽带通信与信息监测网络；建成了示范性海上信息高速公路。

四、光电子与微电子器件及集成

在光电子方面，突破了硅基与三五族半导体光电子集成芯片关键技术，为我国光通信网络与 5G 的自主可控发展奠定基础，其中 100 Gbps 硅基相干光收发芯片已正式投产，并实现小批量国产化替代和工程化应用；25 Gbps 电吸收调制激光器芯片各项指标达到商用标准，已开始小批量试用；5G 用宽带可调谐激光器芯片综合性能已通过 2000 h 可靠性测试。

在微电子方面，研发了面向工控微控制器芯片应用的低功耗、高可靠、强实时架构和电路技术，为工业控制应用领域打造自主核心芯片奠定基础；研发了 100 Gbps 超高速串行接口 PHY 芯片关键技术和 56 Gbps PAM4 超高速串行接口芯片关键技术，为大数据、高性能计算和服务器领域打造自主核心芯片奠定基础；研发了基于 28 nm 工艺的氧化钽 RRAM 存储器关键技术，为新型非挥发存储器芯片的研制奠定基础。

第四节
空天技术

一、先进遥感技术及应用

突破了 10K×10K 超大规模高性能可见光 CMOS 探测器技术，研制的鲲鹏（KP1010CMOS）图像探测器是目前世界上最大规模的航天级 CMOS 探测器之一。突破了多基 SAR 相位同步通用的间断对传同步思路，首创非间断相位同步技术方案，从机制上解决了中断式同步方案中同步与成像质量无法兼顾的问题。突破 20 kg 米级分辨率遥感卫星平台载荷一体化、载荷在轨自标定与互标定、镀膜高光谱成像等技术，实现了 20 kg 级微纳卫星，1 m 全色成像、5 m 256 谱段可重构成像，已应用于"珠海一号"卫星星座、"海南一号"星座等商业航天任务。突破了全球 30 m 地表覆盖多时相自动化精细分类关键技术、全球作物病虫害遥感动态监测技术，在国际上首次实现全球作物病虫害高时空分辨率的遥感动态监测和损失评估。设计开发了空天地一体化灾害协同监测与应急响应技术系统（DIMERS），有效支撑了中国国际救援队实施非洲南部热带气旋"伊代"及莫桑比克洪水灾害等国内外重大灾害应急救援的空间信息服务需求。

二、导航定位技术

建设完成网络辅助北斗/GNSS 位置服务平台（图 8-4），智能终端北斗首次定位时间从 30～50 s 提升到 3～5 s，极大提升了北斗大众应用的服务水平。服务平台日活跃用户突破 8000 万个，日业务量超过 10 亿次，在卫星导航和移动通信融合定位服务方面，可支撑北斗全球化普遍服务。全面支持现有主流通信导航芯片厂家。

成功研制了新型芯片原子钟原理样机，功耗 181 MW，体积仅 8 cm³，同时通过对天稳定度、准确度和天漂移率的进一步优化实现了 1.008 μs 天守时精度。

图 8-4　网络辅助北斗 /GNSS 位置服务平台

三、空间探测

研发世界首台 SKA 区域中心原型机，计算平台采用 ARM、Intel x86 和 GPU 3 种架构，总峰值算力达到 200 T flops，可满足多种应用需求。依托该原型机和人工智能算法，为快速天体搜索创造条件。研制了当前世界上频率覆盖最宽、可用于 SKA 反射面天线的四脊喇叭馈源，可覆盖 1 ～ 18 GHz，电压驻波比小于 2，天线效率大于 45%。

四、地理信息系统技术

初步构建了以多粒度实体表达为核心的新一代 GIS 理论模型体系，包括多粒度时空对象模型、泛在地理场景结构化描述模型、多源地理大数据协同感知模型、全球位置框架与地球剖分模型、全球多源信息位置关联模型等。突破了多粒度时空对象全生命周期管理与多模态可视化表达、全息地理场景综合表达与加速计算、IP 地址与全球位置映射、全球位置编码等前瞻性关键技术。

研制了全空间信息系统平台原型，已初步获得应用；研制了全息地图建模与综合展示平台原型，已应用于行业部门中；研制了地理大数据时空解析系统原型，用于解决首都减量发展政策评估、北京南站夜间出行规划等城市热点问题；研制了全球位置编码根服务器系统原型、全球位置超大规模计算与分析系统原型等，并开展了应用实验。

五、空中交通管理

攻克星基航空监视系统平台关键技术，初步形成以北斗卫星导航系统和星基 ADS-B 载荷为代表的自主 PNT 资源航空监视能力。成功研制中国首套数字广播外辐射源雷达设备并实现区域组网，部署于洛阳机场系统网络开展实验运行，其地空监视信号稳定、可靠，有效弥补了二次雷达监视盲区。突破高密度复杂空域多源航迹融合处理、基于精确4D轨迹的中期冲突及空域冲突检测、单航迹高度速度异常检测等关键技术，将成果应用于北京大兴国际机场高级地面活动引导与控制系统（A-SMGCS）和备份终端区管制自动化系统。成功研制情报区级监视数据集成与服务系统，实现多监视数据融合处理和质量监控服务，在民航中南空管局开展系统应用，为海洋石油钻井平台、通用航空公司等提供定制监视数据推送服务。

第五节
先进制造技术

一、增材制造

建立了涵盖铝合金和钛合金，涉及复杂管路件、异形格栅件、一体化支架件等航空航天新概念结构和功能件的增材制造生产体系，在航空航天领域研发中开展验证应用（图8-5）。以某内流道管路件为例，缩短研制周期1/3以上，节约研发成本20%以上。

开发出电磁场复合激光修复技术和激光复合沉积技术，将热影响区减小到10 mm，制造效率提升5倍，在杭汽、哈汽等20余家企业中获得应用示范，累计新增直接经济效益14亿余元，实现大型汽轮机叶片等关键部件国产化制造。

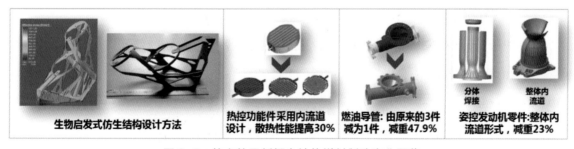

图8-5 航空航天新概念结构增材制造产业示范

攻克了多尺度多物理场建模、基于二次电子的在线检测、新型电子枪阴极等关键技术，打破国际垄断，研发了国际最大成形尺寸（350 mm × 350 mm × 400 mm）EBSM 设备，应用于医疗植入体企业和医院。

二、激光制造

研制了锁波长半导体泵浦源、双包层掺镱光纤等核心器件，25/400 μm 等双包层掺镱光纤，建成了核心器件生产线和光纤激光器半自动生产线，实现了 2 ～ 3 kW 单模、6 ～ 30 kW 多模光纤激光器批量生产。突破了 LBO 晶体的生长、加工及镀膜技术，研制了高功率 355 nm 紫外激光器，建成了紫外激光器半自动化装配生产线。在国际上率先实现 26 V 电压输出的微器件阵列激光制造，实现了 –15 ℃、80% 湿度下 16 h 静态不结冰，在加热主动情况下能完全消除机翼前缘结冰和溢流冰，节能效果达到 70%。研制成功超精密激光耦合焊接封装装备，在多家企业推广应用。研制了首套超快激光高效沉积纳米颗粒薄膜装备，在新能源汽车关键电源模块的 SiC 芯片连接中验证应用（图 8-6）。研制了跨尺度三维纳米操作与连接一体化装备，实现了 50 ～ 100 nm 的纳米线操作，用于新型微纳器件连接制造。

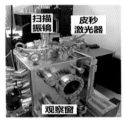 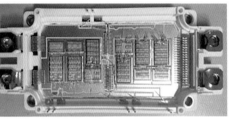 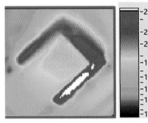 

a 超快激光沉积系统　　　　b SiC 芯片功率模块　　　　c SiC 芯片二极管

图 8-6　超快激光高效沉积纳米颗粒薄膜装备与 SiC 芯片

三、智能机器人

研制出国内首台（套）大型风电叶片多机器人智能磨削系统，实现了测量—规划—加工一体化智能磨削，推动实现大型复杂结构件从人工加工向机器人化智能加工变革。研制成功高速高机动仿生海豚机器人，实现了机器海豚前滚翻、后滚翻等机动运动，在国际上首次实现了仿生机器海豚的跃水运动，成功实现了 3 次连续跃水运动。面向边远地区的远程骨创伤手术机器人开始临床试验。开发成功超长寿命、低振动噪声谐波减速器 9 种，寿命超过 3 万 h，具有自主知识产权的机器人系列化高精度谐波减速器国内市场占有率超过 65%。研制出目前国际同类假肢中重量最轻的智能动力小腿假肢 PKU-RoboT Pro，实现残疾人穿戴智能动力假肢后新陈代谢值降低 31%，下肢假肢系统已服务于 2022 年冬季残奥会中国国家队运动员的训练和比赛。港口室外无轨导航重载 AGV 系统突破轻量化设计、高效驱动与控制、智能感知无轨导航，以及大规模多 AGV 高效规划、调度、管理和监测等技术，直接支撑洋山港全球最大单体全自动化码头建设。

四、大型科学仪器

研制的自主知识产权的全自动核酸工作站、实时荧光定量 PCR 仪及系列配套试剂，大规模应用于新型冠状病毒筛查和诊断工作中，实现了从呼吸道分泌物或者血液样品中提取新型冠状病毒核酸到荧光 PCR 核酸检测的全过程自动化，研制的高性能智能化无菌检测仪、无菌隔离器等用于新型冠状病毒疫苗的研制（图 8-7）。

图 8-7　ICT-208-16 恒温荧光检测仪

自主研制的高性能光电倍增管，探测效率达到 30% 以上，用于高能物理领域中微子探测、宇宙线探测等基础研究大科学工程，建成国内首条年产 7500 条拥有自主知识产权的 20 英寸光电倍增管生产线（图 8-8）。

a 高时间分辨率 20 英寸光电信增管　　　　　　b 高性能 20 英寸光电信增管
（高海拔宇宙线观测站用）　　　　　　　　　（江门中微子实验用）
图 8-8　高时间分辨率 20 英寸光电倍增管和高性能 20 英寸光电倍增管

研制的多角度偏振光散射大气颗粒物源识别在线分析仪，实现 0.5～10 μm 粒径范围单颗粒在线检测，检测速率最高达 3000 个 /s，标准颗粒物识别准确率大于 85%，已在上海和天津等地进行应用示范验证。研制的 GTC-80X 型钢轨探伤车样车在上海运用考核一年期间，实现了 80 km 时速钢轨无损探测，运用里程 32 293 km、作业时间 742 h，已取得型号许可和制造许可。

第六节
人工智能

科技创新 2030—"新一代人工智能"重大项目首批立项 33 项，安排国拨经费 6.7 亿元。2019 年，国家新一代人工智能开放创新平台建设持续推进，启动建设智能供应链、安全大脑、智慧教育、智能家居、图像感知、视觉计算、营销智能、视频感知、基础软硬件、普惠金融 10 家开放创新平台。科技部 2019 年启动新一代人工智能创新发展试验区建设，正式批复北京、上海、合肥、杭州、深圳、天津 6 个城市，批复德清创建国家首个新一代人工智能创新发展试验区县域试点。

一、智能语音技术

在语音对话方面，自主研发的语音交互模型 ESIM 在 2019 年对话系统技术挑战赛（DSTC7）中将人机对话准确率的世界纪录提升至 94.1%，实现机器快速识别人类对话的潜台词；在语音合成方面，自主研发的 Knowledge-Aware Neural TTS (KAN-TTS) 语音合作技术，将特定发音人数据的自然度提高到 97% 以上，有望通过图灵测试；开源新一代语音识别模型——DFSMN，2019 年在 SemEval 全球语义测试中，创造假新闻识别准确率的新纪录，达到了前所未有的 81%。智能语音开放创新平台开放了标准化 SDK 和 API，支持第三方研究开发定制标注工具，集成语音转写识别、翻译、OCR 图像识别等多个 AI 引擎进行数据预处理和人机耦合，相较于裸标可提升标注效率 1 倍以上，降低标注成本 50% 以上。

二、智能视觉技术

针对图像模型中深度神经网络对于对抗性例子的脆弱性问题，提出了第一个黑盒视频攻击框架 V-BAD。V-BAD 是一种基于自然进化策略 (NES) 的对抗梯度估计和校正的通用框架，可以用来评估和提高视频识别模型对黑箱对抗攻击的鲁棒性。研发了一种双镜头人脸检测器（DSFD），具有更好的特征学习、渐进损失设计、基于锚点分配的数据增强等特点，明显提升了人脸检测的性能。智能视觉开放创新平台提出了基于动态课程学习 DCL 的网络优化学习策略，探索了一套集鲁棒性、移植性、高效性和可拓展性于一体的属性分析网络结构，现整体属性识别准确度 >97%，类别平均准确度 >95%，召回率 >90%。图像感知开放创新平台在自动机器学习技术创新方面，提出了基于单路径 One-Shot 模型方法，可以针对算法开发过程中各个关键环节进行自动化的设计、搜索和优化，通过一次训练完成自动化过程，并可将计算代价减小至传统 AutoML 方法的万分之一。

三、智能芯片

研发出全球首款异构融合类脑计算芯片——"天机"芯片，植入了多种主流神经网络模型和受脑启发的计算模型，同时实现实时目标探测和追踪、语音识别、避障、平衡控制及自主决策等多模态场景。研制出全球首款可重构多模态智能计算芯片，可实现高算力、低功耗的超强能效比，同时支持视觉、语音等多模态智能处理。发布高性能的 AI 推理芯片——含光 800，峰值性能 78 563 IPS，峰值能效 500 IPS/W；发布 AI 处理器 Ascend910（昇腾 910），采用 7 nm 增强版 EUV 工艺，单 Die 内建 32 颗达芬奇核心，半精度（FP16）算力可达 256 Tera-FLOPS，整数精度（INT8）算力达到了 512 Tera-OPS。发布边缘 AI 系列产品思元 220(MLU220)芯片，实现最大 32 TOPS(INT4) 算力，而功耗仅 10 W，可提供 16/8/4 位可配置的定点运算。发布量产首款车规级自动驾驶芯片——征程二代（Jounrney 2），搭载自主创新研发的高性能计算架构 BPU2.0，可提供超过 4TOPS 的等效算力，识别精度超过 99%，延迟少于 100 ms。发布远场语音交互芯片"鸿鹄"，使用了 HiFi4 自定义指令集，双核 DSP 核心，主要应用于车载语音交互、智能家居等场景，高噪声下首次唤醒率提升了 10% 以上。

四、机器学习开源框架

2019 年，机器学习框架飞桨（PaddlePaddle）开放了包含智能视觉、智能文本处理、智能语音和智能推荐四大领域 100 多个经过产业实践长期打磨的主流模型，开源开放 200 多个预训练模型。新开源的深度学习框架天元（MegEngine），实现了训练、推理一体化的机制，支持动态图、静态图一键转换和混合编程，可使用高级编程语言进行图优化和图编译，集成了行业领先的自动机器学习（AutoML）技术，具备很强的多平台多设备适应能力。开源的深度学习框架 MindSpore，支持端边云全场景的深度学习训练推理，可以实现统一架构、一次训练、多处部署，MindSpore 提供昇腾 AI 处理器原生支持及软硬件协同优化，也支持通用 CPU 和 GPU。深度强化学习框架"天授"

为国内采用强化学习技术的开发者提供了结构简单、模块化的开发工具。新生力量的加入使国产机器学习开源生态进一步丰富，国内开发者选择空间进一步拓展。

五、自动驾驶

自主打造的 L4 级自动驾驶乘用车前装产线已经正式投产下线，开始在北京、长沙、沧州等多个城市的限定区域内的城市开放道路上探索自动驾驶出租车（Robotaxi）服务，已累计行驶几十万公里、几千人次乘坐。

第七节
新材料

一、先进电子材料

紫外固态光源机制研究、高质量材料外延、器件工艺研发、封装技术和应用开发等方面均取得显著进展。实现了深紫外 LED 在 350 mA 注入电流下的光输出功率超过 80 MW，实现了发光波长为 310 nm 的室温低阈值光泵浦激射和波长 390 nm 激光器的室温连续激射，输出光功率 381 MW。

研制成功 31 英寸 4K 喷墨打印 AMOLED 样机，制作了全球首款基于柔性聚酰亚胺基板的 31 英寸可卷绕印刷 OLED 显示，完成了 65 寸以上 8K 分辨率印刷 OLED 显示和可卷绕印刷 OLED 显示的技术储备。

单频光纤激光器进一步突破了噪声抑制、线宽可控、高精度宽调谐、功率高效放大等关键技术，提高了激光器的稳定性，应用于卫星装备中的新型激光通信模块实现了通信速率从百 M bit/s 到百 G bit/s 的颠覆性跨越。

开发了异质生长和离子注入剥离两类晶圆级敏感薄膜硅基集成生长技术，制备出高性能的晶圆级 NiFe、AlN、$LiNbO_3$、$LiTaO_3$、$MnCoNiO_x$ 等典型敏感薄膜。建成了磁阻传感器芯片生产线，研制出 CC7001 开关传感器和 CC7030 三轴开关传感器产品，实现了磁阻开关传感器芯片的批量生产和小批量销售（图 8-9）。

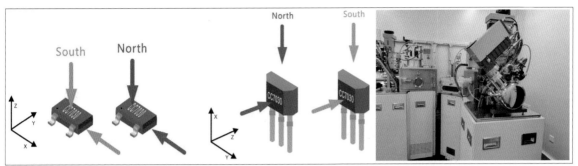

图 8-9　磁阻传感器芯片生产线及开发的磁阻开关传感器芯片

二、重点基础材料

在钢铁材料方面，研制出实物质量达到国际领先水平的 2000 MPa 高强度桥梁缆索，并成功应用于世界上首座超千米级公铁两用斜拉桥——沪苏通长江大桥。

在有色金属方面，自主研发的新型耐蚀铝合金超宽幅板材实现量产，形成了 5 万 t/ 年工业化规模的生产能力。

在化工材料方面，建成万吨级氯乙烯无汞工业化示范平台及 100 t/ 年无汞催化剂制备装置，乙炔平均转化率 99.53%，氯乙烯选择性 99.9%；建成一条 100 t/ 年规模的高性能 PI 纤维一体化制备生产线和一条 300 t 规模的高性能 PI 纤维短切生产线；在万级洁净车间内建成国内首条千吨级 TFT-LCD 黑色光刻胶生产线并实现正式生产，产品综合性能满足高世代线使用要求；建成年产乙炔 5000 t 规模的 10 MW 氢等离子体裂解煤制乙炔工业示范装置并实现连续稳定运行。

在轻工材料方面，研制出拉伸形变支配的偏心转子塑化输运技术，实现超高分子量聚乙烯管材挤出线速度超过 30 m/h；建成全球首个万吨级油脂基表面活性剂短流程化制备生产线，直接减少了天然油脂转化成脂肪酸 / 甲酯、脂肪酸 / 甲酯转化成脂肪醇两个高耗能的步骤，工艺流程缩短，节能降耗达到 50% 以上。

在纺织材料方面，开发出新溶剂法纤维素纤维快速均匀溶解脱泡一体化技术；开发出最高达 500 mm 的超大隔距经编机的关键装置和控制系统，制备的柔性膜材料为 2019 年的国庆阅兵、国际航展、军运会等提供了保障。

在建筑材料方面，开发了新型硅酸盐水泥基特性材料，解决了高原极端环境条件下机场拦阻系统（EMAS）超轻质混凝土易粉化、寿命短的问题，在西藏林芝米林机场中应用示范。首条 8.5 代 TFT-LCD 玻璃基板生产线成功点火，首片自主研发的 8.5 代 TFT-LCD 玻璃基板产品成功下线（图 8-10）。

a 国产黑色光刻胶生产现场　　　　b 中国首片 8.5 代 TFT-LCD 玻璃基板

图 8-10　国产黑色光刻胶生产现场样品中国首片 8.5 代 TFT-LCD 玻璃基板

三、材料基因工程

研发出国际上使用温度最高（1162 K）、强度最高（1000 K 时达 3.7 GPa）、具有良好热塑成形性能的新型高温块体金属玻璃 Ir-Ni-Ta-(B)，证明了材料基因工程方法的先进性和高效率。利用锥状试样的透射电镜原位加载技术，发现通过细化晶粒或提高应变速率，可以促进位错形核和滑移，是镁合金非常有效的增塑技术，为完善镁的塑性变形理论提供了重要的实验数据。通过高通量设计—高通量制备—高通量表征—服役性能评价—入堆考核的全链条一体化高效研发，研发出了工作状态中心温度低、裂变气体释放量小、换料周期可延长的新型 UO_2-BeO 复合核燃料芯块，在显著改善核反应堆安全性的同时，实现了从材料设计到入堆考核周期的大幅缩短，从国际常规的 10 年缩短至 2 年。

超薄纳米片、SAPO-34 新型分子筛催化材料在 84 万 t/ 年世界级超大型乙苯生产装置实现工业应用。新型形貌择向纳米片分子筛催化材料在若干套稀乙烯制乙苯生产装置实现工业应用。利用材料高通量表征和模拟技术，优化了 SiCw/Al 复合材料组分、热加工和热处理工艺，成功制造出长度为 3.8 m 的"嫦娥五号"月球表面采样机械臂臂杆组件。研发出多种铝基复合材料，实现大尺寸（投影面积达 2 m^2）、吨级坯料制备，并在高分辨率对地观测（高分五号、高分六号）卫星及资源一号 02D 卫星上获得空间在轨应用。研发出第二代耐热腐蚀镍基单晶高温合金（DD489），试制成功大尺寸重型燃气轮机单晶高温合金复杂空心涡轮叶片典型件。构建了高通量计算与数据分析一体化平台，开发了高通量实验装置，实现基于高通量筛选的抗肿瘤纳米材料全链条研发，筛选出具有优异抗肿瘤作用的纳米羟基磷灰石粒子，体内外实验证实其具有优异的抗肿瘤活性。基于原子点位取代物理模型，采用高通量第一性原理计算，筛选出具有自主知识产权的可降解镁合金支架材料 Mg-Zn-Y-Nd，主要力学性能和均匀降解行为优于市场 WE43 镁合金，稀土含量仅为其的 1/7。

开发出了材料高通量并发式计算和多尺度计算软件，实现了万量级（10^{4}级）高通量并发式计算，初步实现了在国家超算平台的部署和开放共享。研发出薄膜、粉体、块体等系列化的材料高通量制备技术和装置，高温合金高通量定向凝固制备技术，以及结构材料铸造—锻造—热处理全流程高通量实验技术，基于电子显微镜和同步辐射光源的材料高通量表征技术中同步辐射的成分和结构表征速率提高了 100 倍。

第八节
现代生物技术

一、医药生物技术

首次利用单细胞转录组和 DNA 甲基化组图谱重构了人类胚胎着床过程，系统解析了这一关键发育过程中的基因表达调控网络和 DNA 甲基化动态变化过程。首例个性化 3D 打印距骨假体研制成功并获得临床应用，假体关节面材料经过特殊处理，除了关节接触耦合好、摩擦小等特点，假体的弹性模量与人体更为接近，大大提高了耐磨性，假体突破了传统的 3D 打印假体的界面处理方法，采用假体界面微孔打印等方法，更有利于骨组织长入。

二、工业生物技术

在生物催化方面，成功开发了辅因子调控、甲醇高效生物转化、基于稀有密码子氨基酸高产菌株筛选、基于 CRISPR 干扰的高通量微生物功能基因组学法等多项技术。在生物制造工艺方面，创制了系列性能优异的新型腈水解酶工业催化剂，构建了以腈水解酶为催化剂的绿色生物制造技术平台，广泛用于多种化学品的生物合成，设计并构建了高效利用甲醇的甲醇依赖型谷氨酸棒杆菌，实现甲醇生物转化合成谷氨酸。成功实现了植物乳杆菌新型产品、瓜尔胶等益生元产品、DHA 油脂产品的工业化生产，开发了具有自主知识产权的微生物高通量液滴微培养（MMC）系统，可实现在微升级液滴水平长期无干扰、自动化、高通量的微生物培养和适应性进化。建成首条医用聚乳酸类高分子材料规模化生产线，解决了规模化聚合过程中传热、传质，单体聚合过程中竞聚率等问题。开发了 PLLA 等 30 余个型号聚合物产品，通过了 ISO 13485 体系认证，产能达到 10 t/ 年。

三、农林业生物技术

首次在基因组水平上证实了转座子是调控元件，揭示了植物组蛋白甲基化调控转座子沉默的新机制，系统阐明了水稻小 RNA 合成途径及对生长发育的调控机制。系统地解析了拟南芥根系三萜类化合物对根系微生物组的特异调控规律，发现三萜化合物可能参与植物和根系微生物组的共进化过程。自主研发的国产转基因大豆种子 DBN-09004-6 首次在国际上获得种植许可。

四、资源生物技术

在植物资源研究方面，首次提出了被子植物化石记录与分子钟推算时间之间的"侏罗纪空缺"（Jurassic gap），探明被子植物起源于三叠纪晚期的瑞替期，明显早于确切的被子植物冠群最早化石年龄。揭示了拟南芥三萜类化合物对根系微生物组的调控规律，为利用植物天然化合物促进根系益生菌在绿色农业中的应用提供理论依据。揭示了不同功能型土壤真菌驱动亚热带森林群落多样性的作用模式，破译了亚热带森林生物多样性维持"密码"，提出了基于外生菌根真菌与病原真菌互作过程影响植物生存的物种共存新模式。对来自 19 个国家的 683 份普通菜豆资源的全基因组进行重测序，发掘 480 多万个 SNP（单核苷酸多态性），构建出国际首张精细的普通菜豆单倍型图谱。

在动物资源研究方面，首次观察到旧大陆猴中存在经常性异母哺乳行为，研究结果对理解人类进化早期出现婴儿—母亲—异母照料关系提供了新视角。证明了"驱动鸟类迁徙的绿色波浪理论"不具普适性，为迁徙鸟类的研究和保护提出了新思路。通过非人灵长类动物胚胎体外培养系统，将食蟹猴囊胚体外培养至原肠运动出现，并进一步发育至受精后 20 天，首次提供了灵长类动物早期胚胎发育过程中羊膜细胞的基因表达特征，并重新定义了多种灵长类动物早期胚胎细胞类型。

在微生物资源研究方面，对两个链形植物门（Streptophyta）最早分化出的轮藻基因组的研究揭示了绿色植物起源和演化的关键节点，并解释了 10 亿年前早期陆地植物在登陆过程中如何逐步适应陆地环境的分子机制。

五、生物信息技术

建成大规模基因组测序与数据分析平台，基因组测序能力达到 10 万人基因组／年以上，基因组数据分析能力达到 20 万人基因组／年以上。揭示了基因组序列内在的非线性特性，提出基因组序列非线性表示模型——重复序列有向图模型，证明了基因组序列数据在非线性表示下的可约减特性，提出的基因组序列图结构索引与比对系列算法，首次同时解决当前基因组序列索引与比对的 4 个理论难点（全基因组索引、图结构序列比对、兼容已知变异、兼容可变序列）。

研发了组学数据归档库 GSA，建立数据汇交存储、共享管理的标准与规范，实现我国生命与健康大数据本土存储和管理，服务于国家重点研发计划、国家自然科学基金、中科院战略先导专项等科研项目的数据汇交与管理。

通过全转录组 RNA 测序发现 DNA 编辑工具单碱基编辑技术存在大量的 RNA 脱靶，甚至会导致大量的癌基因和抑癌基因突变，具有较强的致癌风险。首次获得 3 种高保真度的 BE3 突变体，均为能够完全消除 RNA 脱靶并维持 DNA 编辑活性的高精度单碱基编辑工具，为单碱基编辑基础进入临床治疗提供了重要基础。

六、生物安全技术

在外来生物入侵防控基础研究及其防治技术与产品方面，建立了上千种外来有害生物的分子检测、DNA 条码自动识别等高通量鉴定技术与检疫产品，开发了多物种智能图像识别 App 平台系统，实现了重大入侵物种的远程在线识别和实时诊断。针对红火蚁、苹果蠹蛾、马铃薯甲虫、稻水象甲、美国白蛾、葡萄蛀果蛾、苹果枯枝病等农林业重大入侵物种，研究建立了集成疫区源头治理、严格检疫、扩散阻截、早期扑灭等应急控制技术体系，灭除 20 余个疫情点。针对豚草、空心莲子草、斑潜蝇等大面积发生的恶性入侵种，研发了天敌昆虫规模化繁育及释放技术 20 项，构建了基于生物防治和生态修复联防联控的区域性持续治理示范实践新模式，示范应用面积逾 1000 万亩。

围绕诺氏疟疾、美洲锥虫病、巴贝虫病、曼氏血吸虫病和广州管圆线虫病 5 种热带病，确认了上述这些热带病"媒介—病原"所处的入侵阶段，建立相应的风险评估、预警模型，以及干预措施和调查方法；建立了这些热带病的鉴定和溯源技术，为入侵媒介及病原的变异与鉴定的快速筛检提供了技术支撑；揭示了这些热带病的病原变异与致病机制；建立了入侵媒介及病原的实物标本库、数据库及共享平台。研发的监测预警技术分别在广西、上海、江西、福建、广州、云南、海南、贵州等省（区、市）开展了推广应用试点。

高等级生物安全实验室国产化初步实现，研发出正压防护服、化学淋浴设备、生命支持系统、双级高效过滤器单元、气密性传递窗、渡槽、生物安全型双扉高压灭菌器等一批四级实验室关键设备。

国家生物信息平台建设持续推进，海量人类基因组数据储存管理、共享与分析技术获得突破；构建了组学数据百科全书数据库平台，实现了基因组、转录组、微生物组的基本汇交需求，形成

gcMeta 微生物组学数据平台；建立了癌症起始基因在线数据库与人类白血病相关基因数据库；实现了生物数据高性能安全传输。

第九节
现代服务业

一、科技服务业

在科技资源体系及服务评价方面，提出了科技资源建模和集成方法、科技资源聚合的同义关系清洗和排序方法等，形成了一套科技服务统计方法及评价指标体系。建立了分布式资源巨系统方法论，逐步形成了基于数据智能的科技资源体系。在重点领域应用示范方面，基于"互联网+"的全链条协同创新孵化服务平台研究及应用示范，构建了创业项目评估指标体系，突破了全链条全生命周期在线孵化系统等关键技术，启迪之星全球孵化网络和水木客众创中心全链条服务创业孵化综合服务平台已初具规模。在区域应用示范方面，在京津冀协同创新区、长三角城市群、成渝城市群、哈长城市群、长江中游城市群、中原城市群、北部湾城市群、珠三角城市群等重点区域推进了应用示范。

二、新兴服务业

新兴服务业在基础理论、共性技术及示范应用等方面取得积极进展。初步探索了众智网络建模与度量、智能数体的网络心智构建与表达、智能交易的供需匹配与动态定价、跨界服务的量化建模与分析评估等方面的基础理论。针对智能服务交易与监管、智能服务适配与演化、大数据征信与智能评估等新兴服务业共性技术需求，突破了多链构架通信协议、分时分区节点共识机制、高精度低时延匹配、智能合约部署、群智合约可定制可组合演化、群智合约一致性检测等共性关键技术，研制形成一批相关的中间件、软件工具及构件。面向健康养老、数字教育等领域，开发了跨界服务基础集成平台、个性化服务平台等新兴服务业产业化平台，开展了示范应用工作。实现了 54 个试点地区的各级教育资源公共服务平台互联互通，集成了 300 多家基础教育服务机构，众筹了近 1000 万份课堂资源；为高校和相关机构搭建了 350 个在线课程平台，在 200 所高校开展了应用示范，课程数量达到 950 门。

第十节
文化和科技融合

　　构建了我国自主可控的新型影视文化内容发行授权体系。基于我国商用密码技术、PKI/CA技术，建立了层级密钥与密钥使用规则关联机制，研发了影视文化资源发行授权相关技术，支撑了内容发行放映统一许可授权过程。研发了基于国产芯片的低成本、高安全播放终端原型，可以为复杂场景下影视文化内容发行授权工作提供可靠支撑。

　　文化内容资源产权监测技术取得重大进展。突破了针对音视图文的全媒体版权内容综合检测技术，检测漏检率、误检率均小于5%，形成了面向新闻、影视、体育、综艺、动漫、自媒体、游戏等文化产品的版权内容监测整体解决方案，为内容运营商、媒体机构与政府部门提供全天候全终端版权监测与维权服务。

　　形成了新一代虚拟预演全流程技术解决方案。突破了自适应环境虚拟角色实时控制与生成、柔体运动在线编辑与模拟、高质量流体素材快速生成等一批虚拟预演适用性关键技术，集成研发了具有产业实际服务能力的技术支撑与通用开发平台和资产库平台，在多部国产院线电影中进行了应用，并完成了全球首部院线电影的交互式全片虚拟预演（图8-11）。

图8-11　影视虚拟预演技术支撑与通用开发平台

民族民间文化资源传承与开发利用取得了初步成效。突破了藏文文献版面分析和多字体文字识别技术，基于深度学习的民族民间文化资源自动标识、基于增强现实技术的数字展品虚拟交互展示、数字博物馆多途径个性化展示与传播服务等关键技术。研发了数字化无损采集系统，采集了藏文文献 7000 册，完成了超过 500 册藏医药文献的数字化，建立了藏文文献资源数字化共享服务网络信息平台和藏文化数字化资源展示平台，实现了藏文文献资源的智能检索与推荐。

第九章
民生科技

科技创新持续助力改善民生。在各类各项科技计划的支持下，资源开发利用环境治理能力提升；公共安全和减灾防灾科技领域，技术攻关和应用示范创新成果保障生产生活效益更加显著；人口与健康领域，在前沿关键技术、医疗器械国产化、重大疾病临床诊疗技术、公共卫生事件科技应对能力、生殖健康与出生缺陷、主动健康与老龄化应对等方面取得新突破；城镇化与城市发展领域，"垃圾分类"技术创新和集成能力迅速提高，建筑节能和绿色建筑积极推进大气污染防治取得突破性进展，生态环境质量持续改善；可持续发展实验与示范区工作取得实质性进展。

第一节
资源环境

一、资源勘探开发

在甲玛矿区识别出了斑岩成矿系统多元矿体结构，构建了三维蚀变—矿化模型，建立了造山背景下斑岩成矿系统多中心复合成矿作用模型。航空重力梯度仪等研制取得重要进展，大深度立体探测与移动平台地球物理探测技术装备研发加强。关键矿产和贵金属深部成矿预测与找矿技术取得了突破，胶东—辽东金矿集区圈定焦家矿集区深部靶区 6 处，预测 3000 m 以浅金资源量约 800 t。

持续深化深部矿产资源开采研究，在集约化连续采矿与建井方面取得了技术进步。设计并研制了密闭型保压取芯工具，已经逐步成为地质取芯的重要方法和技术手段。盐湖资源开采与综合利用效率显著提升，完成了基于纳滤膜和反渗透膜的万吨级碳酸锂示范生产线的设计、建设、设备安装及调试工作。

开展了深层地热专题研究，实现了深部热储增产目标。完成了雄安新区地热资源区划，圈定了两块有利区块适宜于地热资源规模化开发。

二、环境污染防治

◎ 大气污染防治

研制出大气氢氧自由基等在线测量系统，建立了高分辨率在线源解析平台。发展了自适应网格大气输送模式和多元气象—大气化学资料同化方法，构建了多尺度空气质量预报系统，实现了空气质量 7 ～ 15 天业务化预报。

PM2.5 爆发性增长理论研究揭示了大气二次污染是雾霾污染的主要来源，系统阐明了远超环境容量的高强度污染排放是大气重污染频发的根本原因。PM2.5 爆发性增长的关键诱发因素是大地形"背风坡"效应与重污染的交互作用。

开发出符合欧盟环保要求的轨道车辆、钢管等高效减排的绿色涂料，实现产业化。满足国 VI 标准的机动车污染排放控制关键技术实现国产化，研发了满足国际标准的船舶脱硫、脱硝技术系统和装置。

在大气污染健康风险研究方面，筛选出了 100 余种早期标志物，建立了 PM2.5 与非意外总死亡和心血管疾病死亡的暴露—反应关系，初步获得了 PM2.5 与焦虑、抑郁症状的相关性，明确了关键大气污染物对我国成人高血压、糖尿病发病的慢性健康效应。

在大气污染联防联控方面，完善了区域空气质量预报业务化系统和大气污染防治综合决策支持平台，突破了京津冀区域大气环境承载力定量技术。长三角推行区域和跨区域联防联控相结合、区域污染控制与人工气象干预相结合的空气质量调控机制。珠三角探索了实现 WHO-II 阶段目标的 PM2.5 和臭氧协同控制技术途径，并强化了粤港澳大湾区气候协同的空气质量改善战略研究。成渝地区开展了秋冬季细颗粒物和夏季臭氧污染联防联控实践，实现了空气质量明显改善和细颗粒物重污染天数显著下降与臭氧污染态势的遏制。

◎ 水污染防治

在钢铁有色行业污水处理和利用、纺织火电行业污水处理和利用方面，研发了炼焦煤多效密相分级干燥、复合官能团浮选剂和高盐废水蒸发结晶脱盐及回用、高效低耗膜催化臭氧氧化深度处理等技术（图 9-1）。

在大型煤矿和有色矿矿井水治理和利用方面，研发了在井下直接处理高浊矿井水的筛体、泥水分离装置，以及泥水分离方法及装备。

在生活污水处理和再生利用方面，开展了城乡生活节水和污水处理回用制度与机制研究。

在污水处理后应用于景观环境方面，建立了再生水景观环境利用的优控污染物清单，提出了优控污染物的水质基准。

图 9-1 可分离膜投产应用

◎ 场地土壤污染防治

构建了我国疑似污染场地环境管理"一库一图一平台"的原型系统，开发了具备场地风险推演功能的污染场地环境管理数据库，构建了污染场地信息管理及可视化平台，绘制了我国重点行业企业分布格局与污染场地分布格局。

在土壤环境风险管控方面，编制了适合我国场地土壤污染物风险评估的本土化环境与毒性数据筛查和整编的标准及规范，完成了《保护人体健康场地土壤污染风险评价方法技术报告》，有关成果已被《建设用地土壤污染风险评估技术导则》（HJ 25.3—2019）采纳。

研制了高浓度石油污染土壤分级清洗成套设备，突破了清洗—热脱附集成等核心技术，形成清洗—热脱附耦合工艺与装备；开发了场地地下水卤代溶剂污染高效增溶材料及异位高效旋流聚结分离装备；研发了我国焦化场地污染综合治理与安全再开发利用系统解决方案，相关方法已被北京市《建设用地土壤污染状况调查与风险评估技术导则》推荐使用，其中，PAHs生物可给性方法应用于首钢焦化厂场地风险评估，节省污染治理用土方量约60万立方米，节约资金约4.8亿元。

◎ 固废资源化利用

设计了生活垃圾分类回收模式与智慧环卫关键装备，并在上海等地开展了工程示范，研发了典型城镇有机固废高效制备生物燃气技术与装备、有机固废高效清洁稳定焚烧关键技术与装备等。

形成了多金属协同冶炼的综合性解决方案，并在湖南衡阳铜铅锌协同冶炼基地开展示范；开展了不同种类含重金属废渣的反应过程调控研究，进行了污酸源头减量理论分析和实践验证。在铜铅锌基地构建了多源固废循环利用过程物质流分析框架模型，建立了多目标生态效率评估体系，完成了铜铅锌冶炼一体化生产系统固废监控平台总体架构建设。

在废线路板资源化利用方面，推进了干膜废料分类破碎等技术创新，开发了干膜废料预处理中试线和废水处理装备。通过元器件有价金属分离与循环富集等技术开发促进了工艺流程设计，建立了相应示范线。

在工业固废资源化绿色技术创新体系建设与集成示范方面，开展了长江中上游云贵川地区磷化工及长江中游特色产业集聚区固废资源化利用集成示范，促进了绿色技术专利与标准体系建立和绿色技术创新成果转化示范应用，推动了绿色技术创新综合示范区建设。

三、生态系统保护

在绿洲盐渍化土地修复方面，研发了荒漠—绿洲过渡带天然植被与人工植被融合等循环农业技术。截至 2019 年年底，建立了示范区 13 000 亩，其中，荒漠—绿洲过渡带植被修复和融合技术，可节约水资源 15%～20%，降低成本 20%～30%，沙化土地与新垦瘠薄土地地力提升技术可提升地力 1 个等级。

在生态环境监测评估方面，面向联合国 2030 年可持续发展目标和我国生态文明建设需求，组织开展了"全球生态环境遥感监测年度报告"，目前已连续 8 年面向全球公开发布 10 个专题系列共 22 个报告及相关数据集产品，产生了广泛和良好的社会影响。

2019 年，聚焦森林覆盖变化、土地退化、自然灾害、粮食安全等全球热点问题，编制了《全球生态环境遥感监测 2019 年度报告》，包含"全球森林覆盖状况及变化""全球土地退化态势""全球重大自然灾害及影响""全球大宗粮油作物生产与粮食安全形势"4 个专题，形成了全球最长时间序列（1982—2018 年）植被生产力数据集等产品，反映了中国在地球变绿及全球土地退化改善中做出的贡献。可为实现联合国可持续发展目标、应对全球气候变化、防灾减灾政策制定、保障全球粮食安全等方面提供科学数据与决策支持。

在濒危动物保护方面，发现大熊猫和小熊猫适应性趋同的基因，提出了由食性特化导致味觉受体选择压力放松，进而增加物种濒危灭绝风险的灵长类动物"进化漩涡假说"，揭示遗传多样性丧失和近交是大熊猫、大鲵等濒危动物小种群崩溃的主要遗传进化机制，明确栖息地破碎化是导致濒危动物种群间隔离的主要因素，阐明人类活动如放牧和公路修建影响植物和猎物分布，进而影响东北虎分布的干扰机制。编制《大熊猫栖息地调查和质量评估技术规程》《陆生珍稀濒危哺乳动物廊道规划技术规程》等技术规程 16 项，建立濒危动物保育与恢复示范基地 7 个，成功野化放归大熊猫 10 只、大鲵 120 条和鳄蜥 35 只。

四、气候变化

◎ 编制了《第四次气候变化国家评估报告》

《第四次气候变化评估报告》主报告包括科学认知、影响和适应、减缓、政策 4 卷。截至

2019 年，主报告初稿已编制完成并进入审议阶段，各特别报告也陆续完成外审。

◎ 建立了相关监测体系、模型与评估框架

建立了东南极长时序冰流速动态监测体系，发现了东南极威尔克斯地加速消融现象。该监测体系是我国第一个系统的南极冰盖冰流速产品，填补了国际空白。

建立了以植被叶面积指数为基础的表征模型，提出了气候变化减弱陆地生态系统碳汇，中国植被恢复显著增强了陆地生态系统碳汇。

提出了陆地生态系统生产力溯源性评估框架，建立了评估指标体系。

◎ 多项成果实现推广应用

研发了固载离子液体新型催化等技术，使二氧化碳利用率超过 95%。建成了万吨级工业化示范装置并实现了稳定运行，相关技术产品指标达到了国际领先水平。

开发了适用于我国典型地形的中性大气边界层 CFD 模式，建立中尺度 WRF 模式对大规模风能开发区的模拟能力评估指标体系，制定了直驱型海上风电机组的整机设计优化总体方案，设计并建造了模块化定子生产线。

新能源汽车电池容量进一步提升，智能控制技术接近实用化，使用成本大幅下降，技术集成示范运行有序开展。国产大电流控制芯片研制成功，性能显著提升并接近实用化，国产电动车智能化核心技术已开展中型卡车搭载测试。纯电动大客车具备智能辅助驾驶和智能网联功能，全气候适应性大幅提高。山东地区开展氢燃料电池城市公交车辆示范运行，累计运营超过 120 万 km。

五、海洋与极地

◎ 全海深载人潜水器

攻克了全海深载人舱设计、材料、焊接和加工工艺等一系列技术难题，成功研制了钛合金载人舱并通过净水压力测试。大型深海超高压模拟试验装置通过了现场验收并投入使用，真正满足全海深、大容积、大尺寸、超高压测试需求。研制全海深固体浮力材料并实现批量生产，性能优于国际同类产品。通信、控制、能源能分系统相继完成试验或测试，全海深载人潜水器完成分系统试验测试，进入全面总装集成和陆上联调阶段。

◎ 深海滑翔机

2019 年，6 台"海燕"长航程温盐观测型水下滑翔机在我国南海成功布放，并持续稳定运行，最长达 157 天。所有样机长航程跑航运行工作状态良好，最大续航里程约 4199 km，并实现了部分核心元器件国产化（图 9-2）。

图 9-2 "海燕"号水下滑翔机

◎ 大直径国产旋转导向随钻测井系统

Welleader® 950 的旋转导向井眼轨迹控制能力已完全可替代进口仪器，满足我国海上作业需求，实现了高难度三维反扣水平井轨迹控制。Welleader® 950 稳定性上乘，已实现单趟无故障进尺 1983 m，平均机械钻速达到 53 m/h。截至 2019 年 10 月，该系统已经完成海上示范作业 22 井次，总进尺超过 20 000 m。

◎ 鳗弧菌活疫苗

开发了可以有效激活细胞免疫及体液免疫，并完成体内自我清除的鳗弧菌基因工程活疫苗产品，实现了免疫保护力与生物安全性的动态平衡。该产品于 2019 年 4 月正式获批国家一类新兽药证书。

◎ 极地卫星

2019 年，极地卫星开展了夏季北极海冰的中长期预测，为科学考察队业务化提供海面风场等多种产品，为"向阳红 01"科考船安全、高效地开展第 10 次北极科学考察提供了信息支撑。

◎ 海洋环境数值预报系统

开展了锋面和中尺度涡致海气相互作用过程加密观测，升级了耦合模式联调联试超级计算保障及服务平台和耦合器平台。完成了大气与陆面过程的耦合，建立了"两洋一海"区域 4 km 分辨率大气—陆面模式和同化系统。

◎ 海洋微波遥感探测技术

建立了三维成像雷达高度计海浪、海面风速、海面高度提取算法模型，利用在轨飞行的"天宫二号"三维成像雷达高度计数据完成了国际首次星载检验，实现了对已建立算法模型的验证。工程算法创新为自主海洋盐度卫星数据反演奠定了坚实的基础，为"天宫二号"的海洋数据处理发挥了重要作用。

◎ 赤潮监测与防治技术

改性黏土治理赤潮技术应用于防城港核电站冷源用水海域棕囊藻赤潮的应急消除，保障了核电运营安全。

第二节
公共安全与防灾减灾

一、公共安全

◎ 共性基础科学问题与国家公共安全综合保障

在灾害预测方面取得了重要进展，大尺度极端火行为的相互次生模型预测成功率总体评估 ≥ 60%，火蔓延速率预测误差总体评估 <40%。明确了滨海软弱土的成因与空间分布，建立了交通设施运营期累积变形预测方法，研发了地基处理长期沉降控制技术。

研制了多灾种及其耦合作用的多尺度大型实验装置，可实现 3 种以上灾害及其耦合作用模拟，为多灾种及其耦合作用提供灾害环境和灾害性研究的基础平台。

◎ 社会安全监测预警与控制

研制了吸毒人员快速检测设备和管控平台，在全国 20 多个省（区、市）进行了应用示范和推广。多维人脸实时建模比对技术等进一步提升了人检的能力，X 光机行李安检仪自动识别技术提高了物检效率。

研发了安保、巡逻和处置三大类型 6 套机器人，在天安门等地区参与新中国成立 70 周年大庆安保工作（图 9-3）。车辆多维特征识别技术提升了车辆监测准确率，基于场景感知的目标准确识别实现了复杂场景中漏检率低、虚警率低的目标准确检测，监狱场所视频监控初步实现异常行为自动识别。

高效安全的视频编码算法与芯片大幅提高监控视频编码效率，实现了监控视频跨域安全共享，基于云边协同的多维数据融合实战应用平台在多地进行示范。

图9-3　警用机器人参与新中国成立70周年大庆安保工作

◎ 社会风险应急处置与救援技术装备

压缩空气气动发射器原理样机实现了非致命处置与致命打击一体化，液冷高磁场磁体技术和谐波回旋管技术均已突破，低、慢、小无人飞行器探测跟踪、无附带损伤捕获拦截装置完成核心部件研制。

法医学数字化鉴定技术快速发展，建立基于大数据分析技术的遗传标记筛选方法，文件材料及文件形成时间鉴定技术首创规模化历时样品库。

◎ 生产安全保障与重大事故防控

（1）动力灾害预警系统

揭示了煤矿应力场—能量场—震动场耦合条件下冲击地压孕灾机制和多场耦合条件下煤与瓦斯突出灾害孕育及演化机制，建立了煤矿冲击地压风险智能判识与综合预警模型及远程预警云平台、煤与瓦斯突出远程监控预警系统云平台。

矿井人员精确定位系统的成功研制为矿难人员救援提供了技术支撑，电驱动多功能逃生通道快速构建系统装备取得了安标证。煤矿事故应急救援指挥系统已经在神华宁煤集团、阳泉煤业集团等单位得到应用。

（2）安全防控技术体系

危险化学品仓库堆垛安全布局优化评价模型及算法为加强仓库安全性提供了方法，化工园区区域气体泄漏探测装备提高了化工园区泄露监测预警能力。

提升了事故现场侦检能力，燃爆事故现场应急救援个人防护系统为保障救援人员安全提供了新装备，移动式大流量远程泡沫炮成套装备及低沸点易燃介质专用灭火剂提升了扑灭危化品火灾能力，面向危化品燃爆事故现场的智能应急处置辅助决策系统支撑现场智慧决策。

（3）特种设备材料制造技术

构建了高温、深冷等极端环境下的材料腐蚀和断裂韧性测试装置，研制了大尺寸高温材料蠕变机等8台高端检测装备，提出了严苛环境下材料损伤的定量评价方法，填补了领域空白。

攻克了液氢气瓶与罐箱等产品的建造关键技术和服役风险防控方法。

◎ **国家重大基础设施和城镇公共安全风险防控**

（1）油气储运基础设施风险评估、检测预警、应急处置技术

初步建立了X80管道环焊缝完整性评价体系，提出了临海油气管道水体波动—管道振动—土体破坏相互机制，开展了临海油气管道泄漏规律与环境运移风险评估。

电磁控阵内检测技术提高了油气管道检测器适应性和检测精度，多电极电容成像检测技术实现了大厚度包覆层下设备本体腐蚀缺陷。

油气管道泄漏智能遥控抢险车实现油气环境下埋地管道的防爆安全开挖和堵漏，智能化临海油气管道完整性管理系统为管道安全提供了新的智慧化管理平台。

（2）交通基础设施的区域、隧道桥等安全保障技术体系

建立了跨区域交通网时空影响传播理论模型，提出了一种突发事件下设置可逆车道的高速公路网络应急交通组织方法，研发了基于大数据、智能终端和信息系统集成的高铁安全协同技术，初步构建了智慧高速交通大数据云平台系统。

建立了公路水运工程事故致险机制模型，研制了隧道救援逃生舱及便携式可穿戴人员安全监测设备，研制了隧道、港口等救援辅助机器人。

（3）不同对象风险的科学评估与技术防控能力

发展了管线精准探测技术，研发了大规模管网病害诊断技术，开发了复杂地质段件下地下管道非开挖精细化注浆修复成套技术。

建立了城市群跨区域多因素综合风险评估技术、城市人员宏微观基本运动行为的建模方法、网络化运营大客流冲击风险防控技术及大规模人群转移模拟分析和路径优化技术，提升了城市群跨区域协同会商与态势汇总技术。

◎ **综合应急技术装备**

研制与集成了13种传感器和1种惯性稳定平台，突破了自组网及应急通信装备等关键技术。

系统解决了制约高原高寒地区灾害现场安置装备发展的理论与技术难题，研发了高原高寒地区主食加工等6类应急方舱装备。

多功能化学侦检消防车实现了行进中 3 km 远程探测和现场监测，气、液、固分析鉴定全覆盖，具备车载防爆机器人、无人机和侦检消防车三位一体协同侦检能力和人装洗消能力。

建立了航空应急救援指挥体系，研发了集预案规划等功能在内的航空应急救援综合指挥系统，实现了军方、民航及城市救援系统的信息对接。基于复杂救援任务背景，研发了航空救援协同训练与评估系统。在巴彦淖尔等地建立了多个航空应急救援基地。

◎ 公正司法与司法为民

形成了以中国移动微法院为代表的多元诉讼服务平台，提升了诉讼服务一体化服务水平。形成了以智慧审判为核心，集成管辖权识别预警等技术应用，提升了法院审判、审判辅助系统智能化水平。

形成了以知识服务系统、"互联网＋公益诉讼"、政法协同桥接系统等为代表的应用成果，与相关业务应用系统进行集成应用（图 9-4）。

图 9-4　中国移动微法院亮相全国科技活动周

重点突破了监管安防等技术，研发了智能监所等装备，搭建了智慧司法行政应用支撑平台，满足了智能化运行等应用需求，提升了司法行政应用的准确性和智能化水平。

二、防灾减灾

◎ 重大地震灾害快速识别与风险防控

在地震孕育发生机制方面，研发了活动地块及边界带强震孕育动力学模型和城市群巨震震源识别技术等。

在地震监测预测预警方面，研发了强震发震紧迫程度综合判定等技术，研制了超导重力新型敏感探头等高精度地球物理传感器等监测设备。

在地震灾害风险识别与评估方面，研发了活动断裂带地表精细结构与活动参数提取等分析技术。

在地震灾害应急救援与紧急处置方面，研发了全时程地震灾情综合分析与决策技术等（图9-5）。

图 9-5　强震区地质灾害链监测预警平台

◎ 重大地质灾害快速识别与风险防控

在重大地质灾害成灾机制方面，研究了不同地区特大滑坡灾害发育规律与失稳模式，构建了灾害链成灾类型与致灾模型，形成了灾害链风险定量评价分析方法。

在地质灾害监测预警方面，研制了30余套各类地面和地下监测设备与装备，形成了多种系统平台。

在地质灾害应急救援与紧急处置方面，创新了基于演化机制的滑坡—防治结构体系与优化设计方法。

◎ 极端气象灾害监测预警及风险防范

完成了关键气象观测技术与系统研制及试验、气候系统模式与数值预报等关键技术研发，包括副热带、热带和高纬度等地区区域模式关键技术及其应用等。

完成了多源气象资料融合与同化、极端气候过程形成机制与预报方法研究和天气气候一体化气象模式等关键技术研发。

◎ 重大水旱灾害监测预警与防范

在水旱灾害机制方面，研究了成灾机制和演变规律，构建了洪涝灾害暴雨阈值和演进过程。

在监测预警方面，完成了综合干旱监测评估技术及旱情预报技术，建立了城市暴雨、洪涝立体监测技术体系，搭建了城市洪涝灾害预测预警、风险管理、综合防控、应急响应和实时调度决策支持平台。

在风险识别与评估方面，形成了旱灾风险动态评估及灾害防范技术体系，形成了洪涝灾害动态预警与风险评估平台。

◎ 多灾种重大自然灾害评估与综合防范

发展了灾情评估多方法融合和灾区恢复力与资源环境承载力综合评估技术、大都市灾害损失评估与灾后恢复评价技术研究、极端气候灾变和多重风险评价技术。研制了多灾种重大自然灾害风险指标体系和综合风险防范技术平台、基于大数据的多灾种综合风险防范产品和集成服务平台。

三、其他社会事业

◎ 科技支撑冬奥

科技支撑国家跳台滑雪中心建设、首钢滑雪大跳台建设，同时推动高质量的城市更新与健康生活环境的提升。延庆赛区场馆将设计与建设的国家高山滑雪中心、国家雪车雪橇中心、延庆冬奥村和山地媒体中心，是冬奥历史上最难设计、最具挑战性的赛区。

科技支撑 U 形场雪上空中技巧优化，人工智能 AI 技术助力竞速类项目技术分析。科技助力高山滑雪等科学化训练、高性能赛事服装开发，研发了适应中国运动员体型特征与运动特性的竞速类项目训练与比赛服装等。

◎ 文物保护传承和创新技术应用

在文物保护传承和创新技术应用方面，针对新疆轮台奎玉克协海尔等多个古城遗址，开展了遥感物探试验及考古勘证工作，实现了遥感、物探等技术与传统考古的结合应用。

◎ 现代科技馆体系展品展示创新平台

构建了集建设、运维与管理于一体的科技馆数字化协同创新平台，开发了具有地方特色的展品展项并进行了示范应用，提高了展品展项的表现力及科技馆的运维效率。

◎ 文化旅游资源挖掘与体验式平台

完成了博物馆文化旅游价值智能挖掘及展示等技术研发与应用示范，研发了若干触控交互设备等，实现了海量文化资源的云端存储、云端管理、智能推送和定制传播。

2019 年，"文化遗产保护利用专题任务"重点专项正式进入实施阶段。该专项聚焦文化遗产价值认知与价值评估关键技术等 4 个重点方向。

第三节
人口与健康

一、前沿关键技术

◎ 相关成果

（1）生物节律紊乱体细胞克隆猴模型

在国际上首次成功利用基因编辑方法构建一批遗传背景一致的生物节律紊乱猕猴模型。通过体细胞克隆技术，由一只睡眠紊乱最明显的敲除猕猴的体细胞获得了 5 只克隆猴。

（2）基因编辑脱靶检测技术

建立了一种被命名为 GOTI 的新型 DNA 脱靶检测技术，将脱靶检测范围扩大至 RNA 水平，首次证明常用的 3 种单碱基编辑技术均存在大量的 RNA 脱靶。改造后的单碱基编辑技术或可成为一种更安全、更精准的基因编辑工具。

（3）灵长类动物着床后胚胎发育特征及机制

建立了一个体外培育系统，支持食蟹猴囊胚发育至受精后 20 天，体外培养胚胎高度展现体内胚胎早期发育关键事件。

（4）硅藻光合膜蛋白超分子结构和功能之谜

中国科学院植物研究所利用单颗粒冷冻电镜技术解析在国际上首次报道了硅藻光系统—捕光天线超级复合体的结构。该成果为阐明硅藻超级复合体中的结构与功能特征提供了重要的基础。

（5）异构"天机"芯片架构

清华大学研制出了全球首款异构融合存算一体类脑芯片——"天机"芯片，提出将计算机科学和神经科学融合的异构融合类脑计算架构，可同时运行绝大多数神经网络模型，还支持异构建模。

（6）植入式脑机接口实现了运动功能重建

浙江大学构建了中国首例临床侵入式 3D 运动控制闭环脑机接口系统，设计了鲁棒在线解码器，实现了临床志愿者脑控机械手完成喝水、进食、握手等动作，填补了国内该领域的空白。

（7）"达尔文"二代神经形态类脑芯片

浙江大学牵头成功研制了神经形态类脑芯片"达尔文"Ⅱ代，填补了国内十万级神经元规模类脑芯片的空白。该芯片借鉴了大脑神经网络工作原理进行计算，支持多片芯片的级联，可构建千万级神经元规模的类脑计算系统。

（8）高性能脑—机交互技术

高性能脑机实现了国际最大指令与最快信息传输速率的高效脑—机通信，同时布局脑—机交互仪器化设计。全球首款脑机接口专用芯片"脑语者"在第三届世界智能大会上正式发布。

"神工"系列人工神经康复机器人系统在多地医院临床测试成功，开发了脑控智臂机器人系统"哪吒"。

（9）脑机接口

华南理工大学提出了多模态脑机接口方法，设计了人脸图片识别、数字识别与心算等脑机接口范式，可有效鉴别意识障碍患者中具有明确意识的认知运动分离患者，并成功预测这类患者具有显著的康复效果。

◎ 重要科技活动

（1）"全脑介观神经联接图谱"国际大科学计划协调会议

脑科学与智能技术卓越创新中心与国际脑科学研究组织共同举办了首届灵长类神经生物学国际暑期学校，并且与欧洲、亚洲、大洋洲 13 个一流的脑科学研究机构签署了合作备忘录。

（2）同济大学举办国际脑科学计划协调会议

会议结合现有工作基础凝练了脑科学研究机构的未来工作重点，建立有利于研究成果转化应用的创新合作机制，重视人脑与认知相关的数据隐私及多方数据共享，建立符合科学伦理的监管机制，推动脑科学领域成果的教育与普及等。

二、医疗器械国产化

◎ 碳离子治疗设备投入临床使用

历时 8 年，我国首台自主知识产权碳离子治疗系统在武威市正式投入临床治疗，打破了国外产品的垄断，实现了我国在最大型医疗设备临床应用方面的历史性突破，填补了国内空白。

◎ 宽体超高端CT

上海某医疗科技有限公司开发了国内首台 320 排 16 cm 宽体 CT，突破了 16 cm 高性能宽体探测器、超高机架旋转速度及精准同步控制系统、大锥角成像校正和重建等技术难关，填补了国内超高端 CT 产品空白。

◎ 正电子发射及X射线计算机断层成像扫描系统

上海某医疗科技有限公司研制的"正电子发射及 X 射线计算机断层成像扫描系统"获批上市。该产品组合了正电子发射断层扫描和 X 射线计算机断层扫描两个部分，可提供功能信息和解剖学信息及其融合图像。

◎ 无创血糖仪

某科技公司与清华大学历经 10 年合作研发的"无创血糖仪"，成为国内首款获批、国际领先的无创血糖仪产品。该款设备检测过程中无须针刺采血，运用多传感器技术采集人体生理指征数据，通过核心算法计算得出人体血糖值，在降低糖尿病患者血糖管理综合成本的同时，也为血糖的连续监测提供了可能。

◎ 脑起搏器

由我国自主研发的清华脑起搏器自 2009 年 11 月开展首例临床手术以来，已累计完成 1.7 万例次国产脑起搏器手术，覆盖全国近 240 家医院，植入患者超过 9000 人。

三、中医药现代化

◎ 中药材生态种植技术研究及示范

初步形成了三七、人参等 50 种核心药材的生态种植理论、方法和技术体系，初步梳理了生态种植模式评估体系。建立了 54 套适合不同尺度、不同生态层次的中药材生态种植模式，开发了 50 套中药材土壤改良、仿生栽培等生态种植技术，形成了 120 项中药材种植技术规范和标准草案。

相关生态种植模式与技术已在全国不同区域进行推广，在国家贫困地区推广示范面积已达到 36.20 万余亩。

◎ 中医药防治冠心病循证评价研究

"冠心病中医药防治方案的循证优化及疗效机制"项目组与全国 70 余家医院合作开展大样本临床研究，建立了适合中医临床研究的实效性随机对照试验技术规范和中成药实效性临床试验技术指导原则，为中成药临床疗效评价提供了重要的方法学支撑。

◎ **地黄特色中药材产业链关键技术研究**

该研究项目组搜集了 37 份地黄种质资源，建立了种质资源圃，并对所收集的种质资源进行评价。通过多代选择、试验鉴定而培育成的新品种"怀中 1 号"，获得了河南省中药材品种鉴定证书。

对地黄的炮制加工品熟地黄进行系统的化学成分分离和结构鉴定，完成了生地黄、熟地黄类产地加工炮制一体化工艺研究。

四、重大疾病临床诊疗技术

◎ **急性冠脉综合征诊断标准首次建立**

哈尔滨医科大学在国际上首次建立了急性冠脉综合征病因的影像学诊断标准及判定流程，并实现了精准预测，提出了斑块侵蚀"多取出，少植入"的治疗理念，开创了基于斑块分型的治疗策略。

◎ **复杂性脑血管病治疗技术达到国际先进水平**

首都医科大学附属北京天坛医院承担的"复杂性脑血管疾病复合手术新模式治疗技术研究"项目实现了在常规显微手术室的基础上将外科手术和介入治疗相结合，建立了复合手术室。较常规治疗方法术后残留率下降 10%，死亡率下降 3%，降低了手术和介入治疗的风险。

◎ **糖尿病早期筛查指标体系与早期识别技术体系建立**

上海交通大学医学院附属瑞金医院承担的"二型糖尿病高风险的早期识别与适宜切点研究"项目，建立了糖尿病早期筛查指标体系与早期识别技术体系。基于建立的代谢性疾病研究队列，筛选了糖尿病与糖尿病高风险早期筛查的危险因素指标，构建了高风险预警评分模型，开发了 App 应用软件平台，创建了专病管理数据库，实现了糖尿病与糖尿病高风险人群的有效筛查与诊断。

五、生殖健康与出生缺陷

◎ **减数分裂重组调控规律**

山东大学研究发现，不同染色体之间交叉重组频率的协同变化源于染色体轴长度的协同变化。具有较高重组频率的配子含有较多新的基因组合，由其产生的个体将获得更多新的性状，在环境改变时具有更好的适应能力。

◎ **单碱基基因编辑脱靶效应**

上海交通大学、中国科学院上海生命科学研究院开发出一种遗传背景完全一致、不需要基因组体外扩增、没有偏向性的全基因组脱靶检测技术，简称"GOTI"，首次证实了单碱基编辑技术存在严重的 DNA、RNA 脱靶问题，不适合用于临床基因治疗中，而最新开发的 ABE 突变体还能够缩小编辑窗口，实现更加精准的 DNA 编辑。

◎ **单囊胚冷冻与新鲜移植对活产的影响**

山东大学组织全国 21 家单位开展研究，发现了全胚冷冻后的单囊胚移植可显著提高胚胎着床率、妊娠率及活产率，以及单胎新生儿的出生体重，显著改善了"试管婴儿"的母婴安全和临床结局，为单囊胚移植策略提供了极具价值的循证依据。同时，观察到了冷冻复苏单囊胚移植的母亲子痫前期风险也伴随略有增加，这也给该方案的临床应用提出了重要警示，给胚胎培养和低温冷冻技术提供了更为广阔的研究探索空间。

◎ **早发性卵巢功能不全的新突变并阐明致病机制**

山东大学牵头在一对 POI 姐妹及散发患者的研究中发现了新的 BRCA 2 复合杂合突变，导致减数分裂异常，证明了 BRCA 2 双等位基因突变导致早发性卵巢功能不全。

◎ **人类胚胎染色质三维结构**

由北京大学牵头，山东大学承担课题的研究团队解析了人类精子和早期胚胎的高级结构，发现在人类早期胚胎发育过程中，出现了全基因组层次的染色质高级结构重编程，并发现 CTCF 蛋白在此过程中起到了至关重要的作用。该研究首次绘制了人类早期胚胎的染色质三维构象图谱。

六、主动健康与老龄化应对

依托已认定的国家老年疾病临床医学研究中心，在老年病临床指南发布、数据库与共享平台建设方面取得了突破性进展。

发布了《感染诱发的老年急性多器官功能障碍综合征诊治中国指南 2019》和《中国老年高血压管理指南 2019》，对规范 MODSE 的临床管理、提高早期诊断和治疗水平具有重要意义。

建立了心衰大数据库、质量管理监控体系及培训体系，已在 19 个省（区、市）成立了心衰中心省级联盟，促进了各级医院心衰诊疗的"同质化"发展和医疗服务连续性的有效建立，为指南和卫生政策及规划提供客观依据。

建立了中国帕金森病及运动障碍疾病多中心数据库及协作共享平台，全国 100 余家三级甲等医院推广应用该平台救助患者，已收集了 11 000 余例帕金森病及运动障碍疾病的临床数据和部分生物样本。

开发并推广应用"Gene4PD：帕金森病基因组学数据库与分析平台""Gene4Denovo：人类

de novo 突变基因组学数据库与分析平台""VarCards：人类基因变异临床与遗传整合数据库"等公用平台，为疾病早期诊断与疾病风险预测提供依据。

第四节
城镇化与城市发展

一、规划设计

开展了绿色公共建筑的气候适应机制研究，研发了具有气候响应机制的绿色建筑设计新方法与技术体系、设计分析工具与协同技术平台。

建立了西部地域绿色建筑设计原理与方法，构建基于建筑文化传承的青藏高原地区、西北荒漠区和西南多民族聚居区 3 个典型地域绿色建筑模式和技术体系。

提出了我国东部沿海 3 个气候区高密度建筑形态气候适应的组合设计方法，构建了富含文脉要素的多维度绿色建筑评价体系，提出了长三角地区基于文脉传承的绿色建筑空间模式和环境应对策略等。

"地域气候适应型绿色公共建筑设计新方法与示范"项目提出了建筑要与环境、场地、文脉相结合的"本土设计"理念，研究成果成功示范应用于 2019 年北京世园会中国馆的设计之中。

二、建筑节能

新型节能围护结构等方面取得一系列技术突破，在长江流域供暖、北方城市清洁取暖、不同气候区建筑节能等方面得到了推广应用。我国推广绿色建筑面积超过 20 亿 m^2，平均节能率达 58%。

研发了既有公共建筑能效、环境、安全综合性能提升与监测运营管理技术，为既有公共建筑综合性能提升提供系统性解决方案，为增强我国既有公共建筑综合性能提升与改造的产业核心竞争力提供了技术支撑。

开发了公共建筑运行大数据信息标准化技术和公共建筑运行大数据应用技术，实现基于实时运行数据的能耗预测、用能诊断、能效评价及运行优化功能等。

三、绿色建材

◎ 地域性天然原料建材化关键技术

通过采用超细粉磨与化学激发结合、研制海砂氯离子固化材料等方法，成功制备了海水海砂等地域性天然原料混凝土，实现了建设工程"就地取材"，研究成果已成功应用于南海岛礁建设、中马友谊大桥、内马铁路建设等重大工程项目。

◎ 大宗固废制备绿色建材关键技术

研发了城市污泥、生活垃圾焚烧灰渣、工业废弃物等固体废弃物低能耗、低污染、制备环境友好型建材关键技术，开发了固体废弃物制备节能墙材、轻质保温绿色建材等高附加值产品及关键生产装备。

四、建筑工业化

◎ 建筑工业化技术

研发了高性能结构体系，突破了高性能结构的抗震等关键技术瓶颈，在充分满足建筑安全和功能需求的基础上，有效提高建造效率和抗震防灾性能等，并大幅提升工程经济效益。

针对我国装配式建筑发展需求，突破了装配式建筑抗震抗倒塌等关键技术，研发了装配式建筑全产业链技术体系与标准体系，建筑工业化技术创新有效支撑了实现新建装配式建筑面积占新建建筑面积由 2015 年的不足 3% 到 2018 年的达到 11%，为我国建筑工业实现规模化、高效益和绿色发展提供了理论基础和技术支撑。

◎ 新型预制预应力快速装配技术

研发了新一代"干式连接"的装配式混凝土框架体系，完成了系列关键试验，结构体系具有"高效施工"和优良的抗震性能等特点。通过工程示范，实现现场用工减少 32%，建筑垃圾减少 50% 以上，现场辅助材料投入减少 50% 以上，整体施工效率提升近 200%，具有广阔的推广应用前景。

◎ 装配式建筑智慧建造平台

研发了具有自主知识产权的装配式建筑智慧建造平台，实现了工业化建筑设计、生产、运输和施工各环节协同工作。

研发了具有自主知识产权的涵盖装配式建筑基础数据库、智能设计、信息驱动数字化生产的智慧工厂系统，基于 BIM 和物联网的预制装配式建筑智能施工安装系统等成果，有效解决了建筑业"信息互通""数据驱动"等关键技术问题，成功应用于世界最大会展中心高性能结构的虚拟拼装中。

◎ 工业建筑关键技术

提出了"基于性能的结构诊治技术"等关键技术,建成了基于公有云的开放工业建筑大数据平台。创建了既有工业建筑全寿命结构诊治和寿命提升技术体系,延长了工业建筑服役寿命。

第五节
可持续发展实验与示范

一、总体情况

◎ 国家可持续发展议程创新示范区

国家可持续发展议程创新示范区(简称示范区)坚持"创新理念、问题导向、多元参与、开放共享"的16字方针,着力探索以科技创新为核心的可持续发展问题系统解决方案,为国内其他地区可持续发展发挥示范带动效应,为其他国家落实2030年可持续发展议程提供中国经验。截至2019年,国务院批准了两批共6个示范区。

◎ 国家可持续发展实验区

国家可持续发展实验区(简称实验区)是我国针对改革开放后经济快速发展但社会建设相对滞后、生态环境恶化等问题发起的一项地方试点工作,旨在依靠制度创新和科技推广应用,促进经济发展与社会进步、环境保护相协调。

实验区工作由科技部牵头的实验区部际联席会来推动。联席会下设办公室,并成立了专家咨询委员会。截至2019年,共批准建设了189个实验区,遍布除港澳台外的31个省(区、市),东、中、西部实验区数量基本呈现5:3:2格局,县域型、城区型、地级市型和乡镇型占比分别为48%、34%、15%和3%,实验主题覆盖经济转型、社会治理、环境保护等可持续发展各领域。各省(区、市)也相继建设了一批省级可持续发展实验区,总数约300个。

二、重点突破情况

◎ 示范区工作主要进展

2019年,各地积极开展形式多样的创新示范,充分发挥示范区建设主体作用。首批3个示范区重点针对当地可持续发展瓶颈问题，加强科技创新投入和人才团队建设，积极开展成果应用示范，深化体制机制改革，努力探索系统解决方案，在一些领域取得初步进展。

深圳市大力实施资源高效利用、生态环境治理、健康深圳和社会治理现代化"四大工程"。2019 年在全国率先实现全市域消除黑臭水体，在全球率先实现公交车 100% 纯电动化，98% 的行政审批事项实现网上办理。

太原市聚焦大气污染和水污染两大问题，持续开展"减煤、治企、控车、抑尘"，提挡升级一批污水处理设施。2019 年连续 8 个月降尘降幅居"2+26"城市之首，燃煤特征污染物 SO_2 浓度较 2017 年下降 54.1%，汾河流域太原段国考断面全部消除劣 V 类水体。

桂林市改革创新漓江管理体制机制，实施漓江截污治污、山体复绿等系列工程，加强漓江旅游品牌建设。2019 年打造了一批"看得见山、望得见水、记得住乡愁"的美丽村庄和小镇，建成并上线运行"一部手机游桂林"平台，开启智慧旅游新时代。

第二批示范区均召开市委扩大会议传达国务院批复精神，利用电视、报刊、网络广泛宣传，并组建专门机构、落实人员编制、制定具体行动措施，示范区建设开局良好。

临沧市加快推进中缅边境经济合作区、绿色食品工业园等建设。2019 年签约 34 个项目，协议资金 81 亿元。在打造绿色能源、绿色食品、健康生活目的地"三张牌"方面取得初步成效。

郴州市重点围绕矿山资源综合利用和治理、产业绿色转型开启专门行动，2019 年签约 10 个产业项目和 5 个科技创新平台项目，总投资超过 292 亿元。

承德市紧紧围绕创新驱动水源涵养功能提升和绿色产业培育，出台《深化"放管服"改革优化科研管理若干政策措施》等法规，为保护京津水源地提供政策保障。2019 年，全市 19 个地表水国、省考断面达到或好于 III 类水质比例达 100%，水环境质量创历史最好水平。

示范区国际交流合作不断拓展，示范区建设所取得的经验正在受到越来越多的发展中国家的关注、学习和借鉴。国际社会高度评价示范区建设，认为中国通过建立示范区的方式落实 2030 年可持续发展议程很有创新性，期待尽快取得成效并分享经验。

◎ 实验区工作主要进展

科技部在 2019 年 8 月启动了实验区梳理复核工作，以促进实验区建设在主题定位、任务举措等方面紧跟时代步伐，重新激发建设活力，更好地为国家可持续发展战略和创新驱动发展战略实施发挥应有作用。

第十章
农业农村科技创新

2019 年，农业农村科技创新以深入推进农业农村高质量发展为主线，加强农业农村科技研发部署，深入推进国家农业高新技术产业示范区、农业科技园区和创新型县（市）建设，积极构建农业科技社会化服务体系，抢占现代农业科技制高点，引领带动现代农业发展。

第一节
农业农村现代化

一、现代种业

2019 年，中国种业科技创新取得新突破，在种质资源精准鉴定与创新利用方面，共完成水稻、小麦、玉米等作物种质资源表型性状第 3 年精准鉴定 17 874 份，筛选获得 1460 份优异种质资源、9240 份基因型鉴定，创新种质资源 1697 份，引进国外种质资源 1033 份，为新品种选育及基础研究提供了重要物质基础。

在农作物分子设计育种和基因编辑等关键育种技术方面，精细定位和克隆了一批重要性状的有利基因，揭示了水稻"自私基因"的毒性—解毒分子机制和籼粳杂种后代中配子选择性致死本质、从野生种向栽培种驯化过程中非编码长链 RNA 的重要作用；利用 Hi-C 染色体挂载等技术实现陆地棉和海岛棉基因组的升级组装，鉴定出 13 个与优质纤维品质相关的数量性状基因座（图 10-1）；揭示了 RRM 类转录因子通过与 NLRs 蛋白互作调控水稻的广谱稻瘟病抗性（图 10-2）；精细定位与克隆小麦抗赤霉病基因 *Fhb1*，玉米单倍体诱导关键基因 *ZmDMP*；在水稻、小麦、玉米等主要农作物克隆控制产量、品质、抗虫、抗病、耐盐及不育等相关性状基因 229 个，开发实用新标记 510 个。通过单碱基编辑技术产生了抗磺酰脲类、咪唑啉酮类和芳基氧基苯氧基丙酸类除草剂的非转基因小麦种质；开发出新型三元载体系统，显著提高农杆菌介导的玉米转化效率和玉米基因组编辑的通量；创制作物规模化种质资源精准鉴定技术体系和技术规范、新方法 / 新技术等 74 个，制定技术规程、地方标准 120 项，加速了农作物高效育种体系的构建与快速应用。

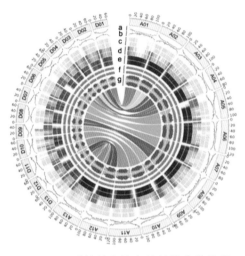

图 10-1　陆地棉和海岛棉的染色体特征

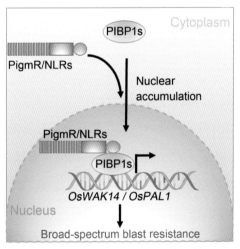

图 10-2　RRM 类转录因子通过与 NLRs 蛋白互作调控水稻的广谱稻瘟病抗性

通过主要农作物重大新品种创制与应用保障粮食。获得审定或登记优良性状新品种 736 个，其中，国审品种 224 个，育成的优质高产品种累计推广面积达 1.48 亿亩。育成的广适型水稻新品种 "晶两优 534"、籼型三系单季杂交水稻品种 "荃优华占"、高光效小麦高产优质中筋小麦 "济麦 22" 品种 "百农 4199"、耐密抗逆适宜机械化夏玉米品种 "中科玉 505"、耐密高产抗旱玉米新品种 "MC 703"、高油高产大豆新品种 "合农 76"、机采棉新品种 "新陆中 88 号"、不结球白菜新品种"黄玫瑰"等品种年度推广面积达 18 744 万亩。

二、粮食丰产

2019 年，东北平原、华北平原、长江中下游平原建设核心区 22.2 万亩，累计示范推广关键技术、模式和体系 1.95 亿亩，增产粮食 880.64 万吨，亩均增产 46.4 kg，增产率为 8.2%，水肥效率平均提高 8% 以上，光热资源利用率提高 6% 以上，劳动生产率提高 31%，三大平原三大作物实现节本增效 271.67 亿元。建成全国作物生产与资源要素数据服务云平台、全国作物遥感成果开放服务系统，实现不同区域农业资源和作物生产数据"点、线、面、体"多维可视化空间分析。通过"粮食丰产增效科技创新"重点研发计划的实施，明确了影响优质稻米品质的关键时期，确立了不同生态区小麦品种生态适应性和优质专用性评价标准与技术体系，提出了玉米宜机收特性主要筛选指标。提出了未来提高三大作物抗性与环境改良的生产途径。阐明了作物产量差和效率差的时空分布规律及定量化差异特征，明确了作物增产增效潜在优势区域。围绕三大粮食作物进行了良种良法配套、田间作物布局及群体构建、光热资源高效利用、生长监测、精确栽培等关键技术创新。其中，"水稻机插缓混一次施肥技术"将缓控释新型肥料和水稻机插侧条施肥新技术有机结合，实现机插水稻"一次施肥、一生供肥"的效果，可减少机插水稻施氮量 20% 左右，节省施肥用工 3 ～ 4 次，食味值增加 5% 以上。

三、面源污染和重金属污染防治

农田重金属污染治理开始由田块尺度向区域尺度过渡。"华南镉铅污染农田一体化修复技术体系"，以创新的"源流汇一体化"防控治修复思路，在广东大宝山和广西阳朔矿源流域开展示范工程建设，有效降低了整个区域内重金属污染的输入，提高了农产品安全性，为华南镉铅污染地区农田修复和安全利用提供了新途径。

开展密闭式一体化快速好氧发酵技术研发。通过实施农业废弃物智能发酵技术装备研发及示范项目，成功研制出智能筒仓式反应器系统等系列重要装备，并与在线监测自动控制系统高度集成，具有发酵时间短、无害化程度高等特点，代表了好氧发酵领域发展方向。以该成果为核心的"环太湖城乡有机废弃物处理利用示范区建设方案"，已由发展改革委组织编写完成，将在环太湖地区 2 省 5 市实施。示范区内，每个镇均将建设有机废弃物处理利用设施，最大限度地将有机废弃物转化为肥料与基质类产品，就地就近使用。该项目开创了我国农业废弃物处理技术装备大规模应用的先河，完成后将成为全国有机废弃物处理利用的标杆。

氮磷流失领域正在形成覆盖大范围的技术体系。"中国稻田氮磷流失综合防控技术体系"首次识别了我国稻田氮磷流失空间格局和稻田氮磷"源汇"功能，集成东北、长江流域和东南沿海三大主产区稻田氮磷流失技术模式；"我国氮磷生态脆弱区划定及其区域消减草案"将形成"国家脆弱区划定—流域阈值卡口—县域总量控制—农户精准实施"的多尺度管控机制。

集成了一批适合不同区域特点的污染防控模式。其中，"西北农田地膜污染机艺融合工程化防治技术模式"形成绿洲、黄土高原和河套灌区 3 个区域工程化应用保障机制，示范区地膜回收率提高 10～30 个百分点，土壤残膜量削减 15%～25%；"东北粮食主产区秸秆综合利用技术"，适合东北地区气候冷凉和集约化农业生产特点，为国家"黑土地保护"和"农作物秸秆综合利用行动"等战略提供解决方案；"珠三角镉砷和面源污染农田综合防治与修复技术模式与推广"，建立"政府—企业—专家—农民"的管理模式，在保障粮食增产和农产品安全的同时实现农民增收。

四、畜禽健康养殖

重大动物疫病与人兽共患病流行传播、致病机制与防控技术研究取得重要突破。H7N9 型高致病性禽流感病毒向高致病力进化的分子机制得到解析，揭示了 H7N9 流感病毒变异规律，帮助实现了疫病源头阻断与防控。基孔肯亚病毒感染宿主的科学机制与结构生物学基础被阐明。在国际上首次发现了一种新型分节段 RNA 病毒——阿龙山病毒。非洲猪瘟基础研究与疫病防控取得重要进展。解析了非洲猪瘟病毒颗粒精细三维结构，阐明了我国非洲猪瘟病毒流行毒株的基因组特点和进化关系；开发了非洲猪瘟病毒核酸诊断试剂盒，被广泛用于全国非洲猪瘟疫情监测；制定了非洲猪瘟生物安全管理规程，加强常规重大疫情防控，提高生猪成活率；创制了非洲猪瘟基因缺失候选疫苗，并进入生物安全评价程序。

生猪复养与畜禽高效养殖技术推广与综合示范成效显著。提高存栏母猪有效产出的关键技术研究为生猪复产提供技术支持（图 10-3）；家禽重要疫病防控新技术、新产品研发取得重大进展，禽白血病净化成效明显，综合集成示范效果显著。新型动物药创制与产业化取得突破，动物药物耐药机制继续保持领跑地位，首次发现"底线"药物替加环素可转移耐药基因 tet(X3/4)。研发了养殖源头减排技术，突破了污染过程控制关键技术，在"养殖源头减排、污染过程控制、废弃物资源化利用" 3 个环节取得突破。饲草种植与青贮技术及草畜循环种养技术研发取得阶段性成果，为节粮型畜牧业提质增效提供了有力支持。

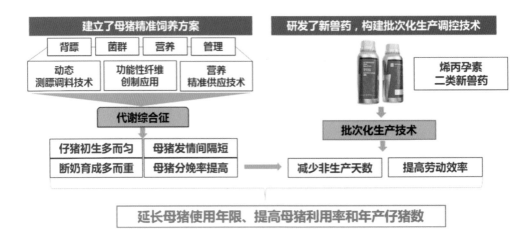

图 10—3　母猪高效繁殖与养殖技术助力生猪复产

五、水产养殖加工

在重要养殖生物种质创制的遗传基础与共性关键技术研发方面，构建了 25 种重要养殖鱼、虾、贝、藻的基因组精细图谱；在重要养殖水产生物 10 余个经济性状的关键基因发掘与调控机制、分子性控和多倍体培育等种质创制技术方面取得重要突破；初步建立全新的鱼类基因组编辑和雌核发育相结合的高效种质创制技术、贝类和藻类基因编辑技术等；培育出具有优良养殖性状的三疣梭子蟹"黄选 2 号"等 9 个水产新品种。

在水产动物精准营养数据库构建及免疫调控机制研究方面，鉴定了 4 个水产动物新型抗菌肽，确定出 4 个免疫调控新型模式识别受体 (PRR) 和 2 条先天免疫信号通路，获得 78 个水产动物精准营养参数等；首次在国际上明确了高脂饲料背景下水产饲用多糖添加剂存在引起肠道菌群紊乱从而导致肝损伤的风险，并首次阐明了不同多糖导致损肝或护肝表型差异的机制，明确了 HIF1α 是鱼用多糖类饲用添加成分的重要筛选靶标。

在典型养殖模式下关键生物类群与水域环境因子的互作机制研究方面，针对罗非鱼不同品系、牙鲆、贻贝、扇贝和紫菜等物种，鉴定了低氧、低温和盐度骤变等关键因素的调控基因 10 余个，获得了 2 个对低温敏感的模式鱼，揭示了 5 个具有重要功能的基因或标记；建立了适用于网箱养殖的三维生态水动力学模型及网箱养殖区承载力评估模型；构建了典型湖泊和河口渔业水域的关键生境因子的长时序、高时空分辨率信息重建的多源立体遥感观测体系，初步构建了生态数值模型框架。

在水产品品质表征评价及形成机制和营养功效因子研究方面，阐明水产品流通加工过程中品质 / 危害因子形成变化机制 9 个；研发水产品的品质调控及改良技术 12 项，开发高品质即食水产品 8 个，鉴定了 80 余个水产多肽和 1000 余个脂质化合物；初步构建了"水产品功能因子组成数据库"，为水产品绿色精深加工与高值化综合利用技术突破提供了理论支撑（图10-4）。

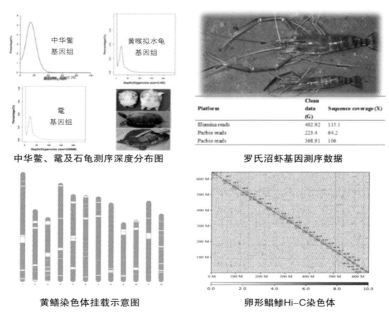

图 10-4　部分水产养殖动物的基因组测序及组装分析

六、经济作物提质增效

探明了重要性状形成的遗传机制。初步探明柑橘属植物"血橙"果肉和果皮积累花青素的分子机制，揭示了柑橘果皮红色性状形成的遗传机制，首次发现果实成熟过程中的 DNA 甲基化上调现象，阐明了香蕉淀粉转化的生物学基础，揭示了86个富士芽变系的变异规律；构建了普通菜豆表型和基因型变异数据库；解析了茶树标志性次生代谢产物儿茶素和原花青素的生物合成机制。克隆出果树"短枝"、金柑属多胚、苹果无融合生殖、桃树温度敏感型短节间性状等关键基因，筛选出月季、兰花、牡丹花形、花色和花香关键调节基因30个，破译了蔬菜多个商品和品质性状基因。

解析了重要性状的调控机制。初步解析了激素调控果实成熟着色和叶片衰老影响果实产量品质的新机制；揭示了枳、葡萄、香蕉、梨、柑橘、苹果等果树作物在低温、干旱与盐碱、高温、矿质营养逆境等方面的胁迫生理生化逆境应答机制；阐明了柑橘和猕猴桃应答溃疡病、香蕉应答枯萎病、葡萄应答白粉病和苹果应答腐烂病侵染的关键分子机制和调控网络。初步揭示了羟基苯甲酸影响黄瓜根系生长从而导致连作障碍的机制。揭示了花器官脱落过程中蔗糖运输的调控机制。明确了增施氮肥降低含油量的主要原因。

研发出提质增效关键技术、模式和材料。研发出柑橘采后保鲜、苹果葡萄成熟期调控、利用

CO_2 施肥防控设施内连作障碍等技术，构建了适于机械化生产的麦棉种植新模式。收集保存了柑橘野生、半野生资源和突变体材料 100 余份，苹果短枝型芽变资源 86 份，野生草莓 180 份；筛选到柑橘抗寒、苹果抗旱耐涝砧木、猕猴桃抗旱、草莓抗灰霉病、香蕉抗枯萎病、葡萄耐铜胁迫等多个优异种质资源材料。

七、食品加工

在粮食精深加工上，取得青稞制粉关键设备研制突破，推动杂粮产业整体水平的跨越式提升，示范和引领作用显著。研制出自主知识产权的第三代主食碾磨加工分层磨削技术与装备，解决了世界稻米加工产业的技术瓶颈，驱动粮食加工业跨越发展。在国产婴儿配方食品创制上，开发了特殊医学用途婴儿配方食品无乳糖配方等产品，打破了国际婴幼儿奶粉加工和生产技术壁垒，推动《国产婴幼儿配方乳粉提升行动方案》落实。在农产品物流品控技术上，创制了可交换式预冷贮运一体化装备、果蔬贮藏品质在线检测装备、纳米光催化保鲜设备等冷链物流及品质控制装备。在油脂加工设备创制上，开发出新型 E 型浸出装备的设计与创制，通过提高单机处理量满足油脂加工大型化和集约化的需求，设备最大处理能力达到 1.2 万 t/ 天，实现了粮油加工核心装备的自主创新和大型油脂成套装备"走出去"的重要转变，打破了国外垄断。

八、农机装备与农业信息化

2019 年，智能农机装备专项共取得各类新原理、新技术、新装置、新产品 720 项，其中新理论、新原理 103 项，新技术、新工艺、新方法 211 项，新产品、新装置 406 项；制定国际标准、国家标准、行业（地方）标准、企业等其他标准 166 项，其中，国际标准 2 项、国家标准 8 项、行业标准 35 项、企业标准 121 项；建立示范线（基地、工程）46 条（个），示范推广面积 454 万余亩，培训农民 12 219 人、技术人员 5266 人。

推进农机产业技术升级，支撑农业装备产业发展。围绕农机作业信息感知与精细生产管控、农机装备智能化设计与验证、智能作业管理关键技术、智能农业动力机械、高效精准环保多功能农田作业、粮食作物和经济作物高效智能收获、设施智能化精细生产等关键技术及产品开展从应用基础、关键技术、核心零部件及装置、整机、试验验证和示范应用等。在非道路国四排放发动机、高含水率玉米籽粒低损收获与穗茎一体化收获技术及装备、农业机械导航及自动作业技术、全区域差异化自定义精准控制育种试验播种技术、果蔬多源信息融合超大型分选系统等方面取得了一批智能农机装备代表性成果（图 10-5，图 10-6）。

图 10-5 玉米穗茎联合收获机   图 10-6 无人驾驶拖拉机主从导航系统

九、现代林业

围绕人工林培育与资源利用的基础科学问题，揭示了杨树木质部分化的分子调控机制，揭示了林分结构、环境因子对人工林生长过程中 CNP 等关键养分因子循环过程的影响机制及微生物种群对根际界面过程的调控机制，揭示了松材线虫北扩流行的遗传适应性机制，阐明了木材细胞壁多层级结构定向调控、木质纤维素微纳结构构建与功能化机制等，夯实了主要林木资源高效培育与木材资源增值利用的理论基础。

攻克一批林木高效培育关键技术，突破了主要速生树种大径材培育技术，实现杨树大径材出材率和林分生产力分别比"十二五"末提高 15% 和 50%，马尾松大径材蓄积量比丰产标准提高 15% ~ 20%，桉树大径材生产量提高 34.6%；围绕柚木、西南桦、红松等珍贵用材树种，突破珍贵用材高效繁育技术和集成技术模式；突破了银杏、杜仲等工业原料林良种高效繁育技术和机械化播种技术，形成林木高效培育技术模式 43 项，建立繁育、试验示范基地 50.8 万亩，辐射推广 581.7 万亩，为保障我国典型生态区人工林资源供给提供了有力支撑。

突破林业资源高效加工系列关键技术，突破人工林剩余物清洁制浆关键技术，与"十二五"末比较，木片吸液能力提升 140%，制浆得率提高 10% 以上，打破核心技术和装备被国外长期垄断的局面；突破无裂纹竹展平装饰材制造关键技术、竹纤维多维异型结构复合材料制造关键技术，竹材利用率提高 30% 以上，成功研发出防开裂柔性面实木地热地板、表面化学变色实木复合地板等一批木材加工制品，产品增值 42% 以上，攻克人工林高效利用关键技术 70 余项，研发新产品 44 种，研制新装置 52 台（套），建立示范性生产线 52 条，推进林产品制造由中低端迈向中高端。

在人工林灾害防控和资源监测方面，突破了人工林资源多尺度协同监测、可视化模拟及智能化决策技术，实现了林木差异性、连续性动态生长过程的可视化模拟，经营单位级森林场景渲染效率达到 60 FPS，比"十二五"提升 3 倍以上；突破人工林火灾防控关键技术与装备，实现了每 10 分钟对火场信息进行传输反馈，其监测精度可以达到 500 m 以下。

十、化学肥料和农药减施增效

2019 年，化学肥料和农药减施增效综合技术研发重点专项各项目主动向各园区筛选推介新技术、新模式、新产品，实施区域覆盖了 28 个省（区、市）的 1022 个县，总示范推广面积超过 1.4 亿亩。初步揭示了微生物农药作用机制、天敌产品货架期调控机制及有害生物生态调控途径，建立了农药施用标准的原则和方法。初步阐明了我国不同区域和种植体系化肥氮磷损失规律、无效化阻控增效机制，提出了肥料养分推荐新技术体系和氮磷施用标准。初步阐明了耕地地力与管理技术影响化肥农药高效利用的机制，提出了不同耕地肥力下化肥农药减施的调控途径与技术原理。完善了我国新型肥料及配套智能化装备研发技术体系平台。实现万亩示范方内化肥减施 12%，利用率提高 6 个百分点，实现智能化装备减施 10%，利用率提高 3 个百分点，其中智能化施肥效率达到人工施肥的 10 倍以上。实现万亩示范方内农药减施 15%，新型施药技术田间防治效率大于 30 亩 /h，节省劳动力成本 50%。

十一、宜居村镇建设

在宜居村镇规划方面，建立了村镇建设资源环境类型区划指标体系，初步形成村镇建设与资源环境类型区划方案，完成国家级生态乡镇的空间分布特征及主导生态功能辨识；构建了村镇特征多维度指标体系；针对村镇聚落空间类型谱系的关键识别，研发了基于融合数据和多元技术的村镇物理信息提取技术；针对县域村镇空间发展智能化管控与功能提升规划，构建了村镇发展潜力评价指标体系框架，完成了山区村镇开发边界划定系统的底层架构，实现山区村镇土地边界的智能划定，利用信息化技术加强土地监管力度，有效提升土地利用率和空间管控效能。

在宜居村镇住宅方面，开展村镇民居建设产品模块化预制技术与装备研究，研发了双向空心复合外墙板成组立模生产线，显著改善产品质量，推动村镇民居建设产品产业化发展；研发了乡村住宅设计与建造技术应用信息平台；研发了甜高粱秆 / 聚乙烯绿色板材、造纸污泥 / 聚乙烯木塑板材和废弃黏土砖粉再生掺合料等 33 项新材料、新产品，开发了聚合物硫铝酸盐水泥修复砂浆，解决了村镇建筑砖混结构修复加固的难题。提出了基于深度学习的村镇建筑灾变动态过程智能监测技术,实现了对村镇建筑灾后情况的有效监测,建立了灾变过程动态检测方法,实现了灾区快速定位与变化检测。

在宜居村镇人居环境改善方面,确定太阳能光伏驱动电采暖系统作为农村户厕经济性和实用性较高的采暖方式,并已在青海省应用;针对我国代表性区域的村镇特性和垃圾产生及处理条件,探索适合我国不同区域的村镇生活垃圾处理处置和高值化利用模式及长效运行机制,提出村镇垃圾处理、二次污染控制和资源化利用系列技术规范。围绕低成本清洁能源供暖及蓄热,试制应用于农村用户的小型地源热泵装置,冬季供暖节能效果明显。

第二节
国家农业高新技术产业示范区
与农业科技园区建设

一、国家农业高新技术产业示范区

2019 年 11 月 18 日,国务院正式批准建设山西晋中和江苏南京国家农业高新技术产业示范区(简称示范区)。首批示范区的批复建设对于推动我国农业高新技术产业发展、推动一二三产业融合、引领我国现代农业的改革示范具有重要意义。晋中示范区组建了"四院八中心",探索解决山西现代农业发展的关键共性技术问题,已获批国家发明专利 15 项,承担实施省级科研项目 20 余项,累计在全省推广科技成果 1200 余项。南京示范区筹建了食品产业园和未来食品技术创新中心,重点围绕食品营养科学与健康、食品加工与智能制造、食品安全与质量控制等方向,开展跨区域、跨领域、跨学科协同创新。杨凌示范区新增两院院士 1 名,获得国家科学技术进步奖二等奖 2 项,省科学技术奖 13 项。原有的黄三角示范区围绕创新平台建设,引进高层次人才 79 人,其中,院士 1 人,首席科学家 14 人,高级专业技术人才 35 人;组建本地化科研团队 8 个,共 43 人,高层次人才聚集效应不断显现。构建了集评价体系、监测体系、调查体系、绩效体系、管理标准"五位一体"的示范区监测评价体系,重点围绕创新资源聚集、基础设施建设、创新主体培育、农业高新产业等内容设置指标,形成"以评促建、以建促管、评管结合"的监测评价机制。

二、国家农业科技园区

自 2000 年提出建设国家农业科技园区以来，已建设国家农业科技园区（简称园区）270 家。按照客观性、系统性、可操作性、指导性 4 项原则，为适应新时代对国家农业科技园区发展的新要求，更加客观地反映园区建设成效，进一步为地方建设园区指明方向，2019 年完成了《2018年国家农业科技园区年报》《国家农业科技园区创新能力评价报告 2018》《国家农业科技园区创新能力监测报告 2018》。园区通过集聚创新资源，培育农业农村发展新动能，着力拓展农村创新创业、成果展示示范、成果转化推广和职业农民培训四大功能，加强农业先进技术组装集成，促进传统农业的改造与升级。

一是成为创新创业的重要基地。园区通过建设科技特派员创业基地、星创天地等创新创业平台，围绕主导产业，通过"龙头企业＋示范基地＋家庭农场"等模式，培育农业科技企业、专业合作社、家庭农场等新型农业经营主体，为科技特派员、返乡农民工、大学生、乡土人才创新创业营造了良好环境。截至 2018 年年底，全国园区引进培育企业数量达到 33 152 家，平均每家园区 124.16 家。其中，高新技术企业数量为 2406 家，占企业数量的比例为 7.26%；涉农高新技术企业的数量达到 1558 家，占高新技术企业的比例为 64.75%；上市公司的数量为 332 家，平均每家园区上市 1.24 家，占入驻企业数量的比例为 1% 左右。

二是成为成果示范推广的主阵地。园区发挥农业科技成果示范基地的作用，建立核心区试验、示范区转化、辐射区推广的技术扩散和联动机制，有力推动结构调整和产业升级。截至 2018 年年底，已取得授权的专利数达到 19 140 项，平均每家园区 71.69 项。其中，发明专利数量达 4372 项，占比约为 22.84%，平均每家园区 16.37 项。引进项目总数共 4197 项，开发项目数量达到 2775 项。引进的新技术、新品种和新设施的数量分别为 3841 个、10 146 个、4121 个。推广的新技术、新品种和新设施的数量分别为 3272 个、8394 个、2424 个。

三是成为培训职业农民的大课堂。园区充分发挥培训示范作用，以技术培训提高农民致富能力，带动农民就业，以稳定就业促进农民增收。2018 年，全国园区农民人均可支配收入均值为 21 887.12 元，高于园区所在地级市农民人均可支配收入的 15.20%。2018 年，全国园区技术培训总人次为 546.40 万人次，带动农户 1572.68 万人就业；全员劳动生产率为 11.71 万元 / 人，各项创新指标明显优于全国平均水平。

四是成为集聚科技创新资源的重要载体。截至 2018 年年底，已有 179 家园区建立了自己的测试检测中心，各园区共有测试检测中心 576 个，各园区共有院士专家工作站 722 个，科技企业孵化器 709 个；107 家园区设立技术交易机构，各园区共有技术交易机构 257 个；全国

104 家园区共建设 228 个众创空间，188 家园区构建了 444 个星创天地，科技特派员数量达到 29 916 人。

第三节
基层科技创新与科技扶贫

一、创新型县（市）建设

2018 年，首次对全国 1879 个县（市）开展县域创新能力监测，监测指标体系由创新投入、企业创新、创新环境、创新绩效、选填指标 5 个一级指标和 23 个二级指标构成，最终形成 2018 年全国县（市）创新能力监测报告，准确系统地掌握了全国县域科技创新状况。同时开展第三方评价，编制完成《2018 年全国县域科技创新能力评价报告》，为提升县域科技创新能力，加强分类指导，整合创新资源，构建多层次、多元化县域创新格局提供科学决策支持。通过监测数据和评价分析发现，县（市）创新能力较城市和区域偏弱，地区间差距巨大，部分东部地区县（市）创新能力远高于西部县（市）。从创新评价综合情况来看，县（市）普遍缺少大学、科研院所及高学历人才，提升县（市）创新能力应更加强调政府的引导作用，突出企业创新能力培育，强化高新技术产业集群效应，做好技术转移转化工作。

二、农业科技服务体系建设

一是深入推行科技特派员制度。2018 年是科技特派员制度推行 20 周年。自实施以来，科技特派员制度坚持以服务"三农"为出发点和落脚点、以科技人才为主体、以科技成果为纽带，在推动乡村振兴发展、助力打赢脱贫攻坚战中取得显著成效。全国已有数十万名科技特派员活跃在农业农村生产一线，领办创办 1.15 万家企业或合作社，转化示范约 2.62 万项先进适用技术，直接服务农民 6500 万人。

二是加强星创天地管理服务。自 2016 年《发展"星创天地"工作指引》发布以来，通过近 3 年的探索，构建了一套完整的工作机制。截至 2019 年年底，科技部先后备案了 3 批 1824 家国家级星创天地，汇聚创业导师 12 550 人，共有在孵创业团队 5520 个、在孵创业企业 5261 家，其中科技型企业 782 家，有效推动了更多人才、技术、资本等资源要素向农村汇聚，为培育新型农业经营主体、建设农业科技社会化服务体系、打赢脱贫攻坚战等搭建了良好载体，引导和开辟了人才返乡创业就业新渠道。编制完成《2019 年国家级星创天地创新能力监测报告和评价报告》，全面有效掌握各地星创天地建设发展态势。

三、科技助力脱贫攻坚

一是优化科技扶贫的政策供给。以构建稳定脱贫防止返贫的长效机制、增加农业科技服务有效供给、加强供需对接为目标，先后印发《科技部 2019 年科技扶贫工作要点及任务分工》《科技部 2019 年定点扶贫工作计划》《关于加强农业科技社会化服务体系建设的若干意见》等政策文件，系统部署年度科技扶贫工作，在国家重点研发计划专项指南编制，国家农业科技园区、农业高新技术产业示范区建设中明确同等条件优先支持贫困地区。2019 年，中央财政投入 3.2 亿元，继续实施"三区"人才支持计划科技人员专项计划，其中，向"三区三州"6个地区倾斜支持经费共计 1.45 亿元，占总经费的 45%，在总经费不变的情况下比 2018 年增加了 1025 万元。

二是实施科技扶贫"百千万"工程。围绕贫困地区科技人才平台园区需求，持续推进科技扶贫"百千万"工程。一是加强平台载体建设。截至 2019 年年底，累计在贫困县建设各类平台载体 746 个，其中，国家农业科技园区 53 个，国家级"星创天地"219 家，国家可持续发展实验区 16 个。二是开展精准帮扶结对。引导东部发达地区高校院所、龙头企业等与贫困地区新建帮扶结对 1248 对，建设示范基地 1987 个。三是扎实推进科技特派员全覆盖。充分发挥科技特派员在脱贫攻坚和乡村振兴中的作用，截至 2019 年 10 月，已向全国 81 293 个贫困村选派科技特派员 61 960 人，其中，深度贫困村 22 469 个。

三是推进定点扶贫与深度贫困地区脱贫攻坚。2019 年，科技部投入帮扶资金 7900 余万元，引进社会帮扶资金近 800 万元，培训基层干部及各类技术人员 2500 余名，科技部 5 个定点扶贫县贫困村实现科技特派员服务"全覆盖"，其中，陕西省柞水县、佳县和四川省屏山县实现脱贫摘帽。

第十一章
区域创新发展
与地方科技工作

2019 年，区域科技创新和地方科技工作呈现新的发展局面，持续推动京津冀协同创新、粤港澳大湾区国际科技创新中心、长三角区域创新共同体建设，正在形成创新型国家的三大区域创新核心动力源；打造北京、上海科技创新中心，建设国家战略科技力量。国家高新区、自创区取得积极进展。在新的历史时期，以新的科技创新思路继续推动西部大开发、东北老工业基地振兴、长江经济带绿色发展和高质量发展，区域科技工作以部省会商为主要抓手，持续优化推动地方科技工作，继续加强民族边疆科技工作。

第一节
国家战略区域布局

一、京津冀协同发展

推动京津冀协同发展，是关系国家发展全局的重大区域战略，积极贯彻落实习近平总书记关于京津冀协同发展的重要指示批示和党中央、国务院部署要求，2019 年 6 月，科技部印发了《科技部贯彻落实〈关于深入贯彻落实习近平总书记在京津冀协同发展座谈会上重要讲话精神的意见〉和〈京津冀协同发展 2019 年工作要点〉任务安排》，推动京津冀协同发展有关工作落实见效。

京津冀科技创新平台载体建设取得新进展。京津冀地区创新资源配置进一步优化，为突破关键领域核心技术瓶颈、孵化培育科技型中小企业、推动高质量协同发展建立了有力的技术支撑。加强技术创新工作，天津建设国家合成生物技术创新中心工作启动；北京国家新能源汽车技术创新中心建设工作取得积极进展。京津冀地区的成果转移转化工作成效明显，科技成果转化统筹协调服务平台建设工作不断推进，有力推动了北京优质科技成果在天津、河北落地转化和产业化。雄安新区科技创新工作取得新进展，中国移动产业研究院、中国电科网络空间安全研究院等 28

个项目入驻雄安新区市民服务中心，眼神科技、首航节能等 12 个中关村高技术企业将总部转移到雄安新区或在雄安新区设立分支机构。京津冀科技园区加强协调统筹共建公租，初步形成了以天津滨海中关村科技园为代表的共建共管园区、以保定·中关村创新中心为代表的技术品牌服务输出园区、以石家庄（正定）中关村集成电路产业基地为代表的产业链协同创新园区、以曹妃甸为代表的科技成果转化园区等多种合作模式。京津冀地区国际科技创新合作硕果累累，截至 2019 年年底，北京建设国际科技合作基地 118 家，拓展和深化与以色列、意大利、乌拉圭、古巴等国家的科技创新合作；开展发展中国家技术培训班项目，推动京津冀地区先进适用技术和产品"走出去"，为京津冀地区高校、研究机构和企业拓展国际合作及相关适用技术开发海外市场创造有利条件。

承担国家科技研发任务。根据京津冀各区域科技资源禀赋和发展目标，优化布局国家重点研发计划，加快实施"科技冬奥"专项。深入实施国家科技重大专项，支持北京承担宽带移动通信、核电、水体污染控制与治理、转基因、重大新药创制和重大传染病防治等专项；支持天津承担重大新药创制专项；支持河北承担核电、水体污染控制与治理和重大新药创制等专项。通过国家科技计划项目的实施，促进了京津冀地区相关科研单位的交流与协作，提升了京津冀地区科技创新水平。

加大引才引智力度，提升人才管理服务水平。设立创新型引智项目，引进海外高层次人才，推动京津冀地区高校结合自身特色优势与国外高水平大学及高端外国专家（团队）在人工智能、新能源材料、生物医药、防灾减灾、污染防治等领域开展学术交流、人才培养及合作研究。开展国外专家项目，设立专项资金支持京津冀用人单位聘请专家，借助专家带来的先进技术和管理理念，为用人单位解决技术难题、培养创新型人才，实现技术、管理等方面的创新。大力推进人才建设工作，实施创新人才推进计划。京津冀地区入选创新人才推进计划的人才、团队、基地共计 198 名（个），占比 6.6%。做好外国人来华管理工作，2019 年以来，京津冀地区实施外国人来华工作许可制度和外国人才签证制度，累计向来华工作的外国人发放工作许可 3.5 万份，签发人才签证近 600 份。

二、粤港澳大湾区国际科技创新中心建设

打造粤港澳大湾区国际科技创新中心，是习近平总书记亲自谋划、亲自部署、亲自推动的国家战略，建设粤港澳大湾区国际科技创新中心，有利于进一步密切内地与港澳科技创新合作，有利于贯彻落实新发展理念，加快培育发展新动能，实现创新驱动发展，为我国经济创新力和竞争

力不断增强提供支撑；有利于建立与国际接轨的开放型科技创新机制，建设高水平国际科技创新合作平台。2019年，粤港澳大湾区国际科技创新中心建设开局良好。

粤港澳大湾区积极承担国家科技研发任务。国家科技计划在粤港澳大湾区的整体布局进一步优化，不断推动科技成果转移转化。推动中央财政科技经费过境港澳，有力支持港澳科研单位承担国家重点研发计划项目。国家重点研发计划对港澳开放，国家有关部门与香港特区政府协商确定10所高校，与澳门特区政府协商确定4所高校，作为国家重点研发计划对港澳特区开放的试点单位，按照"一视同仁"的原则，与内地科研人员一样，有关港澳高校的科研人员可以以项目负责人的身份申报国家科技项目。

进一步完善科技创新政策措施。制定惠港惠澳有关政策，支持深港科技创新合作区发展。放宽人类遗传资源过境港澳，推进科研设施设备共享共用，支持港澳参与国际大科学计划和大科学工程。针对香港大学、香港中文大学、香港城市大学等香港高校在深圳等地成立的研究机构未享受免税进口科研仪器设备等问题，按照与内地机构"一视同仁"的原则，符合政策条件的香港在内地科研机构可享受科研仪器设备进口免税的优惠政策，免税政策惠及香港高校在内地设立的研发机构。按照标准统一的分类审批监管模式，为外国人办理来华工作许可提供更多便利，创造高端外籍人才在粤港澳大湾区工作生活的便利环境。加大"放管服"改革力度，对在线审核、窗口核验、许可决定等流程进行梳理优化。积极试点外国高端人才服务"一卡通"工作，优化外国高端人才在粤工作生活环境。

科技创新平台和载体建设进展良好。新型研发机构健康有序发展，2019年9月，科技部印发了《关于促进新型研发机构发展的指导意见》，明确了新型研发机构可适用申报政府科技项目、科技创新基地、人才计划等政策措施；指出地方政府可综合采取基础条件建设、科研设备购置、人才住房配套服务、运行经费、创新券等政策措施，支持新型研发机构加快发展；鼓励发挥中央引导地方科技发展专项资金、国家科技成果转化引导基金的作用，支持新型研发机构有效建设运营；指出"新型研发机构可联合境外知名大学、科研机构、跨国公司等开展研发，设立研发科技服务等机构"。粤港澳大湾区不断加强建设国家重点实验室，广东省有各类国家重点实验室28个，并分别支持香港、澳门建设16个和4个国家重点实验室。大湾区野外科学观测研究站建设也取得积极进展，截至2019年年底，已经建设了4个国家野外科学观测研究站，涉及森林生态系统、海洋生态系统及材料腐蚀等领域。在深圳建设国家新一代工智能创新发展试验区，建设"国家新一代人工智能开放创新平台"。在此基础上，继续依托深圳华为公司、平安公司在基础软硬件、普惠金融等方向，建设人工智能开放创新平台。广东持续发挥珠三角国家科技成果转移转化示范区作用，搭建科技成果转移转化平台，建设成为辐射泛珠三角、连接粤港澳大湾区、面向全球的科技成果转移转化重要枢纽。国家科技成果转化引导基金联合广东省地方财政和民间资本，共同设立创业投资子基金，基金总规模 10 亿元。2019 年 11 月，举办第 21 届中国国际高技术成果交易会，为企业交流合作和科技成果展览展示搭建了平台。

深圳西丽湖国际科教城建设驶入快车道。贯彻落实《中共中央、国务院关于支持深圳建设中国特色社会主义先行示范区的意见》文件精神，把支持深圳高标准规划建设深圳西丽湖国际科教城作为支持深圳建设中国特色社会主义先行示范区的一项重要工作，进一步强化产学研用深度融合创新优势。

高新区高质量发展取得新突破。推动阳江、韶关高新区升级国家高新区，以升促建，提高高新区科技创新能力。支持珠三角 9 市有关高新区发挥先发优势，加强与港澳共建各类合作园区，拓展经济合作空间，实现互利共赢。

粤港澳大湾区加大科技创新开放合作。建立与香港、澳门科技主管部门长期合作机制，不断加强内地与香港科技合作委员会、内地与澳门科技合作委员会的作用。两地科技合作委员会在有效推动中央财政科技计划实施、支持港澳科技创新发展、鼓励港澳科研人员参与国家科技计划、支持港澳地区科研和产业化基地建设、支持港澳青年创新创业等方面发挥了积极作用。积极开展海外引才和国际科技合作，鼓励广东地区高校、科研院所和企业引进海外高层次专家来粤开展技术指导、联合攻关、人才培养和成果转化，促进广东国际科技人员交流合作健康发展。通过高校国际化示范学院推进计划，支持中山大学建设"地理学国际化示范学院"，支持华南理工大学建设"先进材料国际化示范学院"。通过"高等学校学科创新引智计划"，支持华南师范大学、暨南大学等 8 所高校建立学科创新引智基地共 20 个。澳门发挥联系葡语国家纽带作用，促进中国与葡语系国家科技创新伙伴关系建设。推动香港加入国家临床医学研究网络体系，加强与香港共同开展临床研究，促进内地优势医疗科技创新平台与香港的医疗科技构建协同创新网络。

三、长三角区域创新共同体建设

2019 年，积极落实《长江三角洲区域一体化发展规划纲要》有关要求部署，把长三角科技创新作为全国区域科技创新的重要议题，加大支持力度，切实加强前瞻谋划和统筹推进。

长三角科技创新共同体建设进展顺利。按照党中央、国务院战略部署，科技部牵头，会同中央有关部门和长三角一市三省科技管理部门，以及中国科学技术发展战略研究院、清华大学等高端智库，聚焦长三角科技创新共同体建设的关键问题，开展《长三角科技创新共同体建设发展规划》编制工作，并取得积极进展。

编制 G60 科创走廊建设方案。科技部牵头成立推进 G60 科创走廊建设专责小组及办公室。2019 年 11 月，召开推进 G60 科创走廊建设专责小组第 1 次全体会议，明确专责小组成员和联络员名单，建立推动工作的组织协调机制，研究编制《长三角 G60 科创走廊建设方案》。

推进长三角科技创新平台载体建设。加强长三角综合性国家技术创新中心建设，有效解决技术和产业短板，提升原始创新和面向应用的基础研究能力。重点支持江苏参与建设第三代半导体国家技术创新中心。建设长三角科技资源共享服务平台，推动长三角有关单位围绕长三角科技资源开放共享机制开展联合研究。2019 年 4 月，正式开通长三角科技资源共享服务平台，已集聚科学仪器设施近 3 万台（套），总价值超过 300 亿元，初步构建起跨区域的科技资源共享服务体系。建设浙江、江苏苏南、上海闵行国家科技成果转移转化示范区。截至 2019 年，已在长三角地区设立 9 支创业投资子基金，总规模 183.5 亿元，转化基金出资 41.6 亿元，有效推动了长三角科技成果转化和产业化。积极在长三角布局建设国家农业科技园，截至 2019 年，已在长三角一市三省批复建设了上海浦东、浙江吉安、江苏淮安、安徽小岗共 29 家园区。江苏南京国家农业高新技术产业示范区于 2019 年 11 月获国务院批复。促进了长三角现代农业适用技术发展、农业科技成果转化和职业农民培训。

长三角积极承担国家科技计划项目。重点围绕物联网与智慧城市、宽带通信和新型网络、光电子与微电子器械、农作物育种、化学肥料和农药减施增效、大气污染联防联控、水资源高效开发利用、精准医学、重大慢性非传染性疾病防控等战略新兴领域，承担国家重点研发重点专项，截至 2019 年，长三角地区单位共承担国家重点研发计划项目 944 项。

长三角深化科技创新开放合作。一是举办各类展会。2019 年 4 月，科技部联合有关部门和上海市政府，共同主办第七届中国（上海）国际技术进出口交易会；2019 年 5 月；上海举办浦江论坛，共举办 4 场特别论坛和 11 场专场论坛。通过举办高层次展会，有效促进长三角地区科技创新国际交流合作。二是建立上海—以色列创新合作机制，科技部与以色列创新署、上海市科委、普陀区组成建设领导小组，积极协调有关工作。2019 年 12 月，中以（上海）创新园正式开园。三是深化中以常州创新园建设，2019 年，江苏省和常州市联合编制《中以常州创新园创新体系建设方案》。

加大引才引智力度。长三角地区企业和科研院所精准引进急需紧缺专家人才，特别是高精尖缺专家人才。2019 年，长三角企业和科研院所开展的外国专家项目共计 96 项，长三角高等院校"高端外国专家引进计划"共 427 项，长三角高等学校学科创新引智计划共 85 项，"高等学校学科创新引智计划 2.0"共 14 项。通过项目与基地建设，助力长三角在科研学科建设、国际交流等方面的发展。深入实施科技人才计划，组织实施创新人才推进计划等各项重大人才工程，支持长三角地区集聚高端人才。一系列高层次创新人才的引进，为长三角地区科技创新发展提供了智力支撑。

四、长江经济带绿色发展

推动长江经济带发展是党中央做出的重大决策，是关系国家发展全局的重大战略。2019 年，科技部认真落实推动长江经济带发展领导小组决策部署，根据《长江经济带发展规划纲要》要求，持续强化科技创新对长江经济带发展的引领支撑。

积极开展生态环保科技创新行动。研究编制《长江经济带生态环境保护修复科技创新行动方案》，围绕"大气污染区域控制技术研究""水资源高效开发利用"等方向布局国家科技计划项目累计达 86 项，投入总经费达 18.2 亿元。长江经济带相关优势单位积极承担国家研究任务，推动科技成果转移转化。四川成德绵、浙江（宁波）、上海闵行、江苏苏南等区域，围绕长江经济带生态修复和绿色发展的紧迫需求，开展国家科技成果转移转化示范区建设，加快推动适用性技术和成果转移转化。

加强长江经济带绿色发展的科技创新能力支撑。截至 2019 年，在长江经济带 11 个省市建设了水资源与水电工程科学、城市与区域生态、生命分析化学等 177 个国家重点实验室和 32 个国家野外科学观测研究站，在生态、环境等领域取得了燃煤机组超低排放关键技术研究及应用、高效甲醇制烯烃全流程技术、流域径流形成与转化的非线性机理、基于纳米复合材料的重金属废水深度处理与资源回用新技术等重要研究成果，加大科技创新促进了长江经济带绿色发展力度，为长江经济带经济和社会发展提供了重要支撑。

推动长江经济带区域科技创新发展。优化长江经济带国家高新区和自创区布局，支持国家高新区高质量发展，加快推动区域内符合条件的省级高新区升级为国家高新区，支持自创区创新驱动发展，积极探索创新政策先行先试。截至 2019 年，长江经济带沿线省市建设国家自创区 9 个，国家高新区 90 个，有力推动了长江经济带经济发展迈向质量变革、效率变革和动力变革的新征程。

五、北京、上海科技创新中心建设

科技创新中心是一个国家综合科技实力的集中体现和核心依托，建设北京、上海科技创新中心，对我国加快建设世界科技强国具有重要意义。

（一）北京科技创新中心建设

北京市聚焦国家重大需求，聚集优势，创新资源配置方式，加强关键领域核心技术攻关。围绕宽带移动通信、水体污染控制与治理、重大新药创制等国家重大科技需求，承担国家科技重大专项（课题）研究，截至 2019 年 12 月，北京共承担国家科技重大专项项目（课题）501 项，国拨经费 171.7 亿元。围绕国家重大战略需求和北京市经济社会发展需求，结合北京市科技和产业优势，重点在能源资源、生态环境、医药健康、信息科技等领域，承担国家重点研发计划，截至 2019 年，北京共承担国家重点研发计划项目 1484 项，国拨经费 342 亿元。探索建立颠覆性创新支持新机制。2019 年，科技部与北京市科委共同设立北京颠覆性技术创新基金，引导社会资本投入，并以社会资本为主，前瞻布局可能带来产业颠覆的重要前沿技术研发。通过国家重大需求牵引加强重大研发任务部署，强化核心技术攻关，有效提升科技创新中心自主创新能力。

建设重大科技创新基地，打造国家战略科技力量。截至 2019 年年底，北京地区建设学科重点实验室 79 个、企业国家重点实验室 38 个、国家研究中心 3 个，涵盖了化学、地球科学、数理信息、材料工程、生物医学等领域。这些实验室围绕低维量子体系的设计与基础理论研究、轨道交通安全保障与运输组织理论及关键技术、先进成形工艺等方向开展研究，取得了基于量子相变驱动的纠缠态生成、复杂环境下高速铁路无缝线路关键技术及应用等一系列重要成果。

坚持开放式创新，建设专业化、国际化科技成果转化与交流合作平台。提升北京国际科技交流合作品牌价值，科技部、中国科学院、北京市共同举办 2019 年中关村论坛，着力打造科技达沃斯；科技部与北京市共同举办第 22 届中国北京国际科技产业博览会，打造国际科技交流合作的重要平台；北京举办第 10 届中意创新合作周。建设国际科技合作基地和高水平开放协同技术创新平台，截至 2019 年，北京建立了 118 家国际科技合作基地，着力拓展和深化与以色列、意大利、乌拉圭、古巴等国家的科技创新合作。

深化科技体制改革，发挥先行先试和引领示范作用。北京市充分发挥科创中心改革引领示范作用，认真总结科创中心改革经验，会同发展改革委凝练形成全面创新改革试验第三批可复制推广的改革举措。在京 3 家高校和 20 家科研院所参与了扩大高校和科研院所自主权试点工作，积极探索赋予创新领军人才更大人财物支配权、技术路线决定权改革举措，在机构管理、人事管理、科研管理、薪酬分配等方面大胆改革探索，激发科研人员创新创业活力，引领带动全国高校和科研院所科研体制改革创新。

人工智能和医药健康产业创新发展。北京市围绕人工智能、医药健康两大领域，打造具有全球影响力的创新高地。在人工智能领域，2019年2月，北京开始建设第一个国家新一代人工智能创新发展实验区，研究形成了《关于支持北京建设具有全球影响力的人工智能科技创新中心行动计划（征求意见稿）》，推动北京在人工智能基础理论关键技术与应用方面实现重大突破，打造完善的人工智能产业生态系统。在医药健康领域，形成了《关于支持北京建设科技创新中心，打造具有全球影响力的医药健康创新生态协同创新行动计划（征求意见稿）》，聚焦脑科学与类脑研究、基因技术、结构生物学、干细胞等国际前沿研究领域，加快部署战略科技力量。

（二）上海建设具有全球影响力的科技创新中心

推进国家科技创新平台载体建设。着力建设国家实验室，打造国家实验室建设样板。在糖类药物、商用飞机制造等领域的国家技术创新中心建设持续推进。积极建设国家新一代人工智能创新发展试验区和开放创新平台，2019年8月，依托上海依图建设了"视觉计算国家新一代人工智能开放创新平台"，依托上海明略建设了"营销智能国家新一代人工智能开放创新平台"，充分发挥了行业领军企业的示范带动作用，构建良好的技术与产业创新生态。

在解决重大科技问题中发挥重要作用。上海相关企业牵头承担光刻机、大硅片、先进工艺等集成电路工程任务等国家科技重大专项。国家重点研发计划"七大农作物育种""发育编程及其代谢调节""合成生物学""纳米科技"等重点专项在上海实施，中国科学院、上海生命科学院、上海交通大学、复旦大学、中国科学院上海硅酸盐研究所等单位承担14项课题研究，有助于提升上海原始创新能力。

持续深化科技体制改革。积极开展科技计划监督评估和科研诚信联动试点，上海开展以数据为基础的科研诚信建设，强化政策落实，建立与政策法规体系相配套的管理体制，加强科研诚信标准研究，搭建上海科研诚信管理决策支持系统，推进数据融通，促进跨部门共同惩戒机制建设。制定科研诚信建设的管理办法，编制出台了《关于科研不端行为投诉举报的调查处理办法（试行）》（沪科规〔2019〕8号），推动学风作风转变。完善"科研诚信数据系统"建设，以科研管理全生命周期数据为基础，搭建涵盖科研成果数据、科技项目、科研经费、科研人才（专家评估等）、科技舆情等数据平台，为支撑政府决策、服务创新主体、推动科学研究提供高效的数据服务和相关产品，积极推进对接国家系统。

上海在长三角科技创新共同体建设中发挥龙头作用。按照习近平总书记对支持上海建设具有全球影响力的科技创新中心指示批示和党中央、国务院有关要求部署，充分发挥上海科创中心龙头作用，引领带动长三角科技创新共同体建设，重点推进《长三角科技创新共同体发展规划》和《G60科创走廊建设实施方案》的研究编制工作，推动集成电路"上海方案"、生物医药"上海方案"、人工智能"上海方案"的编制工作，支持加快建设生物医药、集成电路、人工智能产业创新高地，加快建设具有全球影响力的科技创新中心。

深化科技创新开放合作。积极牵头组织"全脑介观神经连接图谱"国际大科学计划和大科学工程。上海地区已经建立国际科技合作基地33个，有关单位牵头或参与了46国政府间国际科技创新合作项目。

强化科技创新对经济社会发展的引领支撑作用。为加快科技成果转化，特别是国家科技计划重点研发专项形成的成果落地转化，有效带动了上海及周边区域的创新发展和成果转化。设立创业投资子基金，创新中央财政的投入方式，设立国家科技成果转化引导基金，积极引导地方政府和社会资本设立了一批成果转化子基金。截至2019年年底，已设立国投（上海）科技成果转化创业投资基金、上海高特佳懿海投资合伙企业（有限合伙）、上海绿色技术创业投资中心（有限合伙）、上海沃燕创业投资合伙企业（有限合伙）4支子基金，基金规模144.2亿元，其中转化基金出资31.2亿元。4支子基金已投资了一批重大科技创新成果并落地转化，累计已投项目71个，项目投资总额84.12亿元，有效提升科技成果转化和产业化的速度和效率。

第二节
创新型省份和创新型城市建设

一、创新型省份建设

2019年，江苏、安徽、浙江、陕西、湖北、广东、福建、山东、四川、湖南10个地方继续推进创新型省份建设，科技创新工作取得积极进展。江苏大力建设产业科技创新中心，围绕产业核心技术攻关、高新技术企业培育、科技资源统筹、苏南国家自创区建设、深化科技体制改革5个方面打好"攻坚仗"。

安徽奋力在中部崛起中闯出新路，积极推进合肥综合性国家科学中心、合肥滨湖科学城、合芜蚌国家自创区建设，系统推进全面创新改革试验省"四个一"创新主平台和安徽省实验室、安徽省技术创新中心"一室一中心"建设。

浙江积极建设全面小康社会标杆省，打造"产学研用金、才政介美云"十联动创新创业生态圈，建设"互联网＋"和生命健康两大科技创新高地。

陕西认真落实习近平总书记关于"扎实推动经济持续健康发展，扎实推进特色现代农业建设，扎实加强文化建设，扎实做好保障和改善民生工作，扎实落实全面从严治党"的要求，大力推进西安国家自创区、杨凌农高区建设，发展科技大市场。

湖北开启"建成支点、走在前列"新征程，积极推进武汉东湖国家自创区、武汉全面创新改革试验。

广东以科技创新强省、实现"四个走在全国前列"为目标，努力打造粤港澳大湾区国际科技创新中心，发挥深圳高新技术产业示范带动作用。

福建贯彻落实习近平总书记亲自为福建擘画的"机制活、产业优、百姓富、生态美"新福建的宏伟蓝图，积极推进福厦泉国家自创区建设，推行新时代科技特派员制度实施，营造有利于创新创业创造的良好发展环境，为高技术企业成长建立加速机制。

山东围绕建设新旧动能转换综合试验区重大区域发展战略，发挥科技的支撑和引领作用，加快青岛海洋试点国家实验室、青岛高速列车国家技术创新中心、山东半岛国家自创区、黄河三角洲农高区等建设步伐。

四川着力推动经济高质量发展，突出"三个重点"（创新企业、创新人才、创新平台），提升"三个能力"（基础研究、技术攻关、成果转化），打通科技与经济结合、科技与金融结合等通道，构建"一干多支、五区协同"空间格局。

湖南坚持"创新引领、开放崛起"发展总体战略，持续增强高质量发展动能。提升超级杂交稻、超级计算机、超高速轨道列车"三超"产业技术优势，大力推进长株潭国家自创区建设。

据《中国区域创新能力评价报告 2019》显示，广东区域创新能力连续 3 年居全国首位，江苏位列第三，浙江、山东、湖北进入前 10 位。

二、创新型城市建设

截至 2019 年年底，科技部先后支持深圳、杭州、成都等 78 个城市（区）开展了创新型城市建设，覆盖了除西藏拉萨外的所有 30 个省会（首府）城市，并取得了显著成效。最新统计数据显示，

78 个创新型城市以占全国 10% 的面积、33% 的人口，汇聚了全国 78.5% 的 R&D 经费投入和 78.7% 的地方财政科技投入，集聚了全国 70% 的外国专家人才，拥有全国 85% 以上的有效发明专利（11.5 万件），培育和产出了全国 80% 以上的高新技术企业（10.7 万家）。78 个创新型城市拥有全国 70% 左右的普通高校（1825 个），90% 以上的中央级科研机构（342 个），90% 以上的国家重点实验室（449 个），90% 以上的部省共建国家重点实验室（29 个），80% 以上的国家工程技术研究中心（293 个），90% 以上的国家国际科技合作基地（576 个），50% 左右的国家高新技术产业开发区（80 个）和 80% 以上的营业收入（25.4 万亿元），80% 的科技部备案众创空间（1506 个）和 65% 以上的国家级科技企业孵化器（784 个）。显然，创新型城市已经成为建设创新型国家的关键节点。

为进一步推动创新型城市高质量发展，2019 年，以《建设创新型城市工作指引》（国科发创〔2016〕370 号）中的指标体系为基础，对标新时代高质量发展指标体系，同时充分借鉴国内外具有影响力的创新指标体系，构建国家创新型城市创新能力监测指标体系。指标体系包括创新基础、科教资源富集程度、产业技术创新能力、创新创业活跃程度、开放协同创新水平、支撑绿色发展能力 6 个方面 45 个具体监测指标。通过城市创新能力监测评价，评价结果作为下一步创新资源"精准"支持的重要依据，研究探索开展对创新型城市的分类指导。同时，为进一步优化创新型城市布局、新布局一批国家创新型城市，探索新的路径。另外，通过创新型城市监测评价，将深入研究探索建立国家创新型城市动态管理机制。

第三节
国家自主创新示范区与国家高新技术产业开发区建设

一、国家自主创新示范区建设

国家自创区通过体制机制创新和政策先行先试，不断整合国内外创新资源，集聚创新要素，发展新经济，推动建设具有重大带动作用的区域创新中心和全球影响力的创新高地。截至 2019 年，国家自创区数量已达 21 个，涉及全国 56 个城市，覆盖 61 个国家高新区。整体而言，国家自创区布局呈现由北至南、由东向西的多点"辐射"态势，既包括依托单一国家高新区建立的国家自创区，也包括依托多个国家高新区建立的城市群国家自创区；既有在创新资源密集地区建立的国家自创区，也有在创新资源相对短缺地区建立的国家自创区。从全国来看，国家自创区整体战略布局进一步均衡，辐射带动作用进一步增强，有力支撑了京津冀协同发展、长江经济带、粤港澳大湾区、长三角一体化等国家重大战略和"一带一路"倡议，成为我国创新驱动高质量发展的先行者和引领者。

一是强化体制机制改革和政策先行先试，充分激发创新活力。国家自创区坚持把体制机制改革和政策先行先试作为核心任务，按照国务院"可复制、可推广"的要求，在立法保障、科技成果转移转化、科技金融、人才引进培养、政府治理等方面纵深推进改革，探索了一批改革试点成果向全国推广，为我国全面深化改革、实施创新驱动发展战略探索新的路径和方法。

二是持续集聚高水平创新资源，不断提升自主创新能力。国家自创区坚持创新是引领发展的第一动力，着力增强战略科技力量，在科技创新领域勇闯无人区，实现原始创新的重大突破，一批标志性、世界级的重大科技创新成果相继涌现，有力支撑了新旧动能转换，加快推动经济高质量发展。2019 年，国家自创区内高新区财政科技拨款占财政总支出的比重为 17.2%，较 169 家国家高新区比重高 1.8 个百分点，是 2010 年财政科技拨款占比（8.8%）的近 2.0 倍。

三是推动创新创业高质量发展，打造大众创业、万众创新升级版。国家自创区加快提升创业平台质量和创业服务水平，着力优化创业生态环境，大力推动高水平创业，有效激发了创新创业活力，积蓄了创新发展新动能。

四是着力建设现代产业体系，不断推动经济高质量发展。国家自创区面对我国经济发展进入新常态等一系列深刻变化，把培育和发展新兴产业、推进经济结构调整作为主攻方向，加快培育新动能，积极打造新引擎，着力振兴实体经济，加快建设现代化经济体系，新兴产业蓬勃发展，传统产业提质增效，显著增强我国经济发展质量优势。

五是加大辐射带动开放共享，有力支撑和引领区域协调发展。国家自创区发挥增长极作用，主动融入京津冀协同发展、长江经济带、粤港澳大湾区、长三角一体化等国家重大战略和"一带一路"倡议，通过试点探索、制度创新、政策推广、技术交易、共建园区等多种方式，将先进发展理念和科学发展方式推广到周边和全国各地，形成良好的先行示范，实现从自我发展到共同发展，在促进我国区域创新一体化、东中西平衡发展和跨区域合作方面发挥了重要作用。

二、国家高新技术产业开发区建设

2019 年，169 家国家高新区各方面发展指标表现优异，在创新动力、产业支撑、环境建设和发展绩效上都成效显著，是引领国家经济高质量发展的核心板块。在决胜全面建成小康社会、全面建设社会主义现代化国家的新征程中，国家高新区正以新的国家战略方针为指引，更大程度地发挥以创新为驱动的高质量发展引领作用。

◎ 聚集创新资源，推动创新创业

2019 年，伴随着创新环境的持续建设和改善，国家高新区已成为我国集聚创新资源和开展创新创业活动的主平台。

在创新人才方面，国家高新区高学历和研发人才的增长速率均高于从业人员的平均增速，国家高新区的从业人员队伍整体结构不断优化，已经成为全国创新人才聚集的高地。截至 2019 年年底，国家高新区内企业年末从业人员 2213.5 万人，同比增长 5.8%。当年吸纳高校应届毕业生 77.3 万人，同比增长 10.1%，国家高新区企业成为吸纳高校毕业生就业的重要渠道；高新区企业从事科技活动人员 465.9 万人，较 2018 年提高 8.8 个百分点；本科及以上学历从业人员 842.1 万人，占从业人员总数的 38.0%，较 2018 年提高了 1.4 个百分点；R&D 人员 264.1 万人，比 2018 年增长 2.2%；每万名从业人员中 R&D 人员折合全时当量为 822.1 人年，是全国每万名从业人员中 R&D 人员折合全时当量（59.5 人年）的 13.8 倍。

在创新投入方面，国家高新区企业的研发投入强度处于较高水平。截至 2019 年年底，高新区企业 R&D 经费内部支出 8259.2 亿元，占到全国企业 R&D 经费支出的 48.8%，较上年提高 10.8%；国家高新区企业 R&D 经费内部支出与园区生产总值（GDP）的比例为 6.8%，是全国 R&D 经费支出与国内生产总值比例（2.23%）的 3.0 倍。

在创新载体建设方面，国家高新区集聚起更多研发机构和创新服务机构。截至 2019 年年底，国家高新区内共有各类大学 1052 所，同比增长 8.6%；研究院所 3893 家（其中国家或行业归口的研究院所 1054 家），同比增长 13.3%；博士后科研工作站 2481 个（其中国家认定 1272 个），同比增长 10.3%。国家高新区累积建设国家重点实验室（含省部共建）370 个、国家工程研究中心（包含分中心）109 个、国家工程技术研究中心 248 个、国家工程实验室 160 个、国家地方联合工程研究中心（工程实验室）436 个。其中，国家工程研究中心、国家重点实验室、国家工程实验室数量占全国的比重均超过 70%，国家工程研究中心占比超过 80%。企业技术中心达到 1.4 万家，其中经国家认定的企业技术中心（包含分中心）790 家，占全国企业技术中心（1637 家，包含分中心）的 48.3%，国家高新区企业逐步占有全国企业创新资源的半壁江山。同时，新型研发组织蓬勃发展，成为高新区"双创"平台建设的新亮点，2019年高新区拥有各类新型产业技术研发机构超过2000家，其中省级及以上1085家。

在创新产出方面，国家高新区企业专利数量增长迅速、成果丰硕。2019年，国家高新区企业当年专利申请数为77.9万件，其中发明专利申请受理数41.1万件，申请国内发明专利数35.6万件，占全国国内发明专利申请受理总量（124.4万件）的28.6%；当年专利授权数达到47.6万件，其中授权发明专利16.6万件，国内发明专利授权13.5万件，占全国国内发明专利申请授权量（36.1万件）的37.4%；拥有有效专利236.4万件，其中拥有有效发明专利85.8万件，拥有境内发明专利74.0万件，占全国国内有效发明专利拥有量（192.6万件）的38.4%。与上年同比，国家高新区企业各类型专利产出量增长率均在13%以上。2019年，国家高新区企业申请PCT国际专利2.7万件，占我国PCT国际专利申请数（6.1万件）的44.3%。

在成果转化方面，国家高新区专利转让活跃，企业技术交易规模庞大。2019年，国家高新区企业新产品产值达到82 281.9亿元，新产品实现销售收入86 612.0亿元，分别比上年增长1.9%和7.1%，新产品销售收入占产品销售收入的31.8%。国家高新区企业技术合同交易非常活跃，2019年国家高新区企业认定登记的技术合同成交金额达到6783.9亿元，占全国技术合同成交额（22 398.4亿元）的比重为30.3%。

在创业孵化方面，经历了数量爆发式增长后，国家高新区内的众创空间开始进入提质增效发展阶段。截至2019年年底，国家高新区共拥有3295家众创空间，其中科技部备案的众创空间为912家，形成了创业服务机构集聚的规模优势。国家高新区内共有国家级科技企业孵化器639家，占到国家级孵化器总数的54.3%；科技企业加速器775家。国家高新区内科技企业孵化器和加速器总面积分别为7424.2万 m² 和6377.0万 m²。国家高新区持续集聚和积累创新创业要素资源，科技企业孵化器、加速器为高新区创业主体注入了鲜活动力。据统计数据显示，纳入统计的624家国家级科技企业孵化器内共有在孵企业5.5万家，其中当年新增在孵企业1.4万家，累计毕业企业5.9万家。624家国家级科技企业孵化器内在孵企业从业人员86.7万人，较2018年增长4.0万人，其中吸纳应届毕业生8.3万人，较2018年增长0.3万人。

◎ **促进企业创新，推动产业升级**

2019年，国家高新区继续大力培育高新技术企业和发展高技术产业，在促进企业创新和推动产业升级方面成效显著，也使国家高新区成为我国创新发展的主力军和走向高质量发展的产业先行区。

企业创新主体队伍不断扩大。2019年国家高新区拥有经认定的国家高新技术企业8.1万家，同比增长 20.9%，其中近 8 万家上报统计数据，占全国上报统计数据高新技术企业数量（21.9 万家）的 36.4%，占高新区入统企业总数（14.1 万家）的 56.4%，较上年增长 4.1 个百分点。

产业结构持续优化。从主要经济指标来看，2019 年高技术产业创造的营业收入、工业总产值、净利润、上缴税费和出口总额分别为 127 604.0 亿元、74 745.7 亿元、9861.8 亿元、5422.6 亿元和 25 300.4 亿元，除上缴税费外，其余 4 项指标占高新区总体经济指标的比重均超过 30%，其中出口总额占高新区整体出口的比重更大，达到 61.2%；尤其高技术服务业发展迅速，2019 年高新区高技术服务业企业共计 55 513 家，同比增长 24.9%，占高新区入统企业的 39.3%，高技术服务业企业数量为高技术制造业企业数量（18 166 家）的 3 倍多。

企业创新活动进一步增强。截至 2019 年年底，国家高新区的 14.1 万家企业科技活动经费内部支出 16 115.7 亿元，较上年增长 27.1%，国家高新区企业的研发投入强度处于较高水平。

拓展融资渠道，健全企业多元融资市场。2019 年，国家高新区内共有上市企业主体 1476 家，较 2018 年增加 127 家，按上市地点高新区内的上市公司主体进行划分，在境内上市 1301 家，占比 88.1%；在境外上市 175 家，占比 11.9%。境内上市的 1301 家企业上市市场分布为：深交所主板上市 104 家，中小板上市 308 家，创业板上市 428 家，上交所主板上市 408 家，科创板上市 53 家；境外上市的 175 家企业上市市场分布为：香港 107 家，纳斯达克 34 家，纽交所 22 家，新加坡 4 家，伦敦 1 家，其他境外地区市场总计 7 家。国家高新区在推动完善多层次资本市场方面进行了有力探索，"新三板""新四板"等创新的科技金融业务逐步完善繁荣发展。"新三板"在国家高新区试点成功，成为高新区科技型中小企业通过股权融资和早期创投资本退出的重要机制。目前，"新三板"分层制开始实施，市场流动性持续改善，有力地带动了全国科技金融的发展。截至 2019 年年底，国家高新区有 3501 家企业通过代办股权转让系统（新三板）挂牌，占全国新三板挂牌企业数量（8953 家）的 39.1%，占比较上年进一步增加。同时，据不完全统计，国家高新区还有 2870 余家企业通过区域性股权交易市场（新四板）挂牌。

产业质量和效益不断提升。2019 年国家高新区企业人均创造价值的能力继续提升，除实际上缴税费外，人均经济效益指标较 2018 年稳步提升。2019 年，国家高新区人均营业收入、人均工业总产值、人均净利润、人均上缴税费、人均出口额分别为 174.2 万元、108.5 万元、11.8 万元、8.4 万元、18.7 万元。2019 年国家高新区的劳动生产率为 36.4 万元／人，是全国全员劳动生产率（12.8 万元／人）的 2.8 倍，国家高新区依然是全国经济效率的高地。

◎ 扩大国际合作，开放发展再上新台阶

2019 年，国家高新区面向更高层次的开放，创新国际化再度加速，正成为我国全面参与全球创新竞争的主阵地。

对外出口贸易不断扩大，出口贸易结构持续优化。2019 年，国家高新区出口总额（41 451.7 亿元）占我国出口总额（货物及服务出口 191 906 亿元）的比重为 21.6%，较上年提高 1.1 个百分点。其中，高新技术产品出口总额为 23 514.4 亿元，同比增长 7.4%，占全国高新技术产品出口总额（50 427 亿元）的比重为 46.6%，较上年提高 2.3 个百分点；技术服务出口总额 2550.7 亿元，同比增长 15.4%，占全国技术服务出口总额（19 564 亿元）比重为 13.0%，较上年提高 0.5 个百分点。高新技术产品出口和技术服务出口占高新区出口总额比重分别为 56.8% 和 6.2%。

整合全球资源能力增强。2019 年，国家高新区企业当年实际利用外资金额达到 3827.6 亿元，同比增长 13.8%，占全国实际使用外商直接投资金额（9415 亿元）的比重为 40.7%。其中，企业海外上市融资股本达到 1820.9 亿元，同比增长 102.6%；入统企业对境外直接投资额为 1549.0 亿元，同比增长 19.4%。

国际创新合作再上新台阶。国家高新区积极鼓励跨国公司设立研发机构，加强外资研发机构的技术溢出，截至 2019 年年底，国家高新区内共有外资研发机构 4242 家，较 2018 年增长 16.4%，外资研发机构成为有效配置国际创新资源的重要平台。国家高新区吸纳大量海外高层次人才创办、经营企业，截至 2019 年年底，国家高新区企业从业人员中有留学归国人员 17.1 万人、外籍常住人员 7.8 万人、引进外籍专家 1.6 万人，除引进外籍专家较上年略有下降外，留学归国人员和外籍常住人员较上年保持平稳增长。国家高新区共有留学生创办企业 5.0 万家，较 2018 年增长 5.2%。

国家高新区创新国际化不断取得进展。高新区企业不断加快国际化步伐，"走出去"成为抢抓发展机遇的一条重要路径。高新区企业通过加大科技研发与创新，将越来越多的高新区特色优质资源输出到国外市场，打开了国际渠道。2019 年，国家高新区企业共设立境外营销服务机构 6324 家，设立境外研究开发机构 1842 家，设立境外生产制造基地 860 家，其中当年在境外设立的分支机构 1749 家。国家高新区大力促进企业国际知识产权创造、运用、保护和管理，截至 2019 年年底，国家高新区企业拥有境外授权专利 15.3 万件，其中授权境外发明专利 11.8 万件，拥有境外注册商标 10.8 万件，共有 241 家企业参与国际标准的制定；其中，内资控股企业拥有境外授权专利 12.5 万件，拥有境外注册商标 7.9 万件，共有 194 家企业参与国际标准的制定，内资控股企业境外知识产权数量占全部企业的比重超过 70%。

◎ 秉承"五大"发展理念，坚持绿色共享发展

2019 年，国家高新区秉承"五大"发展理念，把生态文明和绿色发展放在高新区建设的突出位置，致力于产城融合和宜居宜业园区环境的打造，绿色发展和共享发展的程度不断提高。

根据国家高新区问卷调查显示，国家高新区平均绿化覆盖率达到 41.9%，森林覆盖率平均为 27.6%；且超过 84.6% 的国家高新区出台了环境保护和绿色发展政策（数据来源：调查问卷；样本量 N=169）。全国 169 家国家高新区中有 83 家高新区获得国际或国内认证机构评定认可的 ISO 14000 环境体系认证。国家高新区积极推动园区企业节能降耗，2019 年国家高新区工业企业万元增加值综合能耗为 0.464 吨标准煤，平均能耗较 2018 年继续降低。国家高新区坚持宜居宜业发展理念，着力提升综合承载力，调查问卷显示，2019 年，国家高新区 PM2.5 低于 50 的天数为 253.5 天，空气质量排前 10 位的国家高新区 PM2.5 低于 50 的天数均在 350 天以上（数据来源：调查问卷；样本量 N=169）。

◎ 综合进步速度加快，高质量发展态势明显

国家高新区的劳动生产率增长持续向好，反映出国家高新区正在不断走向高质量发展和更加高质量发展的进步道路。

国家高新区坚持科技创新的发展方式，促进生产效率不断提升，持续推动产业结构不断优化升级，2019 年国家高新区企业人均创造价值的能力继续提升，除实际上缴税费外，人均经济效益主要指标较 2018 年稳步提升。

第四节
地方科技工作

部省会商是科技部与省（区、市）共同围绕落实国家战略部署和服务地方发展需求，就科技创新重点工作深入协商、形成共识、集聚资源、合力推进的一项工作制度。经过多年的探索和实践，科技部已与全国 31 个省（区、市）建立了部省会商工作制度，部省会商已成为双方落实中央决策部署的重要抓手、服务地方发展需求的重大平台、系统推进科技工作的有效渠道、完善区域创新体系的有力手段，对加快实施创新驱动发展战略，建设创新型国家发挥了重要作用。

2019 年，为深入贯彻习近平新时代中国特色社会主义思想和党的十九大精神，认真落实习近平总书记关于科技创新的重要论述和对地方发展的系列指示要求，进一步规范、有序、务实、高效推进部省会商工作，更好发挥部省会商对加快实施创新驱动发展战略、建设创新型国家的重要作用，科技部制定了《部省会商工作规则》，明确了会商总体要求、会商内容、会商条件、会商程序和组织实施 5 个方面的内容。根据《部省会商工作规则》，科技部分别与云南、重庆、四川、新疆、西藏、内蒙古等省（区、市）人民政府进行了会商，有力地推动了地方科技创新工作。

在西部地区加强具有科技资源优势的重庆、四川的科技创新发展，推动成渝地区成为具有全国影响力的重要经济中心、科技创新中心，打造带动西部地区高质量发展的重要增长极和新的动力源。2019 年 3 月，科技部与重庆举行会商，支持重庆以建设国家（西部）科技创新中心为目标，加强顶层设计，进一步找准定位、完善机制、明确任务、深化改革，加快创新驱动发展，发挥对西部地区乃至全国的示范带动作用。2019 年 5 月，科技部与四川举行会商，支持四川以创新型省份建设作为全省创新发展的旗帜性抓手，加强系统设计和总体布局，着力加强关键领域核心技术自主创新能力，统筹基础研究、应用基础研究和技术创新；着力深化科技体制改革，营造良好创新氛围；着力完善区域创新体系，更好融入"一带一路"科技创新行动计划；着力加强绵阳科技城建设，推进中医药等特色产业领域创新发展。

加强边疆地区的科技创新，发挥对周边地区的辐射带动作用。第一，找准科技工作的着力点和突破口。2019 年 3 月，科技部与云南举行的会商中，强调坚持创新是第一动力，进一步聚焦发展重点，加强战略规划，补足存在短板，优化科技创新良好生态，促进优势创新资源在滇集聚，强化经济的创新力和竞争力，支撑高质量发展，更好地发挥云南对南亚、东南亚的辐射带动作用。第二，用好东西科技合作机制。2019 年 8 月，科技部与新疆举行的会商中，提出支持新疆发挥乌昌石自创区辐射带动示范作用，以自创区和创新型城市建设为抓手，用好科技援疆、四方合作等机制，打造新疆发展新动能，提升国际科技创新能力，做好科技兴兵团、人才强兵团工作，为新疆经济社会发展提供有力支撑。第三，聚焦提升欠发达地区科技成果承接和转化应用能力。在2019 年 9 月，科技部与西藏举行的会商中，强调加快把科技成果转化为现实生产力，促进产业结构调整和绿色生态可持续发展，着力构建大科技援藏格局，不断加大创新政策、平台基地、人才引进等方面的支持力度，助力西藏创新驱动发展。第四，发挥边疆地区科技创新比较优势。2019年 12 月，科技部与内蒙古举行的会商中，明确支持内蒙古聚焦经济社会发展需要和创新发展重大需求，以创新型内蒙古建设为抓手，加强顶层设计，建立"科技兴蒙"工作新机制，营造有利于创新的科技生态，从人才、项目、平台等多方面入手，推动内蒙古创新驱动发展，有力支撑创新型国家建设。

第五节
民族边疆科技工作

一、科技支宁、科技兴蒙、科技入滇

（一）科技支宁

近 10 年来，科技部着眼全国区域创新体系建设，对宁夏科技创新在政策上倾斜、资金上支持、项目上帮扶、人才上培养，帮助宁夏建设了一批创新平台，破解了一批创新发展难题和瓶颈，有力地助推了宁夏转型、高质量发展。"科技支宁"东西部合作机制建立以来，有关省市、高校和科研院所积极响应习近平总书记关于东西部科技合作的重要指示精神，充分发挥东部地区科技人才、技术成果方面的优势，围绕宁夏创新所需开展重大关键技术联合攻关，"双创"载体共建、人才引进培养、创新主体培育，带动创新资源向宁夏聚集，取得了一批科技创新成果，进一步激发了宁夏的科技创新活力。截至 2019 年，与宁夏签署科技合作协议的省市达到 8 个、高校院所达到 8 个，参与东西部科技合作的区外高校、院所已经超过 150 个。汇聚科技创新资源成效明显，中国工程院科技发展战略宁夏研究院组织实施了 15 项由院士领衔的宁夏产业发展重大战略研究，建设了贝银（银川）轴承研究院、绿色氰胺产业技术研究院等一批新型研发机构，各类合作载体达到 67 个，以企业为主体柔性引进的科技创新团队达到 35 个，吸引了 1700 多名区外科技人才参与宁夏科技创新活动，有效弥补了宁夏科技创新资源短板，攻克了一批重大关键技术瓶颈。国产大飞机子午线航空轮胎样胎下线，潜艇用高端控制阀实现国产化，世界最大年产 2000 万 t 智能综采输送装备研制成功，培育成功了水稻高产品种宁粳 48 号、小麦新品种宁春 55 号等农业新品种，为宁夏产业高质量发展增添了新动能。

2019 年，深入贯彻落实习近平总书记视察宁夏时的重要指示精神，科技部加强与宁夏的对接，逐项分解细化会商议题，认真完成好双方议定的各项任务；紧紧围绕宁夏发展的重大需求，不断加大对宁夏科技及经济社会发展的支持力度，积极建设园区载体，搭建平台、做好服务，推动东部科技创新资源向宁夏流动；持续深化"科技支宁"东西部合作机制，坚持目标导向、需求牵引，进一步强化东西部科技创新合作，坚持以科技园区为载体开展产业务实合作，共同营造良好的科技创新生态，将"科技支宁"打造成东西部科技创新合作的样板，示范带动西部地区创新驱动发展。

（二）科技兴蒙

深入贯彻落实习近平总书记两次考察内蒙古、两次参加全国人大内蒙古代表团审议会议时的重要讲话、重要指示批示精神，科技部加强与内蒙古的对接，按照国家重大战略部署找准定位，发挥创新比较优势，聚焦内蒙古经济社会发展需要和创新发展重大需求，推动内蒙古创新驱动发展。2019 年，科技部与内蒙古召开部区工作会商会议，会上部区双方签订了《科学技术部 内蒙古自治区人民政府工作会商制度议定书（2019—2024 年)》。科技部支持内蒙古建立"科技兴蒙"工作新机制，以创新型内蒙古建设为抓手，加强顶层设计，营造有利于创新的科技生态，从人才、项目、平台等多方面入手，坚定实施创新驱动发展战略。

（三）科技入滇

科技入滇工作起始于 2012 年，为落实《国务院关于支持云南省加快建设面向西南开放重要桥头堡的意见》，打造我国面向西南开放的科技创新与技术转移基地，推动更多的高等院校、研发机构、科技型企业与云南开展科技合作与交流，共同开拓东南亚、南亚市场，科技部和云南省政府决定在昆明共同举办科技入滇对接会，构建科技入滇的长效机制和合作平台。2012 年以来，累计召开"科技入滇"对接会 3 次，云南省政府与中国科学院、中国工程院、国家自然科学基金委等机构建立长期稳定的战略合作关系，与清华大学、北京大学、南方科技大学等 21 所国内著名高校签署战略合作协议；上海交通大学、北京理工大学、南开大学等高校在云南建立独立法人的研究院（新型研发机构）或成果转化机构；沪滇、京滇、长三角、泛珠三角区域科技合作持续推进并取得丰硕成果，显著提升了云南省的科技创新水平。"科技入楚""科技入玉"等"科技入滇"专场向州市延伸，"科技入滇"长效机制逐步形成。云南省累计征集科技创新需求 3896 项、供给 5000 余项，共实现"四个落地"1907 项；先后引进 348 位院士专家团队入滇，形成了"铺天盖地"式的院士专家群。

2019 年 3 月，科技部与云南召开了部省会商工作会议，以贯彻落实习近平总书记考察云南重要指示精神为主线，确定未来两年重点在强化"绿色科技"创新供给、提升区域创新能力、促进科技惠及民生等方面加强合作，推动云南打造绿色科技强省，促进经济高质量跨越发展。

二、科技援疆、援藏援青

（一）科技援疆

深入落实第七次全国对口援疆工作会议精神，进一步发挥科技创新对新疆社会稳定和长治久安总目标的支撑引领作用，不断加大政策、项目、基地、平台、人才等创新资源的支持力度，推动新疆创新发展，科技援疆工作取得显著成效，有力支撑新疆社会稳定和长治久安。统筹部署"大科技援疆"格局。强化科技援疆的规划部署，集聚多方科技资源，积极动员科技口部门、对口援疆省市、高校、院所、企业等全国科技力量，不断加大对新疆的支持和帮扶力度，新疆与 23 个援疆省市签订科技合作协议。加强部区战略对接、措施协同、政策衔接，及时研究解决重大问题，协同推进创新型新疆建设。完善创新驱动发展试验区协同创新机制。建立了新疆维吾尔自治区、科技部、深圳市和中国科学院"四方"合作机制，共同推动试验区建设成为我国面向中亚、西亚的创新高地，支撑丝绸之路经济带核心区建设。

第五次科技援疆大会（2015 年）以来，"大科技"援疆机制日益完善。对口援疆科技合作机制由"19+2"扩展为"21+2"（19 个对口援疆省市和 4 个参与科技援疆省市），新疆 14 个地州市实现科技援疆"全覆盖"。各省市累计实施成果转化项目 3300 余项，金额达 11.1 亿元。新疆与各省市共同实施的科技援疆计划实现先进技术转移及成果转化 533 项，吸引高层次科技人才 2385 人，培养本地硕士研究生及以上人才 715 人。统筹"输血"与"造血"，新疆科技支撑引领作用持续增强，逐步形成多领域、多层级、全方位的科技援疆载体，新疆已建立 25 个国家和自治区级高新区及高新技术产业基地、33 个国家和自治区级农业科技园区、142 个国家和自治区级工程技术研究中心。援疆省市在受援县市共建园区 30 个，共建实验室 10 个，共建工程技术研究中心 11 个、研究基地 42 个。

2019 年 8 月，科技部在新疆乌鲁木齐组织召开第六次全国科技援疆暨"四方"合作推进会议，支持新疆充分发挥"四方"机制作用，以乌昌石国家自主创新示范区为核心载体，以创新政策先行先试、创新资源集聚、创新开放合作为重点内容，系统推进创新驱动发展试验。支持新疆与中国科学院、深圳加强合作，吸引中国科学院和深圳更多的科技人才、成果、基地到新疆落户。

（二）援藏援青

深入落实中央第六次西藏工作座谈会部署，结合西藏和四省藏区经济社会发展实际需求，加大创新政策、平台基地、人才引进等方面支持力度，积极提升区域科技创新能力，为西藏和四省藏区经济社会发展和长治久安总目标实现提供有力支撑。推动形成"大科技"援藏的良好局面。加强科技援藏和援青工作顶层设计。编制完成《"十三五"全国科技援藏规划》《"十三五"科技援青规划》，撰写《西藏和四省藏区人口资源环境与经济社会协调发展研究》报告。按照中央部署要求，紧密结合区域发展实际需求，对"十三五"时期动员各方力量开展科技援藏、援青的重点工作进行了全面部署。贯彻落实《中共中央关于进一步推进西藏经济社会发展和长治久安的意见》，科技部印发了贯彻落实该意见的实施方案，提出了加强创新能力建设、推动高原特色优势产业创新发展、促进民生领域科技创新等 6 个方面共 23 条措施，逐项分解到部内相关单位并积极推动落实。

2019 年 9 月，科技部与西藏自治区召开 2019 年部区工作会商会议，双方确定围绕落实国家重大战略任务、全面提升科技创新能力、促进优势特色产业创新发展和进一步完善科技援藏机制等方面加强合作，助力西藏实现创新驱动发展。2019 年 7 月，科技部印发了科技援青相关工作的通知，支持青海与北京、上海、天津、山东、浙江、江苏 6 个对口支援省（市）建立科技援青工作机制，在对青海受援自治州进行对口支援的同时，积极与青海其他市（州）建立合作关系，进一步推动青海与东部省（市）开展科技合作，做好青海项目需求汇总，积极开展项目需求对接工作。

三、支持兰白试验区建设

自兰白试验区建设获批以来，努力探索欠发达地区依靠创新驱动实现跨越发展的新模式和新路径。截至 2019 年，兰白地区已有 1 个国家自创区、2 个国家高新区、1 个国家经济区和 3 个国家大学科技园，是国家新型工业化产业示范基地、智慧城市试点、生物产业基地、文化科技融合示范基地。形成了石油化工、有色冶金、装备制造、新材料、新能源、生物医药、航空航天、轻纺食品、建材陶瓷、特色农产品加工等产业集群和企业集团。石化装备、新能源装备、军工装备、生物制品、重离子辐射应用极具产业竞争力。生物产业汇聚了 20 多家重点骨干企业，培育了 30

多个市场潜力大的高技术产品，部分领域关键核心技术达到国际先进水平。信息产业、文化创意、金融服务、数字出版等产业在西部具有竞争优势。兰州、白银高新区获中央支持创新创业特色载体，获得资金7700万元。截至2019年年底，兰白试验区生产总值预计达到805亿元，比2017年增长2.83%，规模以上企业工业增加值预计达到372亿元，现有高新技术企业将近500家，比2017年增长65.56%，146个招商引资项目实际到位近311亿元。

第十二章
科技对外开放与合作

2019 年，国际形势中不稳定和不确定因素日益增多，但和平与发展仍是时代主题，全球化和多极化在曲折中负重前行。中国秉持互利共赢原则，弘扬共商共建共享的全球治理理念，稳步发展大国关系，与周边及发展中国家深化友谊，持续扩大国际科技合作，在人文交流、共建联合实验室、科技园区合作和国际技术转移 4 个方面发力，推动高质量共建"一带一路"，构建全球互联互通的创新合作体系，为解决全球性挑战贡献更多中国力量。

第一节
"一带一路"创新合作

2019 年，中国积极发挥科技创新在推进"一带一路"建设中的支撑和引领作用，打造"一带一路"创新共同体，"一带一路"科技创新行动计划取得务实进展。

一、加强科技人文交流，促进科技界"民心相通"

2019 年 4 月，中国科技部主办的"创新之路"分论坛首次在"一带一路"国际合作高峰论坛期间举行，来自 33 个国家、地区和国际组织的近 150 名中外代表分享合作经验，展望合作前景，探讨合作倡议，为下一阶段各国科技创新合作指明了发展方向与实现路径，凝聚了合作共识。其间，中国科技部与有关国家科技创新主管部门共同发布了《"创新之路"合作倡议》。同月，中国科技部（国家外国专家局）与深圳市人民政府共同主办的第十七届中国国际人才交流大会在深圳开幕，举办了"一带一路"科技人文交流系列专场活动，如"一带一路"科技人文交流成果展、中外青年科学家互动沙龙、2019 年"一带一路"科技人文交流青年论坛和国际杰青深圳行等，来自 9 个国家的 20 位国际杰青计划外籍青年科学家和 12 位中国青年科学家，以及相关单位代表等共 70 多人参会交流。5 月，中国政府举办了 2019 年"一带一路"科普交流周，来自韩国、泰国、马来西亚、德国、新加坡、俄罗斯、英国、奥地利等 13 个国家的科普场馆、科研机构、科学中心代表参加，面向公众开展科普报告、科普展演等互动交流活动。中国科技部"国际杰青计划"、中国科学院"国际人才计划"等渠道支持 583 人次"一带一路"共建国家科学家来华工作，"发展中国家技术培训班"培训近 1500 名共建国家学员。

二、积极共建联合实验室，搭建多层次科研合作平台

2019 年，中国科技部继续支持机构间联合实验室合作，拓展政府间联合科研平台建设，认定建设首批 14 家"一带一路"联合实验室，围绕农业、医药健康、能源、先进制造等重点领域开展联合研究。中国科技部强化"一带一路"联合实验室规划，研究形成《"一带一路"联合实验室建设规划》，为深入有序开展相关工作制定了基本框架制度。通过共建联合实验室，中国与"一带一路"沿线国家促进了高水平科学研究，加强了科研资源互联互通，带动了创新资源开放共享。

三、推动科技园区合作，打造对外开放"新名片"

面向"一带一路"沿线国家，中国结合各国创新及产业发展实际，鼓励发挥多元化合作主体的作用，积极创新合作模式，推进与相关国家的科技园区合作。2019 年，中国举办两期科技园区和孵化器管理建设培训班，培训 50 余名学员，积极分享中国科技园区发展经验。中国召开"一带一路"科技园合作座谈会，发布《"一带一路"科技园区合作实施方案》，进一步推进国家高新区开展"一带一路"科技园区合作。中国结合各国创新及产业发展需求，积极发挥多元化合作主体的作用，通过共建创新园、孵化器和加速器等，在农业、食品加工、新材料、新能源等领域开展创新服务平台合作，促进园区创新发展。

四、加快推进技术转移，构建技术转移协作网络

中国与东盟、南亚、阿拉伯、中亚和中东欧国家共建 5 个国家级技术转移平台，举办相关区域技术转移与创新合作大会，广泛开展技术推介与产业对接，与此同时，开展东盟、南亚、非洲青年科学家创新中国行活动，助力形成稳定的合作渠道及网络。中国政府鼓励和支持国内各层级国际技术转移平台有序发展，启动构建"一带一路"技术转移协作网络。2019 年 9 月，中国科技部和联合国开发计划署（UNDP）合力推动的"技术转移南南合作中心"在北京正式成立，力求通过建设技术转移领域南南合作的智库，探索将中国发展经验和最佳实践用于解决技术合作面临

的共性问题；搭建精准对接技术需求与供给的平台和数据库，为南南合作伙伴提供适宜的可持续发展技术解决方案；建立"一带一路"沿线技术示范与推广枢纽，与沿线国家共享中国技术创新发展经验；打造技术转移能力建设基地，开展知识分享、培训交流研讨会和技术示范等能力建设活动。

第二节
多边科技合作

在当前国际秩序纷乱交错的背景下，多边科技合作显得越来越重要。多边科技合作从无到有、从少到多，正在为促进世界经济增长和完善全球治理做出贡献。

一、中国参与的多边机制下的科技合作

2019 年，中国积极参与金砖国家合作、中东欧国家合作、清洁能源和创新使命机制、亚太经济合作组织等多边治理机制，提高了科技创新的全球化水平和国际影响力，向世界贡献了中国智慧和方案。

（一）与金砖国家加强科技创新合作

2019 年 8 月，第五届金砖国家通信部长级会议在巴西巴西利亚召开，与会各方围绕金砖国家信息通信领域政策重点、政府与企业合作、加强多边机制下的金砖协作、推动数字化转型等议题进行了深入讨论，审议通过了《巴西利亚宣言》，明确了金砖国家未来网络研究院职责范围，一致同意鼓励利益攸关方参与金砖国家信息通信领域合作，深化设施互联互通、数字技术创新、数字化转型、数字治理等多领域的务实合作，建立数字金砖任务组。同月，第五次金砖国家环境部长会议在巴西圣保罗召开，与会各方探讨了海洋垃圾、固废管理、大气质量等议题，审议通过了《第五次金砖国家环境部长会议联合声明》等文件。

9 月，第七届金砖国家科技创新部长级会议在巴西坎皮纳斯召开。与会各方发表了《坎皮纳斯宣言》《金砖国家科技创新工作计划（2019—2022 年）》《金砖国家科技创新新架构》《创新金砖网络实施框架》等成果文件，重申继续加强五国科技创新合作，完善五国伙伴关系。金砖国家决定在研究合作、创新合作、科研基础设施、打造可持续合作 4 个方面加强合作和交流，在防灾减

灾、绿色能源、新材料与纳米技术、信息通信技术和高性能计算、天文学、生物技术及生物医药、海洋和极地科学技术、地理空间技术和光子学领域进一步开展合作研究。11 月，金砖国家领导人第十一次会晤在巴西巴西利亚举行，优先议题之一是"加强科技创新合作"，充分体现了五国领导人对科技创新的重视。

（二）推进"中国—中东欧国家合作"机制下的创新合作

2019 年 10 月，中国科技部联合塞尔维亚政府负责创新和技术发展的部门在贝尔格莱德成功举办了"第四届中国—中东欧国家创新合作大会"。来自中国、中东欧和欧洲其他相关国家的1000 余名政府和产学研界代表参会。中方组织了国内 15 个省（区、市）的 300 余名产学研代表参会，展示项目达 40 余项，涉及高速铁路、信息通信、人工智能、智慧城市与智能交通、高端装备制造、新能源、新材料、健康医学、农业技术、科技园区建设与管理等多个领域。大会期间，还举办了创新合作论坛、主题演讲、专题讨论、项目推介会、一对一洽谈、展览展示等丰富多彩的活动。

（三）深度参与清洁能源部长级会议和创新使命部长级会议机制

2019 年 5 月，第十届清洁能源部长级会议（CEM-10）及第四届创新使命部长级会议（MI-4）在加拿大温哥华举行。中国在清洁能源技术研发创新和部署方面的具体行动举措与成效得到各方的关注和肯定。中国在 CEM 框架下联合牵头的电动汽车倡议及在 MI 框架下联合牵头的智能电网创新挑战的参与成员持续增加，合作成果日渐丰硕，形成了"电动汽车展望""智能电网国家报告"等实质性产出。

（四）推动 APEC 科技创新合作

亚太经济合作组织（APEC）科技创新政策伙伴关系机制（PPSTI）是 APEC 框架下开展科技创新合作的主要机制。2019 年 5 月，PPSTI 第十三次会议在智利港口城市瓦尔帕莱索举行，主题为"创新推动可持续发展"，议题包括数字转型与一体化 4.0、监测全球变化等，通过了 PPSTI 2019 年工作计划等文件。同年 8 月，PPSTI 第十四次会议在智利巴拉斯港举行，围绕 PPSTI 战略规划（2016—2020 年）、PPSTI 项目小组建议、跨机制合作、PPSTI 2020 年主席选举等机制建设问题进行了讨论。中国科技部积极推动国内大学、科研机构、科技型中小企业申报 APEC 项目，加强与亚太地区的合作。2019 年，中国获 APEC 基金资助项目 4 项，居各经济体首位。

二、中国参与和牵头国际大科学计划和大科学工程

根据国务院 2018 年 3 月 14 日印发的《积极牵头组织国际大科学计划和大科学工程方案》，中国科技部 2019 年聚焦空间与天文（含宇宙演化和生命起源）、地球系统与环境气候变化、健康、能源、农业、物质科学 6 个领域，组建战略研究专家组和总体咨询专家组，开展战略研究，编制完成《积极牵头组织国际大科学计划和大科学工程战略规划（2021—2035 年）（初稿）》。2019 年 4 月 30 日，中国科技部面向社会公开发布了《科技部关于发布国家重点研发计划"战略性国际科技创新合作"重点专项 2019 年度牵头组织国际大科学计划和大科学工程培育项目申报指南的通知》（国科发资〔2019〕143 号），公开遴选培育项目。中国政府支持大学、科研院所、产业界参与国际热核聚变实验堆（ITER）计划、国际地球观测组织（GEO）、平方公里阵列射电望远镜（SKA）等大科学计划和大科学工程，通过国际合作提升中国基础研究能力和高新技术创新能力。

（一）参与国际热核聚变实验堆（ITER）计划

中国承担的 ITER 采购包制造任务全部得到落实，得到 ITER 参与各方的肯定。2019 年 6 月，ITER 理事会第二十四届会议在法国圣宝莱·杜朗兹召开，重点审议 ITER 组织机构改革方案，讨论 2019 年度工作计划、风险与机遇管理等议题。11 月，ITER 组织在法国圣宝莱·杜朗兹召开 ITER 理事会第二十五届会议，审议 ITER 项目总体进展、组织结构改革、独立管理评估工作进展、人力资源管理等内容。ITER 计划总体项目已完成既定目标的 66%。

（二）接任 2020 年国际地球观测组织（GEO）轮值主席国

地球观测组织（GEO）第十六届全会和部长级峰会于 2019 年 11 月在澳大利亚堪培拉举行。此次峰会以"地球观测——数字经济中的投资"为主题，发表了《堪培拉宣言》。中国宣布面向 GEO 设立政府间国际科技合作专项及 16 米高分卫星数据开放共享，正式接任 2020 年 GEO 轮值主席国。2019 年，中国主导发起的亚洲大洋洲区域综合地球观测系统（AOGEO）国际合作计划在印度尼西亚雅加达举办了国际研讨会，在斯里兰卡科伦坡举办了国际能力培训班活动，并在 GEO 框架下面向南太平洋小岛屿国家开展了地球观测制图工作。

（三）签署平方公里阵列射电望远镜（SKA）天文台公约

2019 年 3 月，中国政府代表在意大利罗马正式签署平方公里阵列射电望远镜（SKA）天文台公约，与澳大利亚、意大利、荷兰、葡萄牙、南非和英国 7 个国家一起成为 SKA 天文台这个政府间国际组织的创始成员国。中国国务院批准科技部设立 SKA 专项，为中国参与 SKA 天文台国

际组织治理，启动 SKA 科学研究、技术研发、工程建设和人才培养等工作提供政策、机制和经费保障。11 月，SKA 上海大会暨第六届 SKA 工程大会在中国上海召开。SKA 组织宣布 SKA 建设阶段将从 2021 年 1 月开始，展示了 SKA 整体系统设计和建设方案，向全球科学与工程界征集对 SKA 项目运行、调试计划和区域中心的建议与意见。

三、中国与其他国际组织的科技合作

（一）积极推动能源领域的多边合作

2019 年 1 月，中国与国际能源署（IEA）科技合作工作研讨会在北京召开，参会代表就如何利用 IEA 和 CEM、MI 的多重平台发挥牵头作用或深入参与清洁能源研发合作展开研讨。中国科技部在"国家重点研发计划政府间国际科技创新合作／港澳台科技创新合作重点专项"中，专门投资 6000 万元征集和实施与 IEA 的科技合作项目。同年，第四代核能系统国际论坛（GIF）第四十七届和第四十八届政策组会议先后在加拿大温哥华和中国威海举行。中国在 GIF 合作框架协议下积极开展各项工作。

（二）推动生物领域人才交流

中国政府继续推动与国际遗传工程和生物技术中心（ICGEB）合作"三步走"计划。2019 年 5 月，中国科技部与 ICGEB 联合发布国际奖学金计划征集公告，启动遴选青年科学家来华工作；与 ICGEB 签署区域研究中心合作协议，启动区域研究中心建设；与 ICGEB 举办高层学术研讨会，促进双方高水平专家开展学术交流。

（三）加强南南合作

中国与南方科技促进可持续发展委员会（COMSATS）继续加强合作。2019 年 4 月，第二十二届南方科技促进可持续发展委员会协调委员会会议在中国天津召开，参会代表探讨了如何围绕"联合国 2030 可持续发展目标"组织开展国际合作，并围绕中国与 COMSATS 成员国在"一带一路"倡议下如何加强科技创新合作进行了讨论。9 月，中国科技部与联合国科技促进发展委员会（UNCSTD）第二次合作举办"面向可持续发展的科技创新政策与管理培训班""科技创新政策管理与孵化器规划班"。12 月，中国科技部与联合国经济和社会事务部（UNDESA）首次在中国桂林共同举办"科技创新促进可持续发展国际培训班"，达成了进一步合作的意向。

（四）推进上海合作组织框架内的科技创新合作

2019 年 11 月，上海合作组织成员国政府首脑（总理）理事会第十八次会议在乌兹别克斯坦塔什干举行。与会各方支持在科技和创新领域加强合作，推动人工智能等科技创新研究领域的具体项目合作。中方将与各方共建上海合作组织成员国技术转移中心，推动信息共享和创新成果转化应用。同月，上海合作组织成员国第五届科技部长会议在俄罗斯莫斯科举行。与会各方商定在环保技术、能源效率和节能、包括粮食安全在内的农业创新技术、生物技术和生物工程、纳米技术、信息技术等成员国优先科技领域开展合作，共同研究建立多边科技合作资助与协调机制，建设上海合作组织技术转移中心。

第三节
中国与亚洲国家的科技合作

一、中国与日本的科技合作

为落实中日两国政府首脑互访成果，2019 年 4 月，"中日创新合作机制"首次会议在中国北京举行，开启了中日两国面向高技术和产业技术合作的政府间对话。中日双方就高新技术有关领域的合作及知识产权保护等议题交换了意见。双方确认了通过合作统一纯电动汽车（EV）快速充电标准的方针。同月，中国科技部与日本科技振兴机构（JST）签署了《关于加强科技人文交流合作的协议》，进一步促进了两国科技创新合作与人才交流。6 月，习近平主席出席在日本大阪举行的二十国集团领导人第十四次峰会，强调中日双方要深化经贸、科技创新等领域的合作，打造新的合作增长点。7 月，中日核聚变双边合作第十二次联合工作组会议（JWG-12）在日本名古屋召开，审核了 2018 年批准的双边合作项目执行情况，明确了中日两国从事核聚变能研发的优势和不足，探索了未来双边核聚变研发合作的深度和广度。9 月，中国工业和信息化部与日本经济产业省联合主办的第二届中日智能网联汽车官民论坛在中国北京召开，双方围绕自动驾驶系统、大数据平台、基础软件和操作系统等内容展开了交流。11 月，第三届中日环境高级别圆桌对话会在日本东京举行，双方同意在水和大气治理、固体废物处理处置、环境监测、环境教育与信息技术、"无废城市"等领域继续深化合作。中国科技部 2019 年邀请 254 名日本青年科技工作者访华。中日两国间科技人员交流日趋活跃，规模逐渐扩大，为中日政府间科技合作增添了新的内容与活力。

二、中国与韩国的科技合作

2019年6月和12月，习近平主席与文在寅总统两次会晤，强调扩大中韩两国在科技、环保、经济等领域的合作，以"一带一路"为契机，拓展第三方市场合作，深化创新研发合作，实现双方高质量融合发展。12月，李克强总理与文在寅总统在中日韩领导人成都峰会期间举行双边座谈，积极探讨第三方市场、科技创新及服务业合作模式。同月，中韩科技合作联合委员会第十四次会议在韩国首尔召开，双方围绕推动新兴产业合作、加强科技人才交流、实施联合研究项目等议题进行了坦诚交流，签署了《中韩科技合作联合委员会第十四次会议纪要》。在环境领域，中韩两国环保部门2019年1月在韩国首尔召开第三次中韩环境合作政策对话会和第二十三次中韩环境合作联委会会议，共同商讨《中韩环境合作规划（2018—2022）》执行情况及中韩环境合作中心建设情况，加快开展雾霾等大气污染问题共同研究。11月，中韩两国环境部长在韩国首尔共同签署了中韩环境合作项目《"晴天计划"实施方案》，推动两国环境空气质量改善。在核聚变领域，中韩两国核聚变机构分别在2019年5月和7月举行第六次中韩TBM（实验包层）工作组技术会议和中韩核聚变双边联合协调委员会第七次会议，就核聚变包层制造技术、结构材料等内容，以及磁约束核聚变合作研究进展情况展开深入讨论。

三、中国与日本、韩国的三方科技合作

2019年12月，第八次中日韩领导人会议在中国成都举行，发布了《中日韩合作未来十年展望》，重申三国开展科技创新合作的重要性，通过现有机制共同应对气候变化、生物多样性丧失、跨境动物疫病等地区和全球性问题，鼓励在数字经济和电信领域开展深入合作。同期，第四次中日韩科技部长会议在韩国首尔召开，三方就科技创新政策进行了交流，一致同意就恢复执行中日韩联合研究计划开展磋商，重申了促进三国科研机构交流与合作的重要性，并就举行第三届中日韩青年科学家研讨会达成一致。会后，三方签署了《中日韩科学技术部长会议第四次会议纪要》。此外，中日韩三方ITER技术工作组第六次会议2019年8月在韩国首尔召开，讨论了各方ITER采购包制造任务实施过程中共有的管理问题，敦促ITER组织推进ITER计划的顺利实施。11月，第二十一次中日韩环境部长会议在日本北九州举行，确定了生物多样性、绿色经济转型等未来优先合作领域，签署了《第二十一次中日韩环境部长会议联合公报》。12月，第十九次中日韩知识

产权局局长会议在日本神户举行。三方围绕外观设计、商标、人力资源、人工智能等内容进行了深入交流，共同签署了《第十九次中日韩三局局长会议会谈纪要》。

四、中国与以色列的科技合作

按照中以创新合作总体部署的有关要求，2019 年，中国科技部牵头成立对以科技创新合作联盟和中以创新合作战略研究中心，加强顶层设计和统筹协调，遵循"协作、共建、统筹"的宗旨与原则，以对以合作资源的整合、研究与统筹为工作目标，推动全国对以科技合作形成一盘棋，为国家对以科技合作的整体布局与战略导向提供服务支撑。中国科技部论证并批复《中国—以色列常州创新园创新体系建设方案》，2019 年 12 月，对以科技创新合作联盟在中国常州组织召开启动会，介绍了联盟工作指南、组织机构、对以科技创新合作联盟信息共享平台数据库建设情况，审议表决了 2020 年联盟工作计划。同月，中国科学技术交流中心和以色列创新署共同主办的第三届中以创新创业大赛领域决赛和总决赛在中国北京、常州、上海三地相继举行，聚焦生命科学、数字创新技术、清洁技术 3 个热点领域，帮助中以企业开展了 600 多次项目对接，形成了 159 个初步合作意向。同月，中国上海市政府与以色列创新署合作共建的中以（上海）创新园正式开园，首批 20 家中以创新企业、机构、项目入驻园区。

五、中国与东盟的科技合作

2019 年 9 月，中国—东盟科技联合委员会第十次会议在中国南宁举行，与会各方讨论了 2018 年中国—东盟领导人会议联合声明的行动方案，为下一步中国与东盟科技创新合作指明了方向。同月，第七届中国—东盟技术转移与创新合作大会在广西南宁召开，举办了一系列适用技术对接会和首届"10+3"中日韩与东盟青年科学家创新创业论坛，首次开展"东盟青年科学家创新中国行"活动，推进形式多样的科技合作走深走实。

六、中国与新加坡的科技合作

2019 年 5 月，新加坡作为主宾国参加浦江创新论坛，与中方就如何加强科技创新互学互鉴。12 月，中国科技部与新加坡国立研究基金会在新加坡签署了科技创新合作执行协议，为两国确定共同支持的研究领域、征集联合研究项目打下了基础。

七、中国与印度尼西亚的科技合作

2019 年 4 月，中国科技部和印度尼西亚研究技术与高等教育部在中国北京签署了《关于共建中印尼高铁技术联合研究中心谅解备忘录》，对于提升印度尼西亚高铁技术能力及完善其高铁技术标准体系具有重要意义。10 月，首届中印尼技术转移对接大会在印度尼西亚雅加达举行，双方就开展技术转移合作达成一些意向。11 月，中印尼科技合作联合委员会第六次会议在印度尼西亚雅加达举行，双方听取了中印尼 3 个联合实验室和技术转移中心工作情况，并就高铁、超算等未来合作的重点领域和模式进行了探讨，进一步加强两国科技创新务实合作。

八、中国与马来西亚的科技合作

2019 年 6 月，中国科技部和马来西亚能源科技环境与气候变化部部长在北京会晤，双方围绕科技创新政策及两国未来科技合作等共同关心的话题深入交换了意见。

九、中国与菲律宾的科技合作

2019 年 8 月，在两国元首的共同见证下，中国科技部与菲律宾科技部签署了科技合作谅解备忘录。9 月，中菲科技合作联合委员会第十五次会议在中国北京举行，双方商定将进一步优化在联合项目征集、科技人员交流、共建联合实验室等方面的合作。

十、中国与泰国的科技合作

2019 年 11 月，李克强总理赴泰国曼谷出席东亚合作领导人系列会议，与泰国总理巴育共同见证中国科技部和泰国高等教育科研与创新部签署两部门《关于推进科技创新合作的谅解备忘录》，确定将在双方共同感兴趣的科技创新领域开展合作，为两国科技合作明确了方向。

十一、中国与蒙古国的科技合作

2019 年是中蒙建交 70 周年。9 月，第二届中国—蒙古国技术转移暨创新合作大会在中国乌兰察布召开，现场签署 19 项科技合作协议，并甄选中蒙技术、项目合作需求 111 项。11 月，中蒙科技合作联合委员会第四次会议在蒙古国乌兰巴托召开，双方强调科技创新在中蒙全面战略伙伴关系中的重要作用，确定了下一步重点合作领域、内容和方式，在加强顶层设计、拓展合作平台、深化科技人文交流等方面达成共识。

十二、中国与朝鲜的科技合作

中朝政府间第四十六次科技联合委员会会议于 2019 年在朝鲜平壤举行，双方确定未来两年在科技政策经验、科普、耐盐水稻育种和栽培、海带优良品种种植及大鲵人工采卵与养殖等方面开展科技交流合作。

十三、中国与哈萨克斯坦的科技合作

2019 年 5 月，中国—哈萨克斯坦合作委员会科技合作分委会第八次会议在北京举行。双方就中哈科技合作现状及未来科技合作问题等议题深入交换意见，商定继续发挥分委会机制的协调和引领作用，对部门间、地区级的合作进行指导，将双方认可的重点合作项目纳入分委会机制内。双方将创造条件支持先进科研成果应用，支持两国相关科研机构建立多种形式的科技合作关系，开展联合研发，共同实现科研成果产业化，鼓励两国重点科研机构在优先领域建立联合实验室、联合研发中心。此外，双方就促进科技人文交流，尤其是加强青年科学家之间的交流与合作达成共识。会后，双方签署了《中哈合作委员会科技合作分委会第八次会议纪要》。

十四、中国与乌兹别克斯坦的科技合作

2019 年 7 月，中国—乌兹别克斯坦政府间合作委员会科技合作分委会第四次会议在乌兹别克斯坦塔什干举行。双方商定进一步扩大在生物医药、节能和可再生能源、考古等重点领域的科技合作，在本届分委会例会框架下共同征集并资助新一批中乌联合研发项目；支持中乌相关科研机构、高校以人员互访和共同实施联合项目为基础，共建重点联合研发中心和联合实验室，合作培养科技领军人才；加强在上海合作组织等国际多边机制内的科技创新合作，搭建青年科技人文交流平台。会后，双方签署了《中华人民共和国和乌兹别克斯坦共和国政府间合作委员会科技合作分委会第四次会议纪要》。11 月，李克强总理访乌期间，两国科技主管部门重新签署了《中华人民共和国政府和乌兹别克斯坦共和国政府科学技术合作协定》，为两国未来科技交流合作奠定法律基础。

十五、中国与阿联酋的科技合作

2019 年 7 月，在习近平主席与穆罕默德王储的共同见证下，中国科技部和阿联酋外交与国际合作部交换了《中华人民共和国科学技术部与阿拉伯联合酋长国总理办公室人工智能办公室关

于人工智能科学技术合作谅解备忘录》。双方将推动中阿在人工智能领域开展科技合作，共同探索在"一带一路"科技创新行动计划框架下中阿科技合作的新模式。

十六、中国与巴基斯坦的科技合作

2018 年 11 月至 2019 年 2 月，中国地质调查局、巴基斯坦地质调查局、国家海洋研究所共同组织了中巴政府间首次联合海洋地质科考，开展了巴基斯坦海域天然气水合物和油气资源勘查。2019 年 4 月，中国载人航天工程办公室与巴基斯坦空间与上层大气研究委员会签署了《中国载人航天工程办公室与巴基斯坦空间与上层大气研究委员会关于载人航天飞行活动的合作协定》，为中巴双方在载人航天领域的合作开启了新纪元。双方将成立中巴载人航天合作联合委员会，合作领域包括空间科学实验与技术试验、航天员选拔训练及飞行、载人航天科学应用与成果转化 3 个方面。

第四节
中国与非洲国家的科技合作

2019 年，在"中非科技伙伴计划 2.0"框架下，中国不断加大与非洲国家的科技合作力度，分享中国科技推动经济社会发展的经验与成果，在人才培养、政策沟通、技术服务、联合研究、技术示范等方面开展实质性合作，帮助非洲国家增强科技能力建设，推动建立务实高效、充满活力的新型科技伙伴关系。5 月，首届"非洲青年科技人员创新中国行"活动开幕，来自埃及、南非、肯尼亚、埃塞俄比亚等 18 个国家的 25 名非洲青年科技人员访华，在北京、武汉和宜昌三地进行科技交流，共同建设中国—非洲创新合作网络。

一、中国与埃及的科技合作

2019 年，中埃双方积极推进可再生能源联合实验室工作建设，支持开展多种形式的科技人文交流，如互派访问团组、实施"国际杰青计划"、举办科技管理与适用技术培训班等，有力促进了中埃科研人员交流合作。两国政府支持开展中埃联合研究计划，在可再生能源、水、食品与农业、卫生、信息和通信领域共同启动了联合研究项目。5月，中国科技部与埃及高教科研部官员举行会晤，就共同推进"一带一路"科技创新行动计划、加强中埃重点合作、推动双边关系发展等达成共识。

二、中国与南非的科技合作

2019年，中南两国务实推进中南矿产资源开发利用联合研究中心和中南林业联合研究中心建设，积极开展中南联合研究计划和旗舰计划，支持双方科研机构和科研人员在深部开采、先进材料、可再生能源、传统医药等领域进行合作研究，启动了中南青年科学家交流计划。6月，中非合作论坛（FOCAC）北京峰会成果落实协调人会议期间，中国科学院国家天文台和南非射电天文台签署了《关于射电天文（SKA）研究交流项目合作谅解备忘录》。双方将共同设立SKA研究交流项目，围绕SKA及相关领域合作培养博士研究生和博士后，促进科研人员互相交流、合作研究及举办研讨会。

第五节
中国与欧洲国家的科技合作

为落实中欧领导人共识，深化中欧科技创新合作关系，2019年4月，第四次中欧创新合作对话在比利时布鲁塞尔举行。双方代表就中国《2021—2035年国家中长期科技发展规划》与欧盟《"地平线2020"计划（2021—2027年）》、知识产权保护、中小企业创新、开放科学、标准化、科研伦理等科技规划和政策议题深入交换意见，一致同意顺延《中欧科技合作协定》，联合制定面向未来的中欧科技创新合作路线图，进一步分享中欧创新合作良好实践，做好顶层设计，共促交流互鉴与合作。双方通过了《第四次中欧创新合作对话联合公报》。9月，中欧双方在法国巴黎欧洲空间局总部举行会谈，同意继续共同推动中国的科技计划与欧盟的地平线计划相结合，就国际子午圈计划等开展联合研究。双方决定继续在已有对地观测及数据共享合作的基础上开展温室气体联合监测等研究。双方还将拓展卫星导航领域合作范围，加强导航科学方面的合作。

一、中国与英国的科技合作

2019年7月，中国科技部与英国商业、能源和产业战略部官员举行会谈，双方一致同意将农业、能源、健康与老龄化、环境、人工智能、数字技术等作为未来合作的优先领域，集聚两国智力和资金资源，开展互利共赢的科技创新合作。双方商定 2019 年中英旗舰挑战计划主题为健康与老龄化，成立了双方专家团队，召开了中英健康与老龄化旗舰挑战计划启动会。11 月，中英核安全合作指导委员会第三次会议在英国布里斯托尔召开。中国生态环境部与英国核监管办公室商定了下一阶段的合作重点事项，包括"华龙一号"计算机软件验证分析、核安全监管体系和监管模式交流等，续签了《中英核安全监管合作协议》。

二、中国与德国的科技合作

2019 年 9 月，德国总理默克尔访华期间双方达成共识，在自动驾驶、数字化等新兴领域开展合作。同月，中国科学院与德国国家科学院在中国北京联合举办双边研讨会，发布《北京宣言》，倡议加强基础研究，重视青年人才培养，通过合作共同应对国际社会面临的挑战。10 月，中国科技部与德国联邦教育研究部举行工作会谈，双方表示要做好顶层设计，扩大中德科研人员交流与往来。中国科技部与德国联邦交通部举行会谈，强调在交通领域，两国应加强自动驾驶、物联网、人工智能、大数据等方面的交流对接，积极开展全产业链创新合作，会后双方续签了《关于在创新驱动技术和相关基础设施领域继续开展合作的联合意向声明》。

三、中国与法国的科技合作

2019 年是中法建交 55 周年。2 月，中法科技合作联合委员会第十四届会议在中国北京召开，双方将卫生健康、农业、人工智能、先进材料、空间、环境、粒子物理 7 个领域列为未来优先合作领域，同意通过召开主题研讨会、建立联合资助机制、促进联合实验室合作、深化人员交流、开展创新创业合作等系列行动计划，探索落实上述领域合作。会后，双方签署了《中法第十四届科技合作联合委员会会议纪要》，并见证了《中国国家自然科学基金委员会与法国国家科研中心关于科学合作的框架协议》《云南农业大学与法国农科院合作协议》《苏州大学与法国农科院合作协议》的签署，中国农业科学院与法国农业科学研究院揭牌成立"中法植物保护国际联合实验室"。3 月，习近平主席访法期间，见证签署了中国科技部与法国国家科研署《关于联合征集研究项目的框架协议》。同月，中国国防科工局与法国国家空间研究中心签署了《探月计划合作意向书》，商定法国参与中国嫦娥六号探月计划，在空间探索、天体物理学和气候变化监测领域开展合作。9 月，中国科技部组建人工智能专家团队赴法，与法方人工智能领域专家开展学术交流与对接，为未来双方进一步开展务实合作打下良好基础。10 月，中法高级别人文交流机制第五次会议在法国巴黎举行。中方呼吁两国大力推进已确定的优先合作领域，深化联合实验室合作，探讨联合资助机制，加强"产学研"相结合的合作。为落实"中法杰出青年科研人员交流计划"，2019年，中法双方在智能制造、生物医药、环境和气候变化等领域遴选32名青年科研人员互访。11月，中国科技部与法国高等教育、研究与创新部在北京召开中法环境和生物多样性研讨会，促进该领域合作成果交流和资源对接。

四、中国与瑞士的科技合作

2019年10月，第八届中瑞科技合作联合委员会在瑞士伯尔尼召开，双方就未来共同加强在基础研究、应用基础研究、技术创新和成果转化等方面的合作达成一致，确定在双方感兴趣的更广泛的科研合作领域加大合作力度，将创新创业合作作为未来合作重点之一，加强中国高新区、孵化器与瑞士国家创新园的合作，探讨通过召开企业对接会、创新创业大赛等共同为两国创新创业人员提供机遇，探讨开展更多科研人员交流计划，鼓励双方创新主体在联合资助机制下开展务实合作。会后，双方签署了《关于加强科技创新合作的联合声明》，并见证了《中国科学技术交流中心与瑞士初创企业孵化器VentureLab合作谅解备忘录》《中国科学院长春光学精密机械与物理研究所和瑞士达沃斯物理气象观测站/世界辐射中心合作意向书》的签署，将中瑞科技创新合作提升到一个新层次。

五、中国与芬兰的科技合作

为深入落实中芬两国元首关于科技创新合作的重要共识，推进《关于推进中芬面向未来的新型合作伙伴关系的联合工作计划（2019—2023)》，深化在可持续发展等重要领域的科技创新务实合作，2019年5月，中芬科技合作联合委员会第十八次会议在中国北京召开。双方将应对气候变化、科技冬奥、循环经济、清洁能源、健康等列为优先领域，同意通过召开主题研讨会、完善联合资助机制、深化人员交流、开展创新创业合作等系列行动计划，探索落实上述共识。

六、中国与挪威的科技合作

2019年6月，中国科技部与挪威教育研究部在中国北京召开中挪科技合作联合委员会第三次会议，双方同意将《科技创新合作行动计划》延期至2021年，就加强能源、气候变化、极地研究、海洋科学、生命科学等领域的务实合作达成共识，通过联合资助机制、联合委员会、对接会等合作活动，推动双方大学、研究机构、企业深化在上述领域的合作，并大力推动中挪在欧盟"地平线2020"和其他多边框架下的科技合作。同月，中国地质调查局与挪威岩土技术研究院签署了

《中国地质调查局与挪威岩土技术研究院地质灾害防治合作谅解备忘录》，就共同推进地质灾害防治合作项目研究达成共识。

七、中国与瑞典的科技合作

为进一步深化中瑞科技创新和人才交流合作，中瑞科技合作联合委员会第五次会议于2019年9月在中国北京召开。双方就中瑞可持续发展、生命科学与健康、北极科研、信息和通信技术、科技冬奥等领域合作进行探讨交流，一致同意优化联合资助机制，加强中瑞科技园区和孵化器合作，推动两国地方合作，深化和拓展双方在感兴趣领域的合作，进一步探讨在创新创业方面签署有关合作谅解备忘录。

八、中国与爱尔兰的科技合作

2019年7月，中国科技部与爱尔兰商业、企业和创新部在中爱政府间科技合作协议的框架下，建立中爱科技合作联合委员会机制，签署了两部间的《关于促进科技创新合作谅解备忘录》，并在爱尔兰都柏林召开首届中爱科技创新合作联合委员会会议。双方决定进一步推动在先进材料、信息和通信、生命科学、农业等共同感兴趣领域的科研创新合作，促进两国大学、科研机构与企业间的人员往来，鼓励中爱双方在中国与欧盟联合资助机制下的务实合作。

九、中国与奥地利的科技合作

2019年2月，中国科技部与奥地利联邦交通、创新和技术部在奥地利维也纳举行应用研究和创新合作联合工作组第一次会议，决定在建筑节能技术、固体废料处理、污水处理3个应用研究领域共同支持两国科研单位和企业开展具体项目合作。同月，中奥科技合作联合委员会第十二次会议在奥地利维也纳举行，双方围绕各自国家当前科技发展情况、科技体制改革、科技创新发展战略制定等工作深入交流，确定在量子信息科学、信息和通信技术、智能制造、医学和健康研究（含中医药）、可再生能源和低碳技术、食品/农业和生物技术、环境/智慧城市和可持续城镇化等领域开展联合研究及人员交流，签署了《中奥政府间科技合作联合委员会第十二次会议纪要》。

十、中国与西班牙的科技合作

中西科技合作联合委员会第九次会议于2019年11月在西班牙马德里召开。双方对可再生能源、海洋、医疗卫生、农业食品、天文、地球科学等领域的合作进展表示满意，并就未来继续加强务实合作达成共识，签署了《中国—西班牙科技合作联合委员会第九次会议纪要》。两国科技主管部门2019年首次实现政府间科技合作项目的联合征集，在先进材料领域开展合作。

十一、中国与葡萄牙的科技合作

2019年7月，中葡科技合作联合委员会第九次会议在葡萄牙里斯本召开。两国政府部门、科研机构、高校和企业代表共同回顾合作成果、探讨发展方向、汇集创新资源、凝聚合作共识，为未来合作做好顶层设计。会后，双方共同主持召开"中葡2030科技伙伴关系研讨会"，两国代表就生物工程先进材料、海洋科技协同创新、在线翻译数字解决方案与质量评估、中国与葡语国家科技合作中的澳门平台作用、通过葡萄牙促进中欧科技合作等议题开展主题演讲和交流，为深化中葡科技创新合作开阔思路、献计献策。

十二、中国与意大利的科技合作

中意科技合作联合委员会第十六次会议于2019年3月在意大利罗马召开，双方同意继续巩固并发展在科技创新领域高水平的友好合作关系，并就深化未来中意科技创新合作、2019—2021年联合研究项目共同征集、中意创新合作周、中意环境可持续发展培训、中意卫生科技合作、初创企业创新合作等议题交换了意见，签署了《中意科技合作联合委员会第十六次会议纪要》。3月，习近平主席访意期间，在两国领导人的见证下，中国科技部与意大利经济发展部签署《关于加强初创企业科技创新合作的谅解备忘录》，与意大利教育大学科研部签署《关于加强科技创新合作的谅解备忘录》。3月，中国科技部与意大利环境、领土与海洋部在北京召开中意环境与可持续发展指导委员会第二次会议，双方签署《绿色产业科学合作和技术创新的执行议定书》，计划在环境与可持续发展领域建立政府间联合资助机制。9月，中国科技部组建人工智能专家团队赴意，在罗马召开中意人工智能领域研讨会。11月，第十届中意创新合作周在中国北京、济南举办，主题为"中意携手，创新共赢"，聚焦中意科技创新合作的优先领域及优质资源，吸引来自中意双方政府、大学、科研机构和企业1000余位代表围绕智慧城市等10多个重点领域进行深入探讨，开展近300次项目对接，签署了15项合作协议。

十三、中国与希腊的科技合作

2019年11月，习近平主席对希腊进行国事访问期间，发表了《中华人民共和国和希腊共和国关于加强全面战略伙伴关系的联合声明》，愿以《中希政府间科技合作协定》签署 40 周年为契机，全面深化两国科技创新和人才交流合作，在科技合作联合委员会和"一带一路"科技创新行动计划框架下加强科技发展战略对接，支持共同资助联合研究项目、共建联合实验室和科技园区、技术转移等合作，共同落实《2019—2021 中希研究与技术合作执行计划》。此外，中希双方将加强在国土空间规划、生态保护修复、海洋经济、海洋综合管理、海洋基础科研等领域的务实合作。

十四、中国与俄罗斯的科技合作

2019 年 6 月，中俄两国元首共同发表《中华人民共和国和俄罗斯联邦关于发展新时代全面战略协作伙伴关系的联合声明》，正式宣布 2020—2021 年两国将互办"中俄科技创新年"。其间，中国科技部与俄罗斯经济发展部交换签署了《关于推动设立中俄联合科技创新基金谅解备忘录》。双方将共同推动总规模为 10 亿美元的中俄联合科技创新基金，用于支持中俄重点经济领域及交叉领域新技术发展，促进中俄联合科技解决方案与创新成果的转移转化与推广应用，重点支持科技型中小企业。同月，中俄总理定期会晤委员会科技合作分委会第二十三届例会在中国哈尔滨举行，中国科技部与俄罗斯科学和高等教育部商定，进一步推动中俄大科学合作，积极参与重离子超导同步加速器（NICA）装置等大科学项目实施，并对已达成共识的合作方向给予联合资助；继续共同支持科研机构在优先领域开展联合研发，提升联合研发项目支持力度，培育一批科技合作重点项目；就中俄科技创新战略与政策、重点任务、优先方向等开展联合研究，制定《2020—2025 年中俄科技创新合作路线图》；积极引导两国科技人才，特别是青年科学家加强交流，提高科技创新领域人才培养水平，推动双方高水平人才的"双向流动"；鼓励并支持建立高水平的联合实验室、联合研发中心。会后，双方签署了《中俄总理定期会晤委员会科技合作分委会第二十三届例会议定书》。在本届例会框架下，中俄双方共同举办了"2019 中俄科技创新日"活动。双方科技界代表通过参加俄罗斯创新创业展、中俄科技项目洽谈对接会、第五次中俄科技合作与技术转移圆桌会等系列活动，分享合作体会，发掘务实合作机遇。

7 月，中国科学院与俄罗斯科学院就推动院际双边专题研讨会机制化及设立联合资助项目长效机制等事宜达成共识，签署了《中国科学院和俄罗斯科学院科学、科研创新合作路线图》，双方将在今后 5 年内深化在极地研究、激光科学、深海研究、空间科学、地球物理、生态环境、神经科学等方面的合作，同时加强中俄两院青年学者之间的交流。双方还将在"一带一路"国际科学组织联盟（ANSO）框架内开展合作，共同支持 ANSO 各项活动，以增强其全球影响力并确保其成员的实际利益。

9月，中俄总理第二十四次定期会晤在俄罗斯圣彼得堡举行。双方强调深化科技创新合作，发挥互补优势，充分挖掘两国在基础研究、应用研究、科技成果产业化等方面的合作潜力，办好中俄科技创新年。会晤后，李克强总理与梅德韦杰夫总理签署了《中俄总理第二十四次定期会晤联合公报》，并共同见证投资、经贸、农业、核能、航天、科技、数字经济等领域10余项双边合作文件的签署。同月，由中国科技部与俄罗斯经济发展部联合主办的"第三届中俄创新对话"在中国上海举行。双方聚焦落实《2019—2024年中俄创新合作工作计划（路线图)》，持续促进科技同产业、金融的深度融合，努力构建开放包容、互利共赢的中俄创新伙伴关系。

十五、中国与捷克的科技合作

2019年6月，中捷政府间科技合作委员会第四十三届例会在中国北京举行。双方就在"一带一路"倡议和"中国—中东欧国家合作"框架下推动两国科技人文领域的交流合作、共同支持建立联合实验室等内容进行讨论，确认并通过10项双边政府间联合研发项目及17个例会人员交流项目计划，涉及材料、生物、航空、农业与食品技术等领域。会后，双方签署了《中华人民共和国和捷克共和国科技合作委员会第四十三届例会议定书》。

十六、中国与匈牙利的科技合作

中国—匈牙利政府间科技合作委员会第八届例会于2019年4月在中国北京举行。双方总结了科技合作委员会第七届例会项目的执行情况，确认并通过4项双边政府间联合研发项目及11个例会人员交流项目计划，涉及生命科学、材料科学、物理学、农业与食品技术等领域。会后，双方签署了《中华人民共和国和匈牙利科学技术合作委员会第八届例会议定书》。

十七、中国与斯洛文尼亚的科技合作

2019年5月，中国科技部与斯洛文尼亚共和国教育、科学与体育部举行会谈，就两国科技创新发展情况等议题进行了深入交流，签署了《中华人民共和国科学技术部与斯洛文尼亚共和国教育、科学与体育部关于联合资助研发合作项目谅解备忘录》。

十八、中国与波兰的科技合作

2019年7月，中国—波兰政府间合作委员会第二次全体会议在波兰华沙举行，双方认为两国在数据经济、能源科学技术、环境科学技术、材料科学等开展科技和创新研发合作潜力巨大，愿探讨在这些领域开展具体项目合作的可能性。同月，中国地质调查局与波兰地质调查局签署了《中华人民共和国自然资源部中国地质调查局与波兰共和国波兰地质调查局国家研究院地学合作谅解备忘录》，进一步加强海洋地质合作，启动中国南海和波罗的海对比研究第三阶段合作。8月，中国农业农村部与波兰农业和农村发展部在波兰华沙召开中波农业合作工作组第八次会议，双方表示将继续加强在农业科技方面的合作。9月，中国科学院与波兰科学院在波兰华沙举行会谈，加强双方在人员交流、联合项目和成果转化等方面的合作，签署了《中国科学院南极地理和湖泊研究所与波兰科学院地质研究所合作备忘录》《中国科学院工程热物理研究所与克拉科夫科技大学能源中心合作协议》。11月，由中国科学院国家天文台主导、波兰科学院参与的国际研究团队发现了银河系最大的恒星级黑洞（70倍太阳质量），双方就波方参与中国高海拔宇宙线观测站（LHAASO）项目达成初步协议，波兰科学院和物理研究所将牵头为 LHAASO 项目建造两台望远镜并与中方合作开展探测装置的联合研究。

十九、中国与保加利亚的科技合作

2019年下半年，在中保政府间科技合作联合委员会框架下，中国科技部与保加利亚教育和科学部、保加利亚科学基金会共同启动了首轮"中保政府间联合研发大项目"和新一轮科研人员交流项目。10月，中国国家自然科学基金委员会与保加利亚国家科学基金会签署了合作谅解备忘录，推动两国科研人员交流合作。11月，中国卫生健康委与保加利亚卫生部签署了《关于卫生领域合作议定书》。

二十、中国与拉脱维亚的科技合作

2019年10月，中国—拉脱维亚政府间科技合作委员会首届例会在拉脱维亚里加召开。双方表示愿共同建设好中拉政府间科技合作委员会机制，定期举行例会，交流两国科技政策和科技发展情况；重点面向双方共同感兴趣的优先领域，适时启动人员交流和联合研发务实项目合作。双方签署了《中华人民共和国和拉脱维亚共和国科学技术合作委员会第一届例会议定书》。

二十一、中国与克罗地亚的科技合作

2019年10月，中国—克罗地亚政府间科技合作委员会第九届例会在克罗地亚萨格勒布举行。双方认为，2019年4月在两国总理见证下签署的《中华人民共和国科学技术部与克罗地亚科学与教育部关于联合资助中克科研合作项目谅解备忘录》将两国科技创新合作提升到新的水平，两国应加强沟通，将首批联合研发项目的评审、遴选工作做好，并以此为基础，鼓励建立高水平联合实验室、技术转移中心等长效科技合作平台。双方决定，加强战略对接和政策对话，充分发挥联合委员会对双边合作的协调作用，进一步密切科技人文交流，并鼓励两国科研人员共同申请欧盟项目。会后，双方签署了《中华人民共和国和克罗地亚共和国科学技术合作委员会第九届例会议定书》。

二十二、中国与北马其顿的科技合作

2019年12月，中国—北马其顿政府间科技合作委员会第六届例会在中国北京举行。双方认为，应充分发挥中北马政府间科技合作委员会机制和"17+1"合作平台，加强科技人文交流，鼓励产学研界双向互动，深挖合作潜力。双方探讨了开展联合资助研发合作项目的可能性，总结了委员会第五届例会项目的执行情况，确认并通过20项新的双边政府间科技人员交流项目，涉及材料、农业、环保、医学、信息学等领域。会后，双方签署了《中华人民共和国和北马其顿共和国科技合作委员会第六届例会议定书》。

第六节
中国与北美洲国家的科技合作

一、中国与美国的科技合作

2019年，中美双边关系趋紧，科技创新合作在曲折中前行，《中美科技合作协定》框架下的双边机制性活动几近停滞。中美清洁能源联合研究中心（CERC）指导委员会会议未如期举行，但CERC各联盟部分实质性合作仍在推进。双方在中国北京组织召开"中美清洁能源合作研讨会"，赴中国西宁、青岛和美国匹兹堡参加CERC各联盟年度会议，推动CERC机制下两国清洁能源各领域合作，强化学界互信互利纽带。为落实"首轮中美社会和人文对话行动计划"，中国科学技术交流中心和美中创新联盟2019年5月在美国休斯敦举办第四届中美创新与投资对接大会，并在中美两国举办第三届"创之星"中美创新创业大赛。同月，中国科学院和美国国家航空航天局共同在美国埃斯蒂斯帕克举办第六届CAS-NASA高亚洲全球变化空间观测研讨会，双方就高亚洲地区气象条件与驱动数据、冰冻圈（冰川积雪等）、陆表过程模型、灾害与下游效应、冰川融化工具及数据共享 5 个专题进行了详细交流。11 月，美国国家科学基金会与中国国家自然科学基金委员会继续共同征集合作研究项目，鼓励中美科学家在"食品、能源、水"系统关联研究领域开展合作研究。同月，中国国家自然科学基金委员会与美国盖茨基金会续签了《中国国家自然科学基金委员会与比尔及梅琳达·盖茨基金会谅解备忘录》，继续联合支持医学和农业等领域优秀科研项目，推动实现联合国可持续发展目标。

二、中国与加拿大的科技合作

2019 年，第七届中加科技合作联合委员会及首届创新对话后续工作有序推进。7 月，中国科技部与加拿大国家研究理事会续签了《关于产业研究与开发合作意向书》，启动新一轮政府间科技合作基金项目。2019 年，重点合作领域包括食品科学、健康与生物医学、环境科学。10 月，中国科技部与加拿大魁北克省共同启动中魁政府间科技合作第五轮项目征集，聚焦环境和可持续发展、卫生健康和信息通信技术等领域。此外，中国科技部与加拿大阿尔伯塔省合作协议继续推进，重点聚焦清洁能源、人工智能和生物医药领域。

第七节
中国与拉丁美洲国家的科技合作

一、中国与巴西的科技合作

2019 年 6 月，第三届中国—巴西高级别科技创新对话在巴西巴西利亚召开，双方代表围绕中巴两国现行的科技创新政策进行了探讨，就在生物技术、纳米技术、智慧城市、可再生能源、人工智能、大数据、空间科技、农业科技、半导体照明、气候变化、信息通信技术、电动汽车等领域开展合作达成广泛共识，拟制订工作计划，创新管理机制，充分利用资源，加强科技人员交流，推进产学研机构务实合作，丰富中巴全面战略伙伴关系的科技内涵。会后，双方发布了《第三届中国—巴西高级别科技创新对话联合声明》。

10 月，巴西总统博索纳罗访华期间，两国政府发布了《中华人民共和国和巴西联邦共和国

联合声明》。双方一致同意促进两国科学家交流，推动联合研究，加强两国科技园区、孵化器及
技术型企业间合作。双方表示将继续开展空间领域合作，包括探讨联合开展新的卫星研制及研究
和培训项目。两国元首见证签署了能源、科技、教育等领域的合作文件。12 月，中巴地球资源卫
星 04A 星在中国太原卫星发射基地成功发射。中巴双方就后续卫星合作意向达成一致，双方航天
局支持将现有的中巴空间天气联合实验室升级为中巴空间科学联合实验室，将合作拓展到整个空
间科学领域。

二、中国与秘鲁的科技合作

2019 年 6 月，中国科技部与秘鲁国家科技创新理事会在秘鲁利马举行会谈，双方就在"一
带一路"框架下推进中秘科技创新合作进行深入探讨，共同签署了《中国科技部与秘鲁国家科
技创新理事会关于科技创新合作谅解备忘录》，商定将通过签署具体行动计划，推动落实备忘
录的实施。

三、中国与古巴的科技合作

2019 年 3 月，中古生物技术合作联合工作组第十次会议在古巴哈瓦那召开。双方代表围绕
推进相关联合研发创新中心建设、加强科技人员和项目交流、推动疾病防控和临床研究合作、拓
展种植和畜牧等农业合作领域等方面达成诸多共识，明确了未来两年的工作重点。10 月，中古政
府间科技合作混合委员会第十一次会议在中国北京召开，双方回顾了生物医药、脑科学等领域的
合作成果，围绕科技园区合作、人员交流、共同支持联合研究等议题进行深入交流，就未来合作
领域达成广泛共识，商定推动生物技术、生物医药、纳米科技、气候变化、自然资源和环境、农
业科技等领域的务实合作。会后，双方签署了《中华人民共和国政府与古巴共和国政府科技合作
混合委员会第十一次会议纪要》。

四、中国与乌拉圭的科技合作

2019 年 4 月，中乌政府间科技合作混合委员会第三次会议在中国北京召开，双方代表围绕
支持科技创新发展的国家政策规划、农业领域科技合作、共建联合实验室、科技人员交流等议题
进行深入探讨，表示将充分利用中拉农业科技合作促进平台、发展中国家杰出青年科学家来华工
作计划、中国科学院国际人才交流计划等机制，进一步加强研究机构、高等院校、企业等创新主
体间交流。双方商定推动海洋资源、农业科技、生物医药、纳米技术、信息通信技术和机电一体

化等领域的务实合作。会后，双方签署《中华人民共和国政府与乌拉圭东岸共和国政府科技合作混合委员会第三次会议纪要》。

五、中国与巴拿马的科技合作

2019 年 6 月，中巴政府间科技创新合作混合委员会第一次会议在巴拿马巴拿马城召开。双方代表围绕中巴未来科技合作领域、合作方式等进行深入交流，明确了未来 3 年的科技合作行动计划，将通过科技人员交流、联合研究、改善科研基础设施等方式在双方共同感兴趣的领域深化合作。会后，双方签署了《中华人民共和国政府与巴拿马共和国政府科学技术创新合作混合委员会第一次会议纪要》。

六、中国与厄瓜多尔的科技合作

2019 年 9 月，中厄政府间科技合作混合委员会第三次会议在厄瓜多尔基多召开，双方代表围绕中厄两国科技创新政策、未来科技合作方式等议题进行深入交流，签署了混合委员会会议纪要。为进一步推进中厄科技创新合作，中国科技部与厄瓜多尔高等教育科技创新秘书处续签了部门间合作协议，确定了未来 5 年科技合作框架。

第八节
中国与大洋洲国家的科技合作

一、中国与澳大利亚的科技合作

2019 年 11 月，中国科技部与澳大利亚工业创新和科学部签署了《中澳科学与研究基金联合研究中心项目的合作意向书》，决定 2020 年度联合研究中心项目重点关注食品和农业经济、数字技术、能源和资源、先进材料等领域。12 月，中国科学院与澳大利亚联邦科学工业组织（CSIRO）举行了第十届联合委员会会议，在扩大项目规模、提升合作影响力、吸引企业参与合作开发方面达成共识，初步确定将应对海洋垃圾作为下一步合作的优先领域。

二、中国与新西兰的科技合作

2019 年 4 月，中新两国政府发表了《中国—新西兰领导人气候变化声明》，重申双方在气候变化政治、技术和科学上合作的承诺，强调全面有效实施《联合国气候变化框架公约》《巴黎协定》，落实各自国家自主贡献的承诺。双方认识到强化气候行动向低排放经济转型的重要性，强调通过政策交流、专家对话与最佳实践分享，强化减缓温室气体排放和促进气候韧性合作的承诺；探索并加强关于减缓农业温室气体排放的合作，双方确认农业温室气体全球研究联盟的承诺。双方同意探索电动汽车合作的机会，以此减少交通领域的排放，并强化在清洁能源部长级会议电动车倡议下合作的承诺。

第九节
内地与香港及澳门、大陆与台湾的
科技交流与合作

一、内地与港澳地区的科技交流与合作

2019 年 12 月，内地与香港科技合作委员会第十四次会议在深圳召开，双方审议并通过了《2018—2019 年度工作报告》《2019—2020 年度工作计划》，进一步推动两地科技创新融合发展。迄今已有 4 个由香港高校牵头申报、5 个由香港高校参与申报的国家重点研发计划项目获立项资助。内地与香港 2019 年首次正式启动联合资助。截至 2019 年，内地累计遴选 289 位香港专家进入国家科技专家库，64 位香港专家进入国家科技奖励专家库，814 位香港专家进入科学基金网络信息系统评议专家库。双方继续支持香港 16 个国家重点实验室、6 个国家工程技术研究中心香港分中心的建设和发展。

2019 年 3 月，科技部与澳门特区政府签署了《内地与澳门加强科技创新合作备忘录》《内地与澳门科技创新合作联合行动计划》，明确了两地科技创新合作的目标任务和行动指南。10 月，内地与澳门科技合作委员会第十三次会议在澳门召开。会议审议并通过了《2018—2019 年度工作报告》《2019—2020 年度工作计划》，商定持续推动中医药、节能环保、电子信息、科普、海洋 5 个工作组开展工作，密切两地科技合作关系。国家重点研发计划战略性、前瞻性重大科学问题领

域重点专项向澳门 4 所高校直接开放申报。内地与澳门持续开展联合资助。迄今，内地累计遴选 98 位澳门专家进入国家科技专家库。双方继续支持澳门国家重点实验室建设，开展葡语科技管理干部培训和科技奖励领域合作，举办发展中国家技术培训班等。

二、大陆与台湾地区的科技交流与合作

积极推进落实《关于促进两岸经济文化交流合作的若干措施》《关于进一步促进两岸经济文化交流合作的若干措施》，支持符合条件的台资机构申报国家科技计划，鼓励符合条件的台胞积极申报国家自然科学基金及国家科技奖励，鼓励符合条件的海峡两岸青年就业创业基地和示范点申报国家级科技企业孵化器、大学科技园和国家备案众创空间。4 月，科技部海峡两岸科学技术交流中心与台湾工业技术研究院共同在台湾主办 2019 年两岸产业技术前瞻论坛，与会代表围绕 5G 和生物医药展开交流研讨。7 月，科技部海峡两岸科学技术交流中心与台湾李国鼎科技发展基金会在南京共同主办第五届海峡两岸科技论坛，参会代表围绕食品安全、公共卫生、空气污染、节能科技等议题展开讨论。此外，大陆与台湾地区通过举办两岸青年创新创业研讨会、寰宇生产力论坛、两岸生态农业及绿色食品技术和产业合作研讨会、台湾大学生暑期大陆见习项目等活动，为海峡两岸青年创业者和科技人员搭建沟通交流平台。

第十节
国际科技合作能力建设

一、国际科技合作项目

为充分集聚国内国际两种创新资源，推动对外科技合作务实发展，按照中央财政科技计划管理改革的统一部署，国家重点国际科技创新合作研发计划在国际合作方面下设政府间国际科技创新合作重点专项和战略性科技创新合作重点专项。政府间国际科技创新合作重点专项的主要任务是落实国家外交承诺、履行双多边科技合作的科技创新合作协议任务，由合作双方按照约定的支持方式共同实施。战略性科技创新合作重点专项的主要任务是支撑国家重大发展战略实施，落实国家重大国际合作倡议，培育国际大科学计划和大科学工程，促进有重要发展前景的重大科技创

新合作，推动国际科技合作基地发展和产业标准突破，引导产业技术国际合作布局，以及落实内地同港澳地区、大陆同台湾地区的科技创新合作协议任务。

2019年，政府间国际科技创新合作重点专项发布了2019年度第一批、第二批共两批次政府间项目指南，支持与30多个国家、地区、国际组织和多边合作机制开展科技合作，新立项343个项目，在研和新立项项目拨付经费共计8.40亿元。战略性科技创新合作重点专项发布了2019年度联合研发与示范项目、牵头组织国际大科学计划和大科学工程培育项目、中俄NICA国际合作3个批次指南，新立项84个项目，在研和新立项项目拨付经费共计4.36亿元。

二、国际科技合作基地

截至2019年年底，721个国家国际科技合作基地获得认定，其中包括31个国际创新园、210个国际联合研究中心、45个国际技术转移中心和435个示范型国际科技合作基地。自2007年正式启动认定至今，国家国际科技合作基地已完成在全国31个省级行政区的布局，合作伙伴遍及全球101个国家和地区，合作领域基本覆盖关系国家经济和科技发展的重点战略领域，已初步形成一个较为完整的国际合作与创新的平台网络。

三、科技外交官服务行动

"科技外交官服务行动"为多省市的企业、高校和研发机构提供信息和渠道，有利于建设科技外交官技术转移服务平台，协助地方开展国际技术转移、人才引进及创新创业合作，提升地方创新能力。2019年10月，科技部组织开展了"科技外交官地方行"活动。邀请驻美、德、法、日、以、韩、意等科技外交官参会，赴北京市中关村，江苏省苏州市，河南省郑州市、新乡市，辽宁省沈阳市、大连市四省六地，开展座谈交流，调研地方科技和产业发展情况，了解当地开展国际科技合作的需求，推动地方与境外高校、科研机构和企业建立合作关系，实现项目和人才的精准对接。此外，科技部以"科技之家大使俱乐部"为桥梁和纽带，组织重点国别的前驻外大使到科技创新园区、企业、研究机构参观调研并讨论交流，2019年在北京和佛山举办两场交流活动。

四、对外科技援助

对外科技援助是根据我国科技和外交工作的需要，旨在帮助合作对象国加强科技创新能力建设、提高对象国科技创新水平而设立的国际合作与交流类专项。2019年，支持分布在全国30个省（区、市）和 8 个行业部门的科研院所、高校和企业举办发展中国家技术培训班项目 81 项，涉及农业科技、资源环境及新能源、信息和制造、医疗卫生和其他民生领域，培训来自 100 个国家和地区的学员 1552 人；支持以联合科研平台、联合研究与技术示范、科技园区、国际及区域技术转移网络、科技资源共享平台、科技创新政策合作与交流等为主要合作形式的常规性科技援助项目 17 项；继续实施"国际杰青计划"，资助符合条件的发展中国家杰出青年科学家、学者和研究人员来华开展中短期合作研究，共受理 224 位国际杰青申请材料，为 94 位国际杰青发放接收同意函；支持在中国与合作对象国政府间科技合作联委会框架下开展科研人员短期交流项目 125 项，通过人员交流与合作，搭建双边科技联系网络。

五、国际科技合作论文和专利

根据中国科学技术信息研究所发布的统计数据，2019 年，SCI 收录的中国论文中，国际合作产生的论文为 13.01 万篇，比 2018 年增加了 1.93 万篇，增长了 17.4%。国际合著论文占中国发表论文总数的 26.2%。2019 年，以中国作者为第一作者的国际合著论文共计 96 157 篇，占中国全部国际合著论文总数的 73.9%，合作伙伴涉及 167 个国家（地区），其中排名世界前 6 位的是：美国 39 089 篇、英国 9696 篇、澳大利亚 8922 篇、加拿大 6444 篇、德国 4650 篇和日本 4386 篇；中国参与工作，其他国家作者为第一作者的国际合著论文为 33 968 篇，涉及 190 个国家（地区），排名世界前 6 位的是：美国 15 385 篇、英国 5758 篇、德国 4164 篇、澳大利亚 3825 篇、日本 3300 篇和加拿大 2741 篇。从学科分布来看，以中国作者为第一作者的国际合著论文主要分布在化学、生物学、电子通信与自动控制、临床医学、物理学及材料科学领域；中国作为参与方，其他国家作者为第一作者的国际合著论文主要分布在生物学、化学、临床医学、物理学、材料科学及基础医学领域。中国为第一作者的国际合著论文数较多的 6 个地区是北京、江苏、广东、上海、湖北和陕西。

据世界知识产权组织（WIPO）统计，2019 年，中国超过美国成为该组织《专利合作条约》（PCT）框架下国际专利申请量最多的国家。2019 年，中国提交了 58 990 件 PCT[①] 专利申请，超过美国提交的 57 840 件，其后依次是日本 52 660 件、德国 19 353 件、韩国 19 085 件、法国 7934 件、英国 5786 件、瑞士 4610 件、瑞典 4185 件和荷兰 4011 件。中国华为公司以 4411 件 PCT 申请量连

---

① PCT 是指"专利合作协定"，是专利领域的一项国际合作条约，通过 PCT 的专利即通常所说的"国际专利"。根据 PCT 提交一件国际专利申请，申请人就可以同时在全世界大多数国家寻求对其发明的保护。但是，PCT 只提供保护，授予专利的任务仍然由各个国家的专利局或行使其职权的机构掌握。

续第 3 年成为企业申请人第 1 名。位居其后的是日本三菱电机株式会社 2661 件、韩国三星电子 2334 件、美国高通公司 2127 件和中国广东 OPPO 移动通信有限公司 1927 件。从教育机构来看，美国加利福尼亚大学以 470 件 PCT 专利申请蝉联 2019 年榜首，清华大学以 265 件位列第二，之后是深圳大学 247 件、麻省理工学院 230 件和华南理工大学 164 件。

第十三章
科普与创新文化建设

第一节　科普

一、科普能力建设

二、主要科普活动

第二节　科学家精神和作风学风建设

一、科学家精神

二、加强作风学风建设

2019 年，科普能力建设稳步增强，科普队伍持续稳定，科普经费投入稳定增长，科普基础设施日益完善。"全国科技活动周""全国科普日"等一系列重大科普活动得到公众广泛参与，针对农村、青少年等特定地区、特定人群的科普活动在保持原有特色的基础上继续创新开展。积极弘扬科学家精神，加强作风学风建设。

第一节
科普

一、科普能力建设

（一）科普队伍建设

2019 年，全国共有科普人员 187.06 万人，比 2018 年增加 4.80%。全国每万人口拥有科普人员 13.36 人，比 2018 年增加 0.57 人。其中，科普专职人员 25.02 万人，比 2018 年增加 2.62 万人，占科普人员总数的 13.38%；科普兼职人员 162.04 万人，比 2018 年增加 5.95 万人，占科普人员总数的 86.62%。科普兼职人员共投入工作量 185.56 万人月，比 2018 年增长 2.78%；科普兼职人员人均投入工作量 1.15 个月，比 2018 年减少 0.01 个月。

◎ **科普人员类别**

2019 年，全国共有农村科普人员 48.11 万人，比 2018 年减少 5.40%，占科普人员总数的 25.72%。其中，农村科普专职人员 7.14 万人，比 2018 年增加 10.41%；农村科普兼职人员 40.97 万人，比 2018 年减少 7.70%。

全国每万农村人口拥有科普人员数量为 8.72 人，比 2018 年减少 0.30 人。

全国共有中级职称及以上或大学本科及以上学历的科普人员 103.14 万人，比 2018 年增加 7.49%，占科普人员总数的 55.14%。其中，中级职称及以上或大学本科及以上学历的科普专职人员 15.16 万人，占科普专职人员总数的 60.60%；中级职称及以上或大学本科及以上学历的科普兼职人员 87.98 万人，占科普兼职人员总数的 54.30%。

全国共有 73.91 万名女性科普人员，比 2018 年增加 4.09%，占科普人员总数的 39.51%。其中，女性科普专职人员 9.81 万人，占科普专职人员总数的 39.21%；女性科普兼职人员 64.10 万人，占科普兼职人员总数的 39.56%。

全国专职从事科普创作和科普讲解的人员队伍规模进一步扩大。专职科普创作人员共计 1.74 万人，比 2018 年增加 11.99%，占科普专职人员总数的 6.95%。专职科普讲解人员 4.07 万人，比 2018 年增加 23.77%，占科普专职人员总数的 16.28%。

全国共有专职科普管理人员 4.66 万人，占科普人员总数的 2.49%，低于 2018 年的 2.53%。全国共有注册科普志愿者 281.71 万人，比 2018 年增加 68.02 万人，增幅为 31.83%。

◎ 科普人员区域分布

2019 年，东部、中部和西部地区的科普人员数量分别为 81.61 万人、47.68 万人和 57.77 万人，占全国科普人员总数的比例分别为 43.63%、25.49% 和 30.88%。东部、中部和西部地区科普人员与 2018 年相比均有增长，其中，东部地区科普人员增加 1.49 万人，增长 1.86%；中部地区科普人员增加 3.62 万人，增长 8.22%；西部地区科普人员增加 3.46 万人，增长 6.37%。2019 年，全国各省平均投入科普人员 6.03 万人，比 2018 年增加 0.27 万人。科普人员规模超过全国平均水平的地区依次是浙江、江苏、四川、河南、湖北、河北、云南、广东、湖南、山东、陕西、北京、福建和安徽，这 14 个地区的科普人员总数占全国科普人员总数的 67.90%。

（二）科普经费投入

◎ 科普经费筹集

2019 年，全国科普经费筹集额 185.52 亿元，比 2018 年增加 15.13%，增幅较大。从科普经费筹集渠道来看，政府财政拨款仍然是全国科普经费的最重要来源。2019 年度，各级政府部门的财政拨款共计 147.71 亿元，占全部经费筹集额的 79.62%，比 2018 年提高 1.42 个百分点。在政府拨款的科普经费中，科普专项经费 65.87 亿元，比 2018 年增加 6.08%。全国人均科普专项经费 4.70 元 [①]，比 2018 年增加 0.25 元。捐赠额共计 0.81 亿元，比 2018 年增加 11.85%。

---

① 根据国家统计局网站 2020 年 9 月发布的数据，截至 2019 年年底我国总人口为 140 005 万人。

自筹资金 28.49 亿元,比 2018 年增加 9.19%。其他筹集额 8.51 亿元,比 2018 年增加 2.44%(表 13-1)。

表 13-1　2015—2019 年全国科普经费筹集额及构成

单位：亿元

年份	2015	2016	2017	2018	2019
筹集额	141.2	151.98	160.05	161.14	185.52
政府拨款	106.66	115.75	122.96	126.02	147.71
捐赠	1.12	1.57	1.87	0.73	0.81
自筹资金	25.74	27.60	28.81	26.17	28.49
其他收入	7.72	7.13	6.38	8.30	8.51

◎ 科普经费使用

2019 年,全国科普经费使用额共计 186.53 亿元,比 2018 年增加 17.10%。每万人口使用的经费额度为 13.32 万元,比 2018 年增加 1.91 万元。其中,行政支出 30.58 亿元,比 2018 年增长 4.65%,占科普经费使用总额的 16.40%;科普活动支出 88.42 亿元,比 2018 年增加 4.29%,占科普经费使用总额的 47.40%。科普场馆基建支出 51.64 亿元,比 2018 年增加 60.79%,占科普经费使用总额的 27.69%。该类项目中直接用于场馆建设的支出为 32.37 亿元,比 2018 年大幅增长 146.66%,主要原因是本年度山东、河南、湖北、甘肃、四川等省在科技馆和博物馆的新建与现有场馆的改、扩建方面进行了较多投入;用于展品、设施建设支出共计 12.16 亿元,比 2018 年减少 3.29%。其他支出 15.88 亿元,比 2018 年增长 20.70%,占科普经费使用总额的 8.52%。

（三）科普基础设施建设

2019 年,全国共有科技馆和科学技术类博物馆 1477 个,比 2018 年增加 16 个,建筑面积增长 2.75%,展厅面积增长 2.22%,参观人数增长 10.93%。4 个指标数据均连续 4 年实现增长。1477 个场馆中,科技馆 533 个,比 2018 年增加 15 个;科学技术类博物馆 944 个,比 2018 年增加 1 个。

533 个科技馆建筑面积合计 420.06 万 m²,比 2018 年增长 5.09%;展厅面积合计 214.42 万 m²,比 2018 年增长 6.18%;展厅面积占建筑面积的 51.05%,比 2018 年略有增加;全国平均每万人拥有科技馆建筑面积和展厅面积分别为 30.00 m² 和 15.32 m²,比 2018 年均有小幅增加。参观人数共计 8456.52 万人次，比 2018 年增长 10.74%；年累计免费开放天数 11.80 万天，比 2018 年增长 5.81%。

944 个科学技术类博物馆建筑面积合计 719.29 万 m^2，比 2018 年增长 1.42%；展厅面积合计 322.97 万 m^2，比 2018 年减少 0.24%；展厅面积占建筑面积的 44.90%，比 2018 年有所减少；全国平均每万人拥有科学技术类博物馆建筑面积为 51.38 m^2，比 2018 年有所增加；全国平均每万人拥有科学技术类博物馆展厅面积为 23.07 m^2，比 2018 年略有减少；参观人数共计 1.58 亿人次，比 2018 年增长 11.04%；年累计免费开放天数 21.50 万天，比 2018 年增长 1.28%。

全国共有青少年科技馆站 572 个，比 2018 年增加 13 个。

各类公共场所科普宣传场地数量均呈现下降的态势。其中，科普画廊 14.48 万个，比 2018 年减少 10.35%；城市社区科普（技）专用活动室 5.47 万个，比 2018 年减少 6.74%；农村科普（技）活动场地 24.73 万个，比 2018 年减少 2.14%；科普宣传专用车 1135 辆，比 2018 年减少 16.85%。

（四）科普出版与传媒

2019 年，以多媒体手段尤其是新媒体技术为支撑的科普传播更加广泛。全国建设科普网站 2818 个，比 2018 年增长 4.84%；创办科普类微博 4834 个，比 2018 年增长 72.09%；发文量 200.82 万篇，比 2018 年增长 122.11%；阅读量达 160.90 亿次，比 2018 年增长 94.33%。创办科普类微信公众号 9612 个，比 2018 年增长 36.01%；发文量 138.68 万篇，比 2018 年增长 37.48%；阅读量达 28.04 亿次，比 2018 年增长 174.87%。

纸质传媒和出版物发行量出现不同程度的回升。2019 年，全国共发行科技类报纸 1.71 亿份，比 2018 年增长 17.81%；出版科普图书 12 468 种，比 2018 年增长 12.12%；发行量达到 1.35 亿册，比 2018 年增长 57.17%。科普图书发行量占 2019 年全国各类图书总册数的 1.28%。全国共出版科普期刊 1468 种，比 2018 年增长 9.63%；发行量达到 9918.49 万份，比 2018 年增长 46.12%。科普期刊发行量占全国各类期刊出版总册数的 4.53%。共发放科普读物和资料 6.82 亿份，比 2018 年减少 2.30%。

全国广播电台播出科普（技）节目总时长为 11.65 万小时，比 2018 年增长 116.74%；电视台播出科普（技）节目总时长为 14.50 万小时，比 2018 年增长 86.01%。全国发行科普（技）音像制品达到 3725 种，比 2018 年增长 1.53%；发行科普（技）类光盘 393.90 万张，比 2018 年减少 11.69%；发行录音带、录像带 22.76 万盒，比 2018 年增长 29.71%。

（五）科普助推创新创业

近年来，科普工作在推动科技资源开放共享、提升改进创新创业服务方面发挥了独特作用。

2019 年，全国共有众创空间 9725 个，比 2018 年减少 46 个，减少 0.47%。服务创业人员数量 109.02 万人，比 2018 年减少 104.32 万人，减少 48.90%。众创空间孵化科技类项目数量 10.12 万个，比 2018 年减少 8.47 万个，减少 45.56%。全国共组织创新创业培训类科普活动 8.84 万次，比 2018 年增加 7982 次，增长 9.92%，参加人数 533.36 万人次，比 2018 年增加 53.66 万人次，增长 11.19%。举办创新创业类赛事 8697 次，比 2018 年增加 1151 次，增长 15.25%，参加人数 283.78 万人次，比 2018 年减少 25.55 万人次，减少 8.26%。

（六）部门科普工作发展

从科普人员数量规模来看，科协组织、教育部门、卫生健康部门、农业农村部门和科技管理部门的专兼职科普人员数量均超过了 10 万人，部门数与 2018 年持平，5 个部门科普人员总规模占全国科普人员队伍的 74.72%。从部门科普人员中级职称及以上或本科及以上学历人员占比来看，25 个部门的比例超过了 50%。其中，中国科学院所属部门、中国人民银行、宣传部门、气象部门及教育部门的比例均超过了 70%。

从科普经费投入规模来看，21 个部门的科普经费筹集额超过 1 亿元。其中，科协组织、科技管理部门、教育部门、文化和旅游部门及卫生健康部门的经费筹集额均超过 10 亿元，部门数量比 2018 年增加 2 个。5 个部门是全国科普经费投入的主力部门，其科普经费筹集额占全国总规模的 71.55%。从万元科普活动支出参加人次来看，交通运输、水利、中国人民银行、宣传、教育、自然资源、农业农村、文化和旅游、卫生健康、中国科学院、气象、妇联、公安、应急管理 14 个部门均超过了 1000 人次，部门数量比 2018 年增加 5 个。

从科普场馆建设规模来看，科协组织、文化和旅游部门、教育部门、科技管理部门、自然资源部门的科技馆和科学技术类博物馆建设数量均超过 100 个，部门数量与 2018 年持平。5 个部门是我国科普场馆的主要建设部门，建设场馆数量占全国科技馆和科学技术类博物馆总量的 73.60%。从单馆年接待人次来看，文化和旅游部门、科技管理部门、广播电视部门、科协组织、自然资源部门、中国科学院所属部门、妇联组织均达到 10 万人次以上，部门数量比 2018 年增加 1 个。

从科普活动举办情况来看，卫生健康部门、科协组织、教育部门、农业农村部门、科技管理部门举办的科普（技）讲座均超过 6.5 万次，其他部门均低于 2.5 万次。教育部门、科协组织、自然资源部门和卫生健康部门举办的科普（技）专题展览均超过 1 万次。教育部门、科协组织、科技管理部门、工会组织、卫生健康部门举办的科普（技）竞赛均超过 1500 次，领先其他部门较多。教育部门、科技管理部门、科协组织、卫生健康部门在科技活动周期间举办的科普专题活动均超过了 1.3 万次。

从科普传播媒介发展来看，科协组织、宣传部门是科普图书、科普期刊的主要发行部门，二者的科普图书发行量占全国科普图书发行总量的 67.40%，科普期刊发行量占全国科普期刊发行总量的 69.96%。科协组织、卫生健康部门、气象部门、宣传部门各自的科技类报纸发行量均超过 1500 万份，4 个部门的发行量占全国科技类报纸发行总量的 79.15%。新媒体传播方面，卫生健康部门、人力资源社会保障部门、教育部门、气象部门、共青团组织、生态环境部门、科协组织、科技管理部门、文化和旅游部门创建的科普类微博数量超过 100 个，9 个部门的建设数量占全国总量的 88.66%。卫生健康部门、教育部门、科协组织、科技管理部门、人力资源社会保障部门、自然资源部门的科普类微信公众号均超过 300 个，6 个部门的建设数量占全国总量的 74.94%。

二、主要科普活动

◎ 全国科技活动周

全国科技活动周是经国务院批准设立的群众性科技活动。自 2001 年起，每年 5 月的第 3 周为全国科技活动周。由科技部会同中宣部、中国科协等 38 个中央部门（单位）和全国各地组织实施。科技部为科技活动周组委会组长单位，中宣部、中国科协为副组长单位，其他有关部门为成员单位。科技活动周组委会办公室设在科技部，负责一年一度科技活动周筹备的日常工作。

2019 年，全国科技活动周暨北京科技周主场活动于 5 月 19 日上午在中国人民革命军事博物馆启动，以"科技强国科普惠民"为主题，旨在全面贯彻习近平总书记关于科技创新的重要论述和一系列重要指示精神，集中展示一批科技创新领域的新技术、新产品，集中举办一系列丰富多彩、形式多样的科技活动。突出展示科技成果、体验美好生活、服务乡村振兴、促进科技惠民 4 个方面的内容，还举办科研机构向公众开放、科技列车甘肃行、科普进军营、优秀科普作品推介、科普讲解和微视频大赛等一批示范性的活动。与此同时，各部门、各地方也举办一批各具特色、精彩纷呈的群众性科技活动。借助这些活动的举办，公众在参与中开拓科学眼界、在体验中学习科学知识、在互动中感受科技魅力。

◎ 全国科普日

2019 年，全国科普日以"礼赞共和国、智慧新生活"为主题在全国范围同步开展。北京主场活动设在中国科学技术馆和北京市科学中心。中国科技馆区包括砥砺强国之志、智惠行动联播、科普群英荟萃、5G 连接未来、我和我的祖国、创新引领成长六大板块。2019 年，北京主场活动以社会化为主要特色，联合龙头企业、重点高校、主流媒体、一流学会等 120 余家机构共同举办庆祝新中国成立 70 周年科技成就科普展。主场活动现场广泛使用游艺、互动体验等群众喜爱的方式，让公众与科学零距离接触，提升了活动吸引力，活动各展区都有群众驻足参观、参与互动，现场氛围十分热烈。同时，在全国范围内还组织开展全国科技馆联合行动、乡村振兴农村科普联合行动、社区科普联合行动、校园科普联合行动、企业科普联合行动、科普教育基地联合行动、学术资源科普化联合行动、全国卫生健康科普专项活动、全国气象科普日活动、网上科普日系列活动等一系列科普活动。例如，天津举办全域科普展，广东举办粤港澳大湾区分会场活动及科学嘉年华活动，广西开展中国—东盟系列高端学术论坛、中国流动科技馆东盟博览会巡展及东盟青少年创客营等系列国际科普交流活动，黑龙江举办 2019 年全国科普日暨黑龙江省金秋活动月，福建举办第十二届海峡两岸科普论坛暨 2019 年福建省科普日主场活动，浙江举办"给未来一束光"主题创意集市，中国中西医结合学会举办"爱腿日、中国行"系列科普活动，中国水产学会举办科普教育基地宁波海洋世界 2019 年全国科普日活动，中国仪器仪表学会开展走进食品营养安全科普基地。

◎ **国际化科普合作交流**

为加强与"一带一路"沿线国家的科普合作与交流，中国科学技术交流中心、中国科协青少年科技中心、中国宋庆龄青少年科技文化交流中心、北京市科学技术研究院北京国际科技服务中心共同组织举办了 2019 年全国科技活动周重大示范活动——"一带一路"科普交流周。此活动于 2019 年 5 月 19—25 日在中国宋庆龄青少年科技文化交流中心举办。

"一带一路"科普交流是"一带一路"科技创新合作的重要内容。交流周邀请了瑞典、捷克、韩国、泰国、马来西亚、德国、挪威、波兰、新加坡、俄罗斯、英国、奥地利、爱沙尼亚共 13 个国家的科普场馆、科研机构、科学中心的负责人或专家 50 余名，为现场观众带来了 140 余个展项，共设置"科学艺术""趣味科学""魔法化学""奇妙物理"4 个活动区。通过科学表演秀、互动体验、科普讲座、在线访谈等方式，运用多元化的表现形式和体验式的技术手段，将科学与艺术结合，为现场及线上观众带来为期 7 天的精彩科普活动，吸引了 2 万余名青少年现场参与。

◎ **科普进基层与科技扶贫**

全国文化科技卫生"三下乡"福建分会场集中示范活动。1 月 22 日上午，2019 年全国文化科技卫生"三下乡"福建分会场集中示范活动在南平市松溪县花桥乡举行。在活动现场，开展了一系列科技咨询服务、文艺演出、科技培训、扶贫捐赠等丰富多彩、讲求实效的活动。此次活动聚焦脱贫攻坚优先任务，关注农民群众获得感、幸福感，充分运用全国文化科技卫生"三下乡"

活动品牌效应，助推全面实施乡村振兴战略，促进科技扶贫工作深入开展。

科技列车甘肃行。由科技部、国家民族事务委员会、自然资源部、生态环境部、卫生健康委、中宣部电影局、林草局、气象局、地震局、粮食和储备局、国铁集团会同甘肃省人民政府共同主办的"科技列车甘肃行"活动，作为 2019 年全国科技活动周重大示范活动，于 6 月 24—29 日在甘肃省定西市和临夏州成功举办。活动围绕"科技强国科普惠民"主题，组织了来自 12 个省（区、市）56 家单位的工业、农业、医疗、科普等相关领域专家 110 多名，深入甘肃省定西市 4 个县区和 11 个市直部门及临夏州东乡县，进企业、进学校、进社区、进乡村，以专题讲座、产品展示、现场指导、技术培训、医疗义诊等多种形式，开展了 180 多场科技服务和科学普及活动，促成 3 项科技合作签约，约 1 万多人直接受益，参与人数共计 3.2 万人次。

科普援藏活动。为支持西藏科普事业发展，科技部联合国家民委、中国人民革命军事博物馆、化工出版社和上海市科委、重庆市科技局、广州市科技局、成都市科技局、广东科学中心等多家单位，于 2019 年 9 月 7—13 日组织 33 名科技专家在西藏自治区拉萨市、昌都市开展了 2019 年"科普援藏"活动。向昌都市科学技术局、芒康县科学技术局、芒康县中学、芒康县小学、盐井中学、盐井小学和强巴林寺庙捐赠了价值 86 万余元的科普资金和科普实验室、笔记本电脑、便携式新型科普显微镜、科普模型、科普套件、科普图书。中国人民革命军事博物馆、广东科学中心、中南民族大学的科普专家在芒康县中学、强巴林寺为当地学生、僧人带去了精彩的《船吸》《飞机的隐身技术》《土家族吊脚楼营造技艺》《"空"有奇想》等科普讲解，以通俗易懂的方式讲解了伯努利原理、隐身技术及传统技艺中蕴含的科学原理和防火知识。

流动科技馆进屏山。作为科技活动周的重大示范活动之一，中国科学技术交流中心会同四川省科技厅于 5 月 18—25 日组织了流动科技馆进屏山活动。流动科技馆进屏山，把首都北京的科普资源送到屏山，开展了科普惠民、科技扶贫的实践行动。流动科技馆进基层已连续举办了 7 年，把大城市的科普资源送到老少边穷地区，送到对科普非常渴望的基层，让当地群众尤其是青少年体验科普的乐趣。本次活动共组织了中国消防博物馆、中国铁道博物馆、中国园林博物馆、北京自然博物馆、北京天文馆、首都医科大学附属北京口腔医院、北京市东高地青少年科技馆、北京市西城区青少年科技馆、北京市宣武青少年科技馆、北京动物园、北京育才学校、爱尔眼科医院集团 12 家单位，组成了包括"流动消防博物馆""拼了！中国高铁""园林创想课堂""自然博物馆""流动天文馆""护齿训练营""飞天梦小课堂""创客家族""科技教师培训""行走的动物课堂""航模飞行展演"等精彩科普资源的流动科技馆，组织了一支 50 余人的科普服务队，深入屏山县的移民库区开展科普活动。

参加"三下乡"活动。2019 年 6 月 5 日，由西藏自治区科技厅、阿里地区行署主办，阿里地区科技局、措勤县人民政府承办 2019 年度自治区"科技下乡"集中服务活动在阿里地区措勤县人民党建文化广场隆重举行。活动期间，现场设立 50 余个宣传点，发放各类宣传资料 2 万余册；为现场群众表演了《神奇的液氮》等科普节目；免费医疗义诊 800 余人并发放总价值近 5 万元的各类日常药品；在县小学设立流动科技馆进行巡展活动。同时，为措勤县措勤镇扎日南木措居委会、措勤县达雄乡达瓦村两个村捐赠了科普活动设备并颁授"科普活动室"牌匾；对措勤县 6 名优秀农牧民科技特派员进行了表彰，西藏自治区农牧科学院专家对"三区"科技人才、农牧民科技特派员和科技致富带头人近 50 人进行实用技能培训。此次集中服务活动参与人数达 2000 余人。

◎ **青少年科普**

2019 年 5 月 19—25 日，第 14 届青少年"未来工程师"博览活动在中国宋庆龄青少年科技文化交流中心举办，来自全国 20 多个省（区、市）及港澳的青少年工程师代表队共 3000 余人参加。

2019 年恰逢新中国成立 70 周年，在"未来工程师"博览活动的启动仪式上，伴随着二胡演奏《我的祖国》主旋律，来自包括香港、澳门的同学一起进行了快闪诗朗诵，展现了我国沿着中国特色社会主义道路前行，科教兴国的伟大成就。中国月球探测工程首席科学家欧阳自远院士和歌唱家陈思思两位"科普中国"形象大使在现场和"未来工程师"们一起献声《歌唱祖国》。活动以"学生创新创意创作制作"为主要内容，力求将科学、技术、工程、艺术相互结合，通过真实任务培养青少年综合运用知识和创造性解决问题的能力。具体包括木梁承重、投石车、过山车、水火箭、创意花窗、千机变、创意微拍、智能 F1 赛车、回收工程等 11 个项目。青少年"未来工程师"博览已举办 13 届。自 2018 年起，香港 STEM 教育联盟组织香港赛区加入了"未来工程师"博览。2019 年，澳门也作为一个赛区加入活动中。

第二节
科学家精神和作风学风建设

一、科学家精神

2019 年 5 月，中共中央办公厅、国务院办公厅发布《关于进一步弘扬科学家精神加强作风和学风建设的意见》（以下简称《意见》），以习近平新时代中国特色社会主义思想为指导，全面贯彻党的十九大和十九届二中、三中全会精神，以塑形铸魂科学家精神为抓手，在全社会积极弘扬科学家精神，倡导爱国情怀、责任使命，努力凝聚建设世界科技强国的强大动力。

在党的领导下，科学家在为国家富强、民族振兴、人民幸福的奋斗中形成了中国科技工作者独有的精神品质。《意见》首次全面阐释新时代科学家精神的内涵，即胸怀祖国、服务人民的爱国精神，勇攀高峰、敢为人先的创新精神，追求真理、严谨治学的求实精神，淡泊名利、潜心研究的奉献精神，集智攻关、团结协作的协同精神，甘为人梯、奖掖后学的育人精神。

自觉践行、大力弘扬科学家精神对培育和践行社会主义核心价值观，鼓励科研人员潜心研究、勇攀科学高峰，加快建设世界科技强国具有重要意义。新时代科学家精神将引导广大科技工作者紧密团结在以习近平同志为核心的党中央周围，增强"四个意识"，坚定"四个自信"，做到"两个维护"，在践行社会主义核心价值观中走在前列，争做重大科研成果的创造者、建设科技强国的奉献者、崇高思想品格的践行者、良好社会风尚的引领者，为实行"两个一百年"奋斗目标、实行中华民族伟大复兴的中国梦做出更大贡献。

科技管理部门和科技界按照《意见》要求，纷纷提出了相关倡议。科技部、教育部、中国科协、中科院、工程院、自然科学基金委研究提出倡导科技报国，倡导严谨求实，倡导潜心钻研，倡导理性质疑，倡导学术民主的"五倡导"，弘扬老一代科学家的光荣传统和优良作风学风。中国科协、教育部、科技部等部门召开 2019 年度全国科学道德和学风建设宣讲教育报告会，共同发出《弘扬科学家精神，加强学风作风建设倡议书》。中科院、工程院发布《关于弘扬新时代科学家精神做作风和学风建设表率的倡议书》。中华医学会发布了《关于弘扬新时代科学家精神加强作风和学风建设的倡议书》。

二、加强作风学风建设

《意见》明确提出了加强科研作风学风建设的目标要求：一是力争 1 年内转变作风改进学风的各项治理措施得到全面落实，3 年内取得作风学风实质性改观，科技创新生态不断优化，学术道德建设得到显著加强，新时代科学家精神得到大力弘扬，在全社会形成尊重知识、崇尚创新、尊重人才、热爱科学、献身科学的浓厚氛围。二是营造风清气正的科研环境。要求崇尚学术民主、坚守诚信底线、反对浮夸浮躁投机取巧、反对科研领域"圈子"文化。三是转变政府职能，构建良好科研生态。明确深化科技管理体制机制改革、正确发挥评价引导作用、大力减轻科研人员负担等要求。四是加强宣传，营造尊重人才、尊崇创新的舆论环境。强调要大力宣传科学家精神，创新宣传方式，加强宣传阵地建设。

《意见》提出了一系列针对性强、可操作、可落实的措施，如明确规定，严禁违规将科研任务转包、分包他人，以项目实施周期之外或不相关成果充抵交差等。反对门户偏见和"学阀"作风。论文等科研成果发表后 1 个月内，要将所涉及的实验记录、实验数据等原始数据资料交所在单位统一管理、留存备查。每名未退休院士受聘的院士工作站不超过 1 个，退休院士不超过 3 个，院士在每个工作站全职工作时间每年不少于 3 个月。在科技项目、奖励、人才计划和院士增选等各种评审活动中，不得"打招呼""走关系"，不得投感情票、单位票、利益票，一经发现，立即取消参评、评审等资格。不得片面通过高薪酬高待遇竞价抢挖人才，特别是从中西部地区、东北地区挖人才等。

各有关部门和科技界贯彻落实党中央、国务院的决策部署。科技部、中宣部、中国科协、中科院、工程院等通过召开新闻通气会、科研作风学风建设座谈交流、制定《意见》落实分工方案等方式，宣传解读文件精神，致力于推动各项举措落实落地，努力推动形成促进科技创新的良好环境。

2019 中国科学技术发展报告

附　表

★ 2019 CHINA SCIENCE AND TECHNOLOGY DEVELOPMENT REPORT ★

附表1　科技人员

	2010 年	2011 年	2012 年	2013 年	2014 年	2015 年	2016 年	2017 年	2018 年	2019 年
R&D 人员全时当量 / 万人年	255.4	288.3	324.7	353.3	371.1	375.9	387.8	403.4	438.1	480.1
每万名就业人员中 R&D 人员 / 人年	33.6	37.7	42.3	45.9	48.0	48.5	50.0	52.0	56.5	62.0
普通高等学校毕业生 / 万人	575.4	608.2	624.7	638.7	659.4	680.9	704.2	735.8	753.3	758.5
研究生毕业生 / 万人	38.4	43.0	48.6	51.4	53.6	55.2	56.4	57.8	60.4	64.0
学成回国留学人员 / 万人	13.5	18.6	27.3	35.4	36.5	40.9	43.3	48.1	51.9	—

数据来源：国家统计局、科学技术部《中国科技统计年鉴2020》，国家统计局《中国统计年鉴2020》。

附表2　科技经费

	2010 年	2011 年	2012 年	2013 年	2014 年	2015 年	2016 年	2017 年	2018 年	2019 年
国家财政科技拨款 / 亿元	4196.7	4797.0	5600.1	6184.9	6454.5	7005.8	7760.7	8383.6	9518.2	10 717.4
占财政总支出的比重	4.67%	4.39%	4.45%	4.41%	4.25%	3.98%	4.13%	4.13%	4.31%	4.49%
R&D 经费 / 亿元	7062.6	8687.0	10 298.4	11 846.6	13 015.6	14 169.9	15 676.7	17 606.1	19 677.9	22 143.6
与国内生产总值之比	1.71%	1.78%	1.91%	2.00%	2.02%	2.06%	2.10%	2.12%	2.14%	2.23%
基础研究经费 / 亿元	324.5	411.8	498.8	555.0	613.5	716.1	822.9	975.5	1090.4	1335.6
占 R&D 经费的比重	4.59%	4.74%	4.84%	4.68%	4.71%	5.05%	5.25%	5.54%	5.54%	6.03%

数据来源：国家统计局、科学技术部《中国科技统计年鉴2020》。

注：国家财政科技拨款为中央财政科技拨款与地方财政科技拨款之和。

附表3　科技产出

	2010 年	2011 年	2012 年	2013 年	2014 年	2015 年	2016 年	2017 年	2018 年	2019 年
专利申请量 / 万件	122.2	163.3	205.1	237.7	236.1	279.9	346.5	369.8	432.3	438.0
发明专利申请量 / 万件	39.1	52.6	65.3	82.5	92.8	110.2	133.9	138.2	154.2	140.1
国内发明专利申请 / 万件	29.3	41.6	53.5	70.5	80.1	96.8	120.5	124.6	139.4	124.4
专利授权量 / 万件	81.5	96.1	125.5	131.3	130.3	171.8	175.4	183.6	244.7	259.2
发明专利授权量 / 万件	13.5	17.2	21.7	20.8	23.3	35.9	40.4	42.0	43.2	45.3
国内发明专利授权 / 万件	8.0	11.2	14.4	14.4	16.3	26.3	30.2	32.7	34.6	36.1
SCI、EI、CPCI-S 系统收录的我国科技论文数 / 万篇	30.1	34.6	39.5	46.4	49.4	58.6	62.9	66.3	—	—
国内科技论文数 / 万篇	53.1	53.0	52.4	51.7	49.8	49.4	49.4	47.2	45.4	—

数据来源：中国科学技术信息研究所《2018年度中国科技论文统计与分析（年度研究报告）》，国家统计局、科学技术部《中国科技统计年鉴》2017—2020年度。

附表4　高技术产业

	2010 年	2011 年	2012 年	2013 年	2014 年	2015 年	2016 年	2017 年	2018 年	2019 年
高技术产业营业收入 / 亿元	74 483	87 527	102 284	116 049	127 368	139 969	153 796	159 376	157 001	158 849
高技术产业利润总额 / 亿元	4880	5245	6186	7234	8095	8986	10 302	11 296	10 293	10 504
高技术产品进出口总额 / 亿美元	9050	10 120	11 080	12 185	12 119	12 033	11 272	12 515	14 185	13 685
高技术产品出口额 / 亿美元	4924	5488	6012	6603	6605	6552	6036	6674	7468	7307
占商品出口总额比重	31.2%	28.9%	29.3%	29.9%	28.2%	28.8%	28.8%	29.5%	30.0%	29.2%
高技术产品进口额 / 亿美元	4127	4632	5069	5582	5514	5481	5236	5840	6717	6378
占商品进口总额比重	29.6%	26.6%	27.9%	28.6%	28.1%	32.6%	33.0%	31.7%	31.4%	30.7%

数据来源：国家统计局、科学技术部《中国科技统计年鉴》2018—2020年度，国家统计局数据库。

注：2018年之前的高技术产业营业收入为主营业务收入。

附表5　国家高新技术产业开发区

	2010 年	2011 年	2012 年	2013 年	2014 年	2015 年	2016 年	2017 年	2018 年	2019 年
区内企业数 / 万家	5.5	5.7	6.4	7.1	7.4	8.3	9.1	10.4	12.0	14.1
年末从业人员数 / 万人	960	1074	1270	1460	1527	1719	1806	1941	2092	2214
工业总产值 / 万亿元	8.4	10.6	12.9	15.1	17.0	18.6	19.7	20.3	22.3	24.0
营业收入 / 万亿元	10.6	13.3	16.6	20.0	22.7	25.4	27.7	30.7	34.6	38.6
净利润 / 亿元	6855	8484	10 243	12 444	15 053	16 095	18 535	21 420	23 918	26 097
上缴税额 / 亿元	5447	6817	9581	11 043	13 202	14 240	15 609	17 251	18 651	18 594
出口创汇 / 亿美元	2648	3181	3760	4133	4351	4733	4390	4781	5631	5997

资料来源：科技部火炬高技术产业开发中心《中国火炬统计年鉴2020》。

图书在版编目（CIP）数据

中国科学技术发展报告. 2019 / 中华人民共和国科学技术部著. —北京：科学技术文献出版社，2021.1

ISBN 978-7-5189-7377-4

Ⅰ. ①中… Ⅱ. ①中… Ⅲ. ①科学技术—技术发展—研究报告—中国—2019 Ⅳ. ① N120.1

中国版本图书馆 CIP 数据核字（2020）第 233014 号

中国科学技术发展报告2019

策划编辑：李　蕊　丁芳宇　责任编辑：李　晴　责任校对：张吲哚　责任出版：张志平

出　版　者	科学技术文献出版社	
地　　　址	北京市复兴路15号　　邮编　100038	
编　务　部	(010) 58882938，58882087（传真）	
发　行　部	(010) 58882868，58882870（传真）	
邮　购　部	(010) 58882873	
官方网址	www.stdp.com.cn	
发　行　者	科学技术文献出版社发行　全国各地新华书店经销	
印　刷　者	北京时尚印佳彩色印刷有限公司	
版　　　次	2021 年 1 月第 1 版　2021 年 1 月第 1 次印刷	
开　　　本	889×1194　1/16	
字　　　数	312千	
印　　　张	17.75	
书　　　号	ISBN 978-7-5189-7377-4	
定　　　价	218.00元	